U0638631

正在到来的数据革命：
物联网技术与创新应用研究

蔡万雄　著

吉林科学技术出版社

图书在版编目（ＣＩＰ）数据

物联网技术与创新应用研究 / 蔡万雄著. -- 长春：
吉林科学技术出版社，2024.3
  ISBN 978-7-5744-1116-6

  Ⅰ．①物… Ⅱ．①蔡… Ⅲ．①物联网－研究 Ⅳ．
①TP393.4②TP18

  中国国家版本馆 CIP 数据核字(2024)第 059491 号

物联网技术与创新应用研究

著	蔡万雄
出 版 人	宛 霞
责任编辑	郝沛龙
封面设计	南昌德昭文化传媒有限公司
制 版	南昌德昭文化传媒有限公司
幅面尺寸	185mm×260mm
开 本	16
字 数	290 千字
印 张	13.5
印 数	1~1500 册
版 次	2024年3月第1版
印 次	2024年12月第1次印刷

出 版 吉林科学技术出版社
发 行 吉林科学技术出版社
地 址 长春市福祉大路5788 号出版大厦A 座
邮 编 130118
发行部电话/传真 0431-81629529 81629530 81629531
 81629532 81629533 81629534
储运部电话 0431-86059116
编辑部电话 0431-81629510
印 刷 三河市嵩川印刷有限公司

书 号 ISBN 978-7-5744-1116-6
定 价 78.00元

前　言

伴随着全球一体化、工业自动化和信息化进程不断加深，物联网应用已经涉及生产的方方面面，渗透到人们的日常工作和生活当中。物联网是通过各种信息传感设备及系统、条码与二维码、全球定位系统（GPS），以各种接入网、互联网等传输信息载体进行信息交换，按约定的通信协议将物与物，人与物之间连接起来，从而实现智能化识别，定位，跟踪、监控和管理的一种信息网络。网络中的任何一个物体都可以寻址和控制，都能实现通信，这是物联网的显著特征。

本书主要物联网技术与创新应用，本书从物联网基础知识入手，针对物联网的相关知识、物联网的基本框架与系统、物联网的安全问题、物联网与大数据进行了分析研究；另外对物联网的感知识别技术、物联网网络通信与数据处理技术等内容做了一定的介绍；还剖析了物联网创新应用方向的内容：物联网技术在智能家居领域的应用、工业物联网技术与应用、物联网技术在其它领域的应用等内容；本书框架新颖，内容丰富，表现出新颖性、时代性、理论性、实践性、操作性、示范性和可读性等特点，便于从事相关行业的读者们参考，具有一定的学术价值及使用价值。

在本书的在写作过程中，曾参阅了国内外有关的大量文献和资料，从其中得到启示：同时也得到了有关领导、同事、朋友及学生的大力支持和帮助。在此致以衷心的感谢！由于网络信息安全的技术发展非常快，本书的选材和写作还有一些不尽如人意的地方，加上作者学识水平和时间所限，书中难免存在缺点和谬误，敬请同行专家及读者指正，以便进一步完善提高。

《物联网技术与创新应用研究》
审读委员会

目　录

第一章　物联网的基础知识

第一节　物联网的相关知识

一、物联网的定义

物联网（Internet ofThings，IoT）是指利用各种设备和技术，实时采集各种需要的信息，然后再通过网络实现物和物、物和人的广泛连接以及对物体和过程的智能化感知、识别与管理。物联网其实就是力物互联的意思，它不仅是对互联网（Internet）的扩展，也是互联网与各种信息传感设备相结合形成的网络，能够随时随地实现人、机、物三者的相互连接。

以上对物联网的阐述表达了两层意思：一是物联网的核心和基础依旧为互联网，是在互联网的基础上进行延伸和扩展的网络；二是从用户端和人延伸到了人、机、物这三者之间，并进行信息交换和通信。

物联网的概念来源于传媒领域，在物联网的应用中有三个关键层，也就是感知层、网络层和应用层。

随着物联网的发展，目前物体需要满足以下条件才能被纳入物联网范畴：

①具有数据传输和存储功能、中央处理器（CPU）及操作系统；

②有专门的应用程序和遵循物联网的通信协议；

③在广域网中有唯一编号可被检测和识别。

物联网的本质特征主要有以下四个：

①纳入物联网的物体具备自动识别和物物通信功能；

②物联网和互联网的本质都是信息的传递；

③物联网与云计算结合具备了大数据处理的能力；

④物联网具有自动化、自我反馈和智能控制的智能化特征。

二、物联网的四大类型

物联网可分为私有物联网（Private IOT）、公有物联网（Public IOT）、社区物联网（Community IOT）和混合物联网（Hybrid IOT）四种类型。

①私有物联网：具有私有性、单一性，是某个机构内部提供的服务，多用于机构内网。

②公有物联网：顾名思义，是向大众提供服务的一种互联网，面对的即大型用户群体。

③社区物联网：在某个有关联的"社区"提供服务。

④混合物联网：是以上两种或两种以上相组合的类型，但其组合有统一的运作维护实体。

三、物联网的基本特征

互联网的主要目的是构建一个全球性的计算机通信网络，而物联网则与互联网有着本质的区别。物联网主要是从应用出发，在传感器网络的基础上，利用互联网、无线通信网络资源进行业务信息的传送，是互联网、移动通信网应用的延伸，是综合了自动化控制、遥控遥测及信息应用技术的新一代信息系统。

物联网是在计算机互联网的基础上，利用感知技术、无线数据通信、智能计算等技术，构造的一个覆盖世界上万事万物的网络。在这个网络中，物品能够彼此进行"交流"，而无须人的干预。其关键是利用能够让物品实现信息交流的 RFID 技术，通过计算机互联网实现物品的自动识别和信息的互联与共享。在物联网实施过程中，RFD 标签中存储着规范而具有互用性的信息，通过无线数据通信网络把它们自动采集到中央信息系统，实现物品的识别，进而通过开放性的计算机网络实现信息交换与共享，实现对物品的"透明"管理。因此，从嵌入式短距离的移动收发器到互联网，逐步发展到将更广泛的工具及日常用品接人互联网，促成了人与物、物与物之间互联的新通信形式的形成。

作为一种综合性信息系统，物联网还包括信息的感知、传输、处理决策、服务等多个方面。所以，物联网应该具备以下 3 个基本特征。

①实时感知：即利用 RFD、传感器、二维码等随时随地获取物体的信息，具备在线实时、全面、精确定位感知的功能。数据采集方式众多，实现数据采集多点化、多维化、网络化。而且从感知层面来讲，不仅表现在对单一的现象或自标进行多方面的观察

获得综合的感知数据，也表现在对现实世界各种物理现象的普遍感知。

②可靠传递：包括互联网、电信网等公共网络，及电网和交通网等专用网络在内，通过各种承载网络，建立起物联网内实体间的广泛互联。具体表现在各种物体经由多种接入模式实现异构互联，网络错综复杂，但依然能将物体的信息实时准确地相互传递。

③智能处理：具有超越个人大脑的大智慧、超智慧的日常管理与应急处置能力以及系统集成、系统协同的巨大能量。利用云计算、模糊识别和数据融合等各种智能计算技术，能够对海量数据和信息进行处理、分析并对物体实施智能化的控制，具有全角度、无死角的庞大数据比对、查询能力。其主要体现在物联网中从感知到传输到决策应用的信息流，并且最终为控制提供支持，也广泛体现出物联网中大量的物体和物体之间的关联和互动。物体互动经过从物理空间到信息空间，再从信息空间到物理空间的过程，形成感知、传输、决策、控制的开放式循环模式。物联网和互联网相比较，最突出的特征是实现了非计算设备间的点点互联、物物互联。物联网不同于感知信息收集的传感器网络，也不同于信息传输的互联网。它包含数量庞大的物体，承载和处理海量的感知信息，容纳各种模式的接入和通信模式，实现从感知、处理到控制的循环过程。

除以上几个基本特征以外，物联网还具有显著的异构性、混杂性和超大规模等特点。异构性主要表现在不同拥有者、不同制造商、不同级别、不同类型、不同范畴的对象网络共存于物联网中，网络之间在通信协议、信息属性、应用特征等多个方面存在差异，并形成混杂的异构网络或"网中网"形态。混杂性表现于网络形态和组成的异构混杂性，多信息源的并发混杂性，场景、服务和应用的混杂性等多个方面。针对物联网这些数据的特性，目前已经有了与之相关的特殊的存储和计算模式。为节省通信带宽，减少无效感知数据的传输，大量的感知信息在本地进行存储，经过处理后的中间结果或最后结果存储在互联网上，放到云中的数据中心。感知信息的预处理、判断和决策等信息处理主要在当前场景下的前端完成，有些需要大运算量的计算才通过"云端"的数据中心来处理。与此同时，通过这样的方式还可以节省存储空间，数据中心不可能做到完全保存实时流的原始感知数据，不存储原始感知数据也可以满足实时性的交互处理。如果全部通过互联网或云计算来做出处理和决定，就不能满足很多实时性的应用。更为重要的是，物联网是物理世界与信息空间的深度融合系统，涉及全球的人、机、物的综合信息系统，涵盖众多领域。所以物联网一定是分布式的系统，局部空间内的高度动态自治管理才有利于大规模扩展性的实现。

四、互联网和物联网的区别

互联网和物联网是继承和发展的关系，在前面讲过，物联网是在互联网的基础之上发展起来的。互联网和物联网虽然仅有一字之差，但是两者还是有一定区别的。具体如下：

①两者的覆盖范围大小不一样，物联网的覆盖范围更大，几乎覆盖了信息通信的所有领域；

②物联网比互联网的技术实现更为困难、行业领域的应用范围更广，对社会经济的发展更有影响力；

③互联网和物联网的应用系统和接入方式不相同；

④物联网涉及的技术范围比互联网更加广泛，互联网是虚拟交流，而物联网是实物交流。

互联网向物联网的转变，是终端由计算机变成了嵌入式计算机系统和与之配套的传感器设备，这是信息科技发展的结果。只要硬件或物体连上网，进行数据交互，都可以称之为物联网，例如可穿戴设备、环境监控设备和虚拟现实设备等。

五、物联网的技术原理

物联网是在计算机互联网的基础之上的扩展。它利用全球定位、传感器、射频识别、无线数据通信等技术，创造一个覆盖世界上万事万物的巨型网络，就像一个蜘蛛网，可以连接到任意角落。

物联网几乎涵盖了所有的先进技术，如射频识别、移动网络、云计算技术等，可以说是各种技术的集大成者。

在物联网中，物体之间无须人工干预就可以随意进行"交流"。其实质就是利用射频自动识别技术，通过计算机互联网实现物体的自动识别以及信息的互联与共享。

射频识别技术能够让物品"开口说话"。它通过无线数据通信网络，把存储在物体标签中有互用性的信息自动采集到中央信息系统，实现物体的识别，进而通过开放性的计算机网络实现信息交换和共享，实现对物品的"透明"管理。

物联网的问世打破了过去一直是将物理基础设施和信息技术（IT）基础设施分开的传统思维。在物联网时代，任意物品都可与芯片、宽带整合为统一的基础设施，在此意义上，基础设施更像是一块新的地球工地，世界的运转就在其上面进行。

第二节　物联网的基本框架与系统

一、物联网的基本框架

物联网类似于仿生学，让每件物品都具有"感知能力"，就像人有味觉、嗅觉和听觉一样，物联网模仿的便是人类的思维能力与执行能力，而这些功能都需要通过感知、网络和应用方面等多项技术才能实现。所以，物联网的基本框架可分为物联网感知层、物联网网络层和物联网应用层这三个方面。

（一）感知层：核心能力

感知层是物联网的底层，但它是实现物联网全面感知的核心能力，主要解决生物世界和物理世界的数据获取和连接问题。

物联网是各种感知技术的广泛应用。物联网上有许多不同类型的传感器，不同类别的传感器所捕获的信息内容和信息格式不同，所以每个传感器都是独立的一个信息源。传感器获得的数据具有实时性，是按照一定的频率周期性地采集环境信息，并不断地更新数据的。

物联网运用射频识别器、全球定位系统和红外感应器等传感设备，它们的作用就像人的五官，可以识别和获取各类事物的数据信息。通过这些传感设备，能让任何没有生命的物体拟人化，让物体也可以有"感觉和知觉"。同时，因为有了这些传感设备，才实现了物体的智能化控制。

一般来说，物联网的感知层包括二氧化碳浓度传感器、温湿度传感器、二维码标签、电子标签、条形码和读写器和摄像头等感知终端。感知层的主要功能是识别物体和采集信息，一般能支持200个物理感知节。

（二）网络层：基础设施

广泛覆盖的移动通信网络是实现物联网的基础设施，网络层主要解决感知层所获得的数据的长距离传输的问题。它是物联网的中间层，是物联网3层框架中标准化程度最高、产业化能力最强和最成熟的部分，由各种私有网络、互联网、有线通信网、无线通信网、网络管理系统和云计算平台组成，相当于人的神经中枢和大脑，负责传递及处理感知层获取的信息。

网络层的信息传递，主要通过因特网和各种网络的结合，对接收到的各种感知信息进行传送，并实现信息的交互共享和有效处理，关键在于为物联网应用进行优化和改进，形成协同感知的网络。

网络层的目的是实现两个端系统之间的数据透明传送，其具体功能包括寻址、路由选择以及连接的建立、保持和终止等。它提供的服务使运输层不需要了解网络中的数据传输和交换技术。

网络层的产生是物联网发展的结果。在联机系统和线路交换的环境中，通信技术实实在在地改变着人们的生活和工作方式。传感器即物联网的"感觉器官"，通信技术则是物联网传输信息的"神经"，实现了信息的可靠传送。

通信技术特别是无线通信技术的发展，为物联网感知层所获取生的数据提供了可靠的传输通道。

（三）应用层：用户接口

物联网的应用层提供了丰富的基于物联网的应用，是物联网和用户（包括人、组织和其他系统）的接口。其与行业需求相结合，能够实现物联网的智能应用，智能应用也是物联网发展的根本目标。

物联网的行业特性主要体现在其应用领域内，目前智慧农业、智能制造、智能安防、智能建筑、智能医疗、智能家居、智能交通和智能物流等各个行业都有物联网应用的尝试，某些行业已经积累了一些成功的案例。

将物联网技术与行业信息化需求相结合，实现广泛智能化应用的解决方案，关键在于物联网的行业融合，信息资源的开发利用，低成本高质量的解决方案，信息安全的保障以及有效的商业模式的开发。

云计算技术为物联网海量数据的存储提供了平台，其中的数据挖掘技术和数据库技术的发展为海量数据的处理分析提供了可能。物联网应用层的标准体系主要包括应用层架构标准、软件和算法标准、云计算技术标准、行业或公众应用类标准以及相关安全体系标准。下面介绍几个较为重要的标准体系。

应用层架构是面向对象的服务架构，包括面向服务的结构（Service-Oriented Architecture，SOA）体系架构、业务流程之间的通信协议、面向上层业务应用的流程管理、元数据标准以及 SOA 安全架构标准。

软件和算法技术标准包括数据存储、数据挖掘、海量智能信息的处理和呈现等。安全标准重点有安全体系架构、安全协议、用户和应用隐私保护、虚拟化和匿名化以及面向服务的自适应安全技术标准等等。

云计算技术标准重点包括开放云计算接口、云计算互操作、云计算开放式虚拟化架构（资源管理与控制）和云计算安全架构等。

二、物联网的三大系统

物联网是在互联网基础上架构的关于各种物理产品信息服务的总和，它主要由三个系统组成：一是运营支撑系统，即关联应用服务软件、门户、管道、终端等各方面的管理；二是传感网络系统，即通过现有互联网、广播电视网络、通信网络等实现数据的传输与计算；三是业务应用系统，即输入输出控制终端。

（一）运营支撑系统

物联网在不同行业的应用，需要解决网络管理、设备管理、计费管理和用户管理等基本运营管理问题，这就需要一个运营平台来支撑。物联网运营平台是为各个行业服务的基础平台，在此基础上建立的行业平台有智能工业平台、智能农业平台和智能物流平台等。

物联网运营支撑系统中的每个平台还可以在自身基础上建立多个行业平台，如当前电信运营的电信业务运营支撑系统（Business&Operation Support System，BOSS）平台，只有在完成一些基本的管理功能之后，才可以快速添加上层行业应用。

物联网运营平台对大企业和小企业进入物联网行业有促进作用。根据物联网运用平台的基础服务特性，最适合提供此服务的是运营商。不过因为运营商的垄断性，它们并不能根据用户需求提供服务，因此缺乏生命力。

物联网的运营支撑系统主要依靠的是物品信息技术。为了保证最终用户的应用服务质量，必须关联应用服务软件、门户、管道和终端等各个方面，融合不同架构和不同技术，完成对最终用户有价值的端到端管理。

物联网的运营支撑和传统的运营支撑不同。新环境下，在整个支撑管理涉及的因素和对象中，管理者对它们的掌控程度是不同的，有些是管理者所拥有的，有些是可管理的，有些是可影响的，有些是可观察的，有些则是完全无法接入和获取的。为了完成对全程的支撑管理，对于这些具有不同特征的对象，必须采取不同的策略。

物联网强调"物"的连接和通信。对于端点来说，这种通信涉及传感与执行两个重要方面，而将这两个方面关联起来就是闭环控制。

（二）传感网络系统

物联网的传感网络系统是将各类信息通过信息基础承载网络传输到远程终端的应用层。它主要包括各类通信网络，如互联网、移动通信网、小型局域网等。网络层所需要的关键技术包括长距离有线通信技术和无线通信技术、网络技术等。

通过不断升级，物联网的传感网络系统可以满足未来不同的传输需求，特别是当"三网融合"（"三网融合"即指电信网、计算机网和有线电视网三大网络通过技术改造，能够提供包括语音、数据、图像等在内的综合多媒体的通信业务）后，有线电视网也能承担物联网网络层的功能，有利于物联网普及的加快推进。

（三）业务应用系统

在物联网的体系中，业务应用系统由通信业务能力层、物联网业务能力层、物联网业务接入层和物联网业务管理域四个功能模块构成。它提供通信业务能力、物联网业务能力、业务路由分发、应用接入管理和业务运营管理等核心功能。

例如，通信业务能力层是由各类通信业务平台构成的，具有无线应用协议（Wireless Application Protocol，WAP）、短信、彩信、语音和位置等多种能力，通过物联网业务接入层为应用提供物联网业务能力的调用，包括终端管理、感知层管理、物联网信息汇聚中心、应用开发环境等能力平台。

物联网信息汇聚中心收集和存储来自不同地域、不同行业、不同学科的海量数据和信息，并利用数据挖掘和分析处理技术，为客户提供了新的信息增值服务。

应用开发环境为开发者提供从终端到应用系统的开发、测试和执行环境，并将物联网通信协议、通信能力和物联网业务能力封装成应用程序编程接口（Application Program Interface，API）、组件/构件和应用开发模板。

在物联网参考业务体系架构中，物联网业务管理域只负责物联网业务管理和运营支撑功能，原机器对机器（Machine-To-Machine，M2M）管理平台承担的业务处理功能和终端管理业务能力被分别划拨到物联网业务接入层和物联网业务能力层。

物联网业务管理域的功能主要包括业务能力管理、应用接入管理、用户管理、订购关系管理、鉴权管理、增强通道管理、计费结算、业务统计和管理门户等。增强通道管理由核心网、接入网和物联网业务接入层配合完成，包括用户业务特性管理与通信故障管理等功能。

为了实现对物联网业务的承载，接入网和核心网也需要进行配合优化，提供适合物联网应用的通信能力。

通过识别物联网通信业务特征，进行移动性管理、网络拥塞控制、信令拥塞控制、群组通信管理等功能的补充和优化，并提供端到端服务质量（Quality of Service，QoS）管理以及故障管理等增强通道功能。

第三节　物联网的安全问题

关于物联网没有统一的标准，所以各方面的安全问题特别突出。随着物联网行业的发展，其安全问题将会成为阻碍物联网应用的重要因素。以下主要介绍物联网技术的安全问题，包括物联网的安全体系以及三大层次的安全等。

一、三个方面，安全体系

物联网的安全体系主要有以下三个方面。

①物理安全：主要是传感器的安全问题，比如对传感器进行干扰、屏蔽等；

②运行安全：和传统的信息系统安全一样，包括传感器、传输系统和处理系统的运行；

③数据安全：要求传感器、传输系统和处理系统中的信息不被盗取和篡改。

二、三个层次，发现问题

传感器网络安全技术主要包括基本安全框架、密钥分配和安全路由等。

射频识别（Radio Frequency Identification，RFID）技术是物联网感知层的核心技术之一，采用射频识别技术的网络安全问题主要有以下两个方面。

①标签本身存在访问缺陷，而且标签的可重写性让标签中的数据安全无法保障；

②移动 RFID 的安全主要包括假冒和非授权服务访问的问题。

当然，除了上述两大问题之外，还有通信链路的安全问题。目前，解决射频识别技术网络安全问题的方法主要有物理方法和密码机制方法。

物联网网络层的主要功能是实现信息的转发和传送，按功能可分为接入层和核心层，所以其安全问题主要有以下两个方面。

①主要来自物联网本身的架构、接入方式以及各种设备的安全问题；

②主要来自数据传输网络的安全问题，例如分布式拒绝服务的攻击等。

物联网应用层的安全问题主要有以下四个方面。

①业务控制、管理和认证机制安全，包括设备远程签约和业务信息配置等；

②中间件虽然固化了通用的功能，但是物联网中所有的中间件都需要提供快速应用

开发工具；

③在物联网应用的过程中涉及大量的个人隐私数据，所以隐私保护是非常重要的安全问题；

④移动设备失窃会造成数据信息泄露，甚至还会导致物联网系统终端被恶意控制。

三、四个角度，安全管理

虽然现在物联网行业有了一定的发展，但是其研究和应用还处在初级阶段，很多理论和技术有待突破。因此，下面就来介绍物联网安全管理的相关内容。

（一）物联网安全的特点

物联网的信息处理过程体现了物联网安全的特点和要求，其中无线传感器网络（Wireless Sensor Network，WSN）是物联网的关键技术，其安全特点主要有以下几点。

①单个节点的资源受限，包括处理器资源、储存器资源和电源等；

②节点没有人监控和维护，容易失效和遭受物理攻击，比如军事应用中的节点；

③外界环境和固定节点的失效等因素的影响，导致节点移动性的产生；

④无线传感器网络中的无线传输介质容易受外界环境的影响，具有不可靠性及广播性；

⑤无线传感器网络中没有专门的传输设备和基础架构，其功能需要节点配合实现；

⑥由于单个节点各方面能力相对较低，具有潜在攻击的不对称性。

物联网安全的特点主要有三个方面，即感知信息的多样化、网络环境的多样化以及应用需求的多样化，其导致网络规模和数据的处理量非常大，而且决策控制复杂，对物联网的发展和应用来说是不小的挑战。

（二）物联网安全的架构

物联网安全的技术架构可分为四个方面。

①应用环境安全技术，包括身份认证、访问控制和安全审计等；

②网络环境安全技术，包括无线网安全、传输安全和安全路出等；

③信息安全防御技术，包括内容分析、病毒查杀和访问控制等；

④信息安全基础技术，包括密码技术、高速密码芯片以及信息系统平台安全等。

（三）物联网安全的模型

物联网安全的模型主要包括三个部分，具体内容如下。

①安全的电子标签由耦合元件和芯片组成，每个标签均有唯一的 RFID 编码；

②可靠的数据传输是指电子标签和射频识别读写器之间的数据传输；

③可靠的安全管理包括安全隐患和风险评估、风险管理以及威胁管理。

（四）安全管理的核心技术

物联网安全管理的核心技术主要有六个方面，分别是安全需求和密钥管理系统、数据处理和隐私保护、安全路由协议、认证技术和访问控制、入侵检测和容侵容错、决策和控制安全。下面就逐一为大家进行具体的介绍。

1. 安全需求和密钥管理系统

这里的安全需求是指无线传感器网络的安全需求，主要包括以下五个方面。

①通过算法生成的密钥需具备一定的安全强度，使加密后的数据包具有机密性；

②中途退出的传感器网络或被捕获的恶意节点在密钥更新或撤销后无法参与报文解密；

③允许大量新的节点加入，并利用新密钥进行报文的加解密及认证；

④传感器网络中的一些节点被俘获后，密钥系统要有抵抗攻击的能力；

⑤要能够识别和认证发送方身份和消息，保证合法的节点能收到需要的信息。

密钥管理系统可以分为对称密钥管理系统和非对称密钥管理系统。在对称密钥管理系统中，其分配方式有三种，即基于密钥分配中心方式、预分配方式以及基于分组分簇方式。和非对称密钥管理系统相比，对称密钥管理系统在计算机复杂度方面具有优势，但是在密钥管理以及安全性方面相对不足。

2. 数据处理和隐私保护

在物联网的应用过程中，要考虑信息收集的安全性和数据传输的私密性。因此，物联网技术能否被广泛地推广和应用，很大程度上取决于是否能保障个人信息数据和隐私的安全。

由于在数据处理过程中会涉及隐私保护问题，所以需要提高物联网技术的安全性。保护隐私的方法主要有位置伪装、时空匿名以及空间加密等。

3. 安全路由协议

因为物联网的路由需要跨越多种网络，所包含的协议也各有不同，所以物联网路由至少要解决多网融合的路由和传感网的路由这两个问题。多网融合的路由问题可以通过把身份标识映射成相似的互联网协议（IP）地址，以实现基于地址的统一路由体系；传感网的路由问题则需要设计抗攻击的安全路由算法来解决。

4. 认证技术和访问控制

认证指的是用户通过某种方法来证明自己信息的真实性，网络中的认证主要有身份认证和消息认证两种。在物联网的认证机制中，传感网的认证是非常重要的部分，无线传感器网络中的认证技术主要分为以下几种。

①基于轻量级公钥算法的认证技术，如基于身份识别的认证算法等；

②基于预共享密钥的认证技术，缺点是扩展性和抗捕获能力比较差；

③基于随机密钥预分布的认证技术，优点是实现简单，计算负载小等；

④基于辅助信息的认证技术，如预测节点的部署位置等；

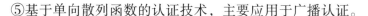

⑤基于单向散列函数的认证技术，主要应用于广播认证。

5.入侵检测和容侵容错

入侵检测的意思是检测入侵行为，通过收集和分析各种信息和数据，检查网络和系统中是否有违反安全策略的行为或受攻击的现象。入侵检测系统采用的技术有两种，即特征检测和异常检测。

容侵顾名思义就是对侵入行为的容忍，指的是在存在恶意入侵的情形下，网络依然可以正常运行。目前，无线传感器网络的容侵技术主要应用在网络拓扑容侵、安全路由容侵和数据传输过程中的容侵机制。

容错指的是在发生故障的情况下，系统依然可以正常运行。目前，对容错技术的研究主要有三个方面。

①通过设计合理的拓扑结构，保证在网络中断的情况下可以正常通信；

②在部分节点失效的情况下，怎么部署传感器节点来覆盖监测区域和保持节点的连通；

③在险恶的网络环境中，当特殊情况发生时，处在当中的节点怎么才能正确地收集数据。

6.决策和控制安全

物联网中数据的流动是双向的，一方面是从感知端处收集各种信息，然后对其进行处理，将其储存在网络的数据库中；另一方面即根据用户的需求来进行数据的挖掘、决策和控制，以实现和所有互联物体的互动。

第四节　物联网与大数据

一、大数据概述

（一）大数据简述

1.大数据的特征

大数据之"大"，不单单指容量层面的含义。只是容量的扩充还不至于让当今的计算处理系统倍感挑战。实际上大数据之博大，包含 5 个层面，可概括为"5V"。

（1）数据真实性强（Veracity）

这里的真实性不但指机器采集相比人工记录和记忆客观性和准确性更高，而且指通过跨领域、跨地域数据库的联网对照、综合、自我修缮等功能，进一步确保采集对象数据集的完整度和拟真度。

（2）数据体量大（Volume）

数据体量增大不仅是单位前的数字变大，还有单位本身的变大。

此外，数据体量大因为数据源多，覆盖面广。伴随着智能设备和应用的普及，可采集的数据源还在进一步扩大。

（3）数据种类繁杂（Variety）

由于传感器类型增多，社交网络、智能终端的风行，数据的类型越发多样化，包括结构化、非结构化、半结构化的数据。除了数据库这种结构化数据，还有图片、邮件、网页、音频、视频等待加工的半结构化、非结构化数据。例如，脸书、推特等社交媒体网站的日状态更新量达到上亿；优兔的视频日上传量更是高达数十亿，平均每分钟有约60 h 的视频上传。这些种类繁杂的数据能通过不同形式的处理、整合纳入大数据云。

（4）数据流动快（Velocity）

过去的数据流通在个人或机构的计算机上进行，受限于网络范围和传输质量，传输速度慢，数据流通量小，效率低。如今随着信息全球化，互联网越来越发达，承载力大大提升，传输速度有了质的飞跃。这又进一步导致数据的动态变化性更大、更新和迭代率高。大数据的流式数据特性为其处理和管理带来极大的挑战。

（5）数据价值高（Value）

大数据的价值高在于整体价值高。因为数据量基数大，其价值密度还是比较低的，有相当一部分调研价值低的数据没有直接存储的意义。然而从全局的战略角度来说，一方面，大数据实现了对人类和自然活动更全面的记录；另一方面，通过对广泛的数据样本进行挖掘分析，能够得出许多新规律和趋势，加上机器深度学习、人工智能运算等方法，可以对金融、军事、工农、医疗等领域的未来发展状况做出一定的预测。辅助决策、提高生产和生活效率、改善社会管理和治安、推动科研发展进步才是大数据最大的价值。

2. 大数据的分析方法

一般来说，大数据的分析方法分为以下五个方面：

（1）数据质量和管理分析

高质量的数据是实现分析价值的基础。高质量的数据需要优质的数据源和高效的分级管理，这些是科研或其他应用领域数据分析的保障。大数据由于数量庞大，质量筛查更是不可或缺。

（2）语义引擎分析

多种多样的非结构化数据为数据分析带来很大的障碍。语义引擎作为解析和提取数据的工具，能够自动从各类媒体材料中读取信息。鉴于非结构化数据的复杂性，语义引擎的功能需要进一步细化，选用合适引擎的同时需要对其精准性加以优化。

（3）数据挖掘算法分析

数据挖掘算法是系统基于统计学、机器学习、人工智能技术等，按照一定条件自动地分析和归纳数据，从而挖掘出了原数据中隐含的、于人们有用的信息和知识。这类算法的开发、利用需要考虑到大数据的量、速度、类型等。数据挖掘算法只是初步分析，

为人工决策提供支持。

（4）可视化分析

在统计汇报的形式上，数据可视化日益为专业人士和普通民众所青睐。通过静态或动态的可视化图形，可以更直观地展现数据之间形形色色的关系，更利于观众对比和记忆。此外，相比于数字，图示的重点更突出，容易让人觉察到其他形势下难以发现的地方。总之，数据可视化展现了数据的魅力，拉近了数据和人的距离，便于人统筹和把握多重数据关系，具有极大的优势。

（5）预测性分析

预测性分析是在数据挖掘和可视化分析的基础之上，进一步推导出趋势和规律。其作用主要是识别一些风险或机遇，判定风险等级，评估致害或致利因素的重要程度，进行预测性判断。预测性分析目前大多由人工实现，其发展方向仍是进一步优化预测模型，争取实现机器的全自动化预测。

这五个方面有一定的次序，如数据质量和管理以及语义引擎分析是数据挖掘的基础，数据挖掘算法和可视化分析又是预测性分析的依据。然而对于实时生成的流式大数据，这几步是多管齐下、同时进行的，彼此相互交织、相互反馈，共同构成一个持续、稳定运作的动态分析系统。

（二）大数据技术的发展

1. 大数据计算技术

大数据的计算技术有很多，按处理模式分为批处理计算模式和流处理计算模式，另外有交互式查询计算模式。批处理即先存储后处理，流处理是直接处理。

（1）批处理计算模式

大数据的批处理计算模式适用于对数据准确性和全面性要求较高而对实时性要求不高，可以先存储后计算的场景。用于批处理的数据一般具有以下 3 个特征。

①数据体量较大。

数量级达到 PB 级，数据是静态地存储在硬盘中，具有更新频率少、存储时间长、可重复利用等特征。而相应地，这种大批量的数据集备份和移动也不易。

②数据精确度高。

批量数据往往是从应用中筛检、沉淀下来的，所以精度较高，是企业或者机构宝贵的信息财富。

③数据价值密度低。

最常见的如视频批量数据，连续的监控过程可能长达数十小时，而有价值的数据只有短短几秒。所以，需要采用合理的算法来从批量数据中抽取有价值的数据。

除此之外，批处理数据有耗时长、机动性差的缺点。由于缺少系统和用户之间的交互手段，当发现批处理结果和预期有较大出入或出现其他问题时，重新作业会浪费很多时间。因此，批处理数据适合大型的相对比较成熟作业。

离线批处理计算模式通过调度批量任务操作静态数据，计算过程相对缓慢，有时一次计算要数小时甚至更久，中途出错则要翻倍，所以对于实时性要求更高的应用和服务显得力不从心。

（2）流处理计算模式

流处理计算模式将需要进行处理的数据作为流数据来对待，当新的数据到来时立刻处理并返回所需结果。流数据具有持续到达、规模大且速度快等特点，通常不会对所有数据进行永久化存储，而基本在内存中完成。限制流处理计算模式的主要因素之一是内存容量。几十年来，数据流的理论和技术研究一直是攻关的热点，随着大数据和云计算的兴起，其发展形势越来越好。物联网会实时产生大量的传感数据，其中很多领域对流处理模式都有较大需求。

（3）交互式查询计算模式

人是数据查询和分析的重要一环。因为一个完整的数据查询和分析过程常常是一个人和系统交互式对话的迭代过程：先是用户提交查询请求，获得系统的响应，之后再根据系统的响应信息更新查询请求。重复这样的交互迭代，直至用户得到满意的结果。大多数时候，用户无法以一个单独、完美的查询请求来获得自己最需要、最契合的信息。这是因为数据查询包含了分析过程，也就是从已知结果中筛选、抽象出"未知"信息，所以无论是从人的思维角度，还是从系统的供给能力出发，大部分情况下不存在一步到位的完美查询语句。

交互式查询由于需要迭代多次人机交互，对系统处理的实时性要求很高。按照人的思维反应和忍耐度，查询的响应时间一般要达到秒级以上才能满足用户的需求。但是大数据时代数据基量大大扩充，搜索引擎在单位时间的工作量倍增，传统的关系型数据库已经不符合交互式数据处理的实时性需要。由此研发人员通过引入索引优化机制、内存计算等多种方式来改进 NoSQL 数据库的查询响应时间，于是出现了一些典型的交互式数据处理的代表系统。

① Spark 系统。

Spark 是一个基于内存计算的可扩展的开源集群计算系统，针对 MapReduce 的不足，即针对大量的网络传输和磁盘 I/O 使得效率低效的问题，Spark 则使用内存进行数据计算以便快速处理查询。Spark 系统提供了比 Hadoop 更高层的应用程序接口，往往同样的算法在 Spark 系统中的运行速度比 Hadoop 快 10 ~ 100 倍，Spark 系统在技术层面兼容 Hadoop 存储层应用程序接口，可访问 HDFS、HBase、SequenceFile 等。

② Dremel 系统。

Dremel 是谷歌研发的交互式数据分析系统，Dremel 可以组建规模上千的服务器集群，处理 PB 级数据。传统的 MapReduce 完成一项处理任务，最短需要分钟级的时间，而 Dremel 可以将处理时间缩短到秒级，非常适合进行交互式查询的计算任务。Dremel 的数据模型是嵌套的。对于处理大规模数据，传统关系数据模型不可避免地具有大量的 Join 操作，然而嵌套模型可以很好地处理相关的查询操作。

（4）大数据实时处理的架构：Lambda 架构

Lambda 架构是由 Storm 的作者南森·马茨（NathanMarz）提出的一个实时大数据

处理框架。Lambda 架构将大数据系统构建为多个层次。

数据访问的理想的情况是通过对数据的查询直接获取。但当数据基量达到很大的级别如 PB 级以上，还需要实现实时响应时，就需要耗费非常庞大的资源。一个解决方式是预运算查询，又称为批处理视图（Batch View）。当需要执行查询时，可以从批处理视图中读取结果。这样一个预先运算好的视图通过建立索引来支持随机读取。

在 Lambda 架构中，实现批处理视图的部分被称为批处理层（Batch Layer）。它承担了两个职责：存储主数据集（不变的持续增长的数据集）和针对这个主数据集进行预运算。批处理层执行的是批量处理，但是 Hadoop 或者 Spark 支持的是批处理方式。

为了对最终的实时查询提供支撑，服务层（Serving Layer）负责对批处理视图进行随机访问（并不支持对批处理视图的随机写，因为随机写会为数据库增加许多复杂性），并更新批处理视图。只有批处理层完成对批处理视图的预计算，服务层才会对其进行更新。这样并不能做到实时的数据处理。对于实时性要求高的数据，就通过加速层（Speed Layer）来进行处理。加速层只处理最近的数据，该层在接收到新数据时，会进行一种增量的计算。

2. 大数据分析技术

（1）传统结构化数据分析

数据挖掘技术很快被应用在了大量结构化数据的分析中，包括政治、工业、电商、科研领域。例如，统计机器学习应用在能量控制、异常检测、实时预报中；时空挖掘技术依靠提取各种时空数据、传感器数据及高速数据流的模式，应用到地图导航、营销策划、城市建设规划中；过程挖掘通过事件数据综合、过程发现、一致性检查、运作支持等一系列技术，得出业务过程的合规性、偏差性或者延迟性，为提升业务质量奠定了基础。还有近年来越发受到重视的隐私保护数据挖掘，响应了电子政务、电子商务、医疗健康等领域对隐私保护的需求，成为各级用户所信赖和拥护的安全形势之一。

（2）文本数据分析

文本数据包括文档、电子邮件、社交媒体上的聊天发帖、网页文本等数据。文本数据分析是从杂乱无构的文本中提取关键的信息，从而收集有效的知识。义本数据分析技术分为信息提取、主题建模、分类、聚类、摘要、问答系统、观点挖掘等等几类。

其中最基础的是信息提取技术，即从文本中截取某一类型的结构化数据，常见的有命名实体识别（Named-Entity Recognition，NER）技术。它的目的是将识别到的原子实体归入人、地点、组织等通用门类中待用。当文本包含多个主题时，则需用到主题建模。主题是基于词语的概率分布，主题模型技术是通过对文档的初步分析，来定性文档内容或词句含义。分类技术是通过识别文本的主题，进一步归到某种主题大类或主题集合中。近年来图表示和图挖掘方面的文本分类受到了关注。聚类技术则是将近似度高的文档聚合起来。它和分类技术的不同点在于，并不是以预先定义的主题为基点或纽带来归类文档。摘要技术分为提取式摘要和概括式摘要。前者是从原文本中择取关键性语句、段落拼接在一起；后者要求较高，是在理解原文的基础上用语言学方法以少量语句转述。问答系统的设计用于为给定问题提供答案，通过问题分析、源检索、答案提取、答案表示等技术来找到或合成最佳答案。观点挖掘综合了前几类技术，层级较高，通过对文本的主题、主客观性、情感态度等信息的挖掘，来辨识出文本的情感倾向，主要应用于对用户产品的评论和新闻舆论的观点的分析。

（3）多媒体数据分析

多媒体数据分析是指从图像、音频、视频等多媒体数据中提取信息。多媒体数据分析技术分为多媒体识别、多媒体标注、多媒体摘要、多媒体索引和检索、多媒体推荐、多媒体事件检测等，覆盖范围很广。

目前，机器学习中的深度学习备受推崇，发展迅速。深度学习采用表征学习方式，能够学习多级别的抽象或复杂表达，利用层次化架构学习对象在不同层次上的表达。常见的深度架构例子如含有多个隐层的多层感知机（MLP）。

深度学习通过发展人工神经网络，有助于解决很多复杂抽象问题。近年来深度学习在语音图像领域的应用取得显著效果，推动了移动社交软件的发展。

（4）社交网络数据分析

线上社交网络的普及和深入，也带动了社交网络数据分析的兴起。社交网络数据包含了上述文本数据和多媒体数据，但又具备自身的特征和风行度，如今已成为一个独立的分析门类。社交网络数据分为内容数据和联系数据，内容数据便是文本、图像等多媒体数据；联系数据是对象实体之间的联系，通常用图拓扑表示。社交网络数据的多样性和综合性给数据分析带来很大的机遇和挑战。

其中的联系数据是非常典型的图数据。图数据包括各个对象节点和连接节点的边。基于图数据的分析算法从单机时代就有，是很多复杂的机器学习算法的基础，迄今为止为对很多问题提出了成熟的解决方案，尤其是关系构建、属性传播、社区发现这类图谱性质的问题。然而，在大数据背景下，当图的规模扩张到了相当大的程度，单机系统对图计算便束手无策了。当下有些图数据的计算系统，如 GraphLab、GraphX、Trinity、Pregel 等采用并行处理，但是很多图在节点上是多向连通的，比较难分割成独立的若干子图进行并行处理，即便可以分割，对于机器的并行处理以及最终结果的整合也存在一系列问题。因此，图数据系统需要有效地判定、评估联系数据，而后选取适当的图分割和图计算模型或工具，来实现复杂问题的优化。

（5）物联网传感数据分析

如今物联网传感器广泛应用到多个领域，如工业上实时监控设备状况，医疗上监察人体健康状态等。随着移动技术、流处理技术、无线传感器等的发展，物联网传感器网络的部署日益完善，对大数据的分析需求也越来越大。

物联网传感数据来自不同性质的异构传感器，具有多样性、时空性等特征，有些还存在安全性、隐私性等问题。这类数据大多为结构化数据，就时间属性来说属于流数据，加上空间属性应是时空流数据。对它们的分析可以是描述性或者预测性分析，通常是二者结合，具有很强的实用性。

二、物联网中的大数据

随着物联网的应用普及，越来越多的传感器等设备不断产生新的数据，基础设施的监控、智能医疗、环境感知、交通信息、智能电表以及各种移动设备上产生的数据不断汇入信息网络，进一步紧密联系了信息和物理世界。物联网数据不是人与人而是物与人、物与物之间的交互信息。它具有异构性，是非结构的、有噪声的，而体量大、增速快是它不同于传统数据之处。此外，物联网数据还具有明显的颗粒性，大多含有时间、位置、环境、行为等指标。物联网产生的数据是海量的，如何从海量的数据中挖掘出对社会和经济有价值的信息，则需要新型的数据存储技术。而大数据技术可为物联网中的数据提供更深应用的支持。物联网自动收集来自感知层、传输层、平台层、应用层的非结构、碎片化的海量数据，然后把这些数据传送到云计算平台上进行大数据分析。物联网大数据真正的价值不在于拥有海量的数据，而在于能将物物相连所产生的庞大数据进行智能化的分析处理，生成商业模式。

物联网的发展离不开大数据，依靠大数据可以提供足够有利的资源；同时，大数据能为物联网提供更大更多的应用场景。随着物联网、互联网、智能终端、云计算平台、移动互联网等技术的联合应用，物联网中的大数据可以帮助人们建立起智能的监控模型、智能分析模型、智能决策模型等应用，有力地改变了人们的生活。物联网是数字时代发展到新阶段的产物，可以说是智慧化时代的一种形态和标志。物联网是骨架，大数据是血肉，彼此之间是一种互为表里、共生共荣的关系。

物联网中的数据来源广泛，涵盖丰富，种类繁多，相较传统网络数据具有明显的差别。下面主要从四个方面来介绍物联网数据的特征。

（一）海量性

物联网的数据量之大是前所未有的。这有两个原因，一个是采集源多。为了尽可能全方位囊括监测对象的目标数据，需在一定范围内设置大量节点。节点包括人、物品、传感网、服务器等，其数量超过了互联网节点。例如，全国摄像头超过 2000 万个，以单个摄像头每小时生成 3.6GB 的数据计，日产量就达到 EB 级。然而据估算，一个中等城市 50 年所积累的医疗数量不过几十 PB。国家电网年均生产数据 510TB（不含视频），累积生产数据 5PB。在交通方面，一架民航飞机上有几千个传感器，每小时每个引擎产生 20TB 的数据，这些引擎状态数据在飞行过程中通过卫星传回发动机公司检测。此外，智慧城市的建设，在社区、医疗、环保、灾害监测等方面大量使用传感器节点，使得物联网收集数据量之大，远高于传统网络。

增长速度快、增量大是物联网数据量大的另一个原因。很多领域，比如交通、医疗等系统的传感器节点处于全天候工作状态，使得数据产生频率呈指数级增长。如交通卡口数据，以北京为例，每天所有采集到的过车数量——每辆车过路口拍一张照片，会产生上千万张照片信息，约占几个 TB 的存储空间。

（二）异构性

物联网数据来源众多，存储方式多样，数据类型复杂，且数据标准不统一。例如，在交通、医疗等领域接入车联网、GBS、传感器网络、射频识别等不同类型的网络，会生成不同格式的数据。数据类型也不同，分为结构化、半结构化、非结构化数据。如人口、社保数据多为结构化数据；医疗、气象数据大多是半结构化数据；而包含很多图像、视频的智能设备、交通卡口数据多为非结构化数据。所以，异构性也是物联网数据的一大特点。

（三）实时性

物联网数据的第三个特点是实时性。这意味着数据能快速被汇聚节点收集、分析和处理，响应快，传输效率高。物联网应用的范围广泛，无论是智慧物流、智慧交通、智慧医疗，还是智能家居、安防监控、灾害预警，其有效实施都依赖于数据的实时传输和处理。就医疗领域而言，物联网背景下的智能医疗检测系统能够帮助医生及时了解病人的病史、检查报告等，如果不能及时将病人的最新病情如体征指标变化传达给医生，就会延误医生的准确诊断。

三、物联网中的大数据应用

（一）大数据技术在物联网产业中的应用

随着物联网的进一步发展，新的数据不断产生、汇聚、整合，数据从量到质都今非昔比。基于传统数据管理技术，大数据智能处理技术应运而生。大数据智能处理技术，不仅能解决物联网数据体量大而复杂的问题，而且能通过对数据的统计、分析挖掘出有价值的信息。大数据处理技术能帮助人们对物联网对象进行智能识别、定位、监控、跟踪和管理，既解放了人力，又保证了物联网中海量信息处理、分析的即时高效，有力地推动了物联网产业发展。

大数据技术在物联网中的应用流程主要包含：数据采集、数据存储和数据分析。其中，数据采集是进行后续步骤的前提条件，样本的输入对结果的输出起决定性作用；数据存储是其他环节的保障，也是最需重视安全性的一环；数据分析是大数据技术的核心任务，海量数据的潜在价值全部依赖于分析技术的挖掘。大数据的实时性表明，如不能及时、准确、高效地分析，将错失部分数据的价值。

1. 数据采集

数据的采集是大数据智能处理技术的基础，不容忽视。要实现客观的数据挖掘成果，前提仍是海量的样本。数据是知识的宝库，当把数据放在一定的背景之下，就能从数据认知到它要传达的信息；可以用数据挖掘的方法从数据中提炼规律、产生知识，可以用规律和知识去指导生产与经济运行过程，创造出更多的财富，从中获得更大的经济价值和社会价值。有人说，在大数据时代，谁掌握了足够的数据，谁就掌握了未来。看出数据是把握未来方向的基准，具有超乎想象的价值。数据采集从这个意义上来说，便是未来的资产积累。

物联网是通过传感器、射频识别技术、全球定位系统、红外感应技术等各种装置与技术，实时采集所需要监控、互动、管理的物体或者过程，采集其声、光、化学、生物、位置等各种状态和信息。例如，智慧医疗通过传感器采集心率、血压等生理参数，随时对病人的病情进行监控；智慧农业通过传感器实时监测农业生产方面的信息，如风向风速、光照强度、空气湿度、二氧化碳浓度等空气信息，土地温度、湿度、pH 值、离子浓度等土壤信息，植物生长数据、动物生理指标等生态信息；智慧交通采集交通摄像头的视频信息、交通路口的线圈信号、卡口的图像信息、车辆的 GPS 定位信息等。

物联网数据来源于各种传感器和监测设备，传感器的性能受环境、功耗和使用寿命等因素的影响，造成了数据缺失、异常、重复等问题，所以数据采集后还要将不同种类、结构的数据，尤其是图片、音频、视频等非结构化数据，通过清洗、转换、分类、集成等步骤载入数据存储系统，作为数据挖掘和分析的材料。相比传统的处理工具，物联网大数据处理工具面对的是体量巨大且增长迅速的数据。环保中用于监测环境的各种传感器，每秒钟的数据产量颇大，所以要求数据的预处理即时快速，在 ETL 的架构和工具选择上，也会采取分布式存储数据库和实时流处理系统这样的现代信息技术。

2. 数据存储

物联网海量数据的产生主要表现在两个方面：一是每个传感器以及其他的智能设备每时每刻都在产生大量的数据；二是物联网中有数以亿计的物品，如物流中贴有射频识别标签的商品在全世界范围内流通，它们每时每刻都在产生着大量的数据。由于需要存储和处理大量非结构化的数据，物联网大数据已经远远超出了传统的关系型数据库的管理能力。传统数据库的集中式存储和索引只能应付小规模数据，其性能随着数据量增多而直线下降，对大数据的导入导出、检索查询、统计分析无能为力，更不用说实现及时响应的程度。下面简要介绍常见的两种数据库工具：

（1）HDFS

HDFS 是 Hadoop 体系中关键的数据存储和管理部分。HDFS 具有处理大数据的三大特性：高容错性、简化一致性和放宽 POSIX 约束。其中，高容错性便于它被安置在低成本的硬件上，而后两个特性保证了对流式数据的访问，进而实现高数据吞吐量，非常适合需处理大型数据集的应用程序。

HDFS 采用主从架构。HDFS 群由一个主节点（Name Node）与多个数据节点（Data Node）组成。

主节点属于系统中的"管理者"，负责管理文件系统中的元数据、命名空间和客户端对文件的访问操作，如文件的打开、关闭、保存、访问等。另外，它还负责将数据块对应到数据节点上。数据节点属于文件系统中的"工作者"，负责实际数据存储和 I/O 工作。存储在 HDFS 的文件被自动切割成固定大小的数据块（Blocks），然后被复制到多个数据节点上。每个块以多备份的形式存储，以保证数据的可用性，默认备份个数为 3。

主节点对数据节点的监控、对管理信息或者数据信息的传递都是靠短时间间隔的心跳来实现的。根据定期心跳信息，主节点能获知各数据节点的数据块信息、数据节点的健康状况，并对各数据节点下达启动或停止命令等。如果数据节点不发送心跳信息，主节点会将其存储的数据块备份到其他数据节点上，用来维持数据的可用性。

（2）NoSQL

NoSQL 泛指非关系型数据库，其打破了关系型数据库的范式约束。NoSQL 解决了关系型数据库的很多难点。一方面，它支持结构化、非结构化等模式不固定的数据，拥有超大量的存储能力；另一方面，它具有实时的插入性能和查询检索速度，能把数据存储扩展到集群环境，而且能够实现在线扩展。一般有四种非关系型数据库系统，即基于键值对的 NoSQL、基于列式存储的 NoSQL、图表数据库和基于文档的数据库。

NoSQL 不一定遵循传统关系数据库的一些基本要求，如遵循 ACID 属性、表结构等。相比传统数据库，称 NoSQL 为分布式数据库更加地贴切。

总体来说，NoSQL 具有以下四种特征。

①易扩展性。

NoSQL 种类较多，而且去除了关系型数据库的关系特性，令数据之间无固定关系，非常容易扩展。在架构层面上的高扩展性是 NoSQL 最大的优势之一。

②高处理量。

由于 NoSQL 无关系性、数据库结构简单，所以它的读写性能大大增强，处理海量数据表现出色。如 Mongo 数据库，当数据量达到 500GB，Mongo 的数据库访问速度是 MySQL 的 10 倍。根据官方的性能测试报道，Mongo 每秒能处理 0.5 万 ~ 1.5 万次读写请求，Voldemort 每秒超过 1.5 万次读写，TokyoTyrant 每秒可以处理 4 万 ~ 5 万次读写，NoSQL 的性能远远高于传统数据库。

③多数据类型。

NoSQL 可以随时自定义存储的数据格式，无须预先为存储的数据建立字段，省去了在关系型数据库中增删字段的麻烦。

④高可用性。

NoSQL 在不太影响其他性能的情况之下，可以轻松实现高可用性的框架，如 Mongo 通过数据库的双向复制完成高可用性。

第二章 物联网的感知识别技术

第一节 自动识别与条形码技术

一、自动识别技术

（一）自动识别技术概述

自动识别技术是在计算机技术和通信技术基础上发展出来的综合性科学技术，其是信息数据自动识读、自动输入计算机的重要方法和有效手段，解决了人工输入数据速度慢、误码率高、劳动强度大、工作简单重复性高等问题。自动识别技术作为一种革命性的高新技术，正迅速为人们所接受。比如，通过银行卡在 POS 机上刷卡消费或在自动柜员机 ATM 上取款，采用的是磁卡识别技术；而某些银行卡、接触式集成电路卡以及传真、扫描和复印则采用的是光学字符识别技术；公交 IC 卡、小区门禁系统在往往采用非接触式 IC 卡技术，等等。

自动识别技术是一种高度自动化的信息或者数据采集技术，对字符、影像、条码、声音、信号等记录数据的载体，采用光识别、磁识别、电识别或者 RFID 等多种识别方式完成自动识别，自动地获取被识别物品的相关信息，是集计算机、光、磁、物理、机电、通信技术为一体的高新技术学科。

完整的自动识别计算机管理系统包括自动识别系统（AIDS）、应用程序接口（API）或者中间件（Middleware）和应用系统软件。其中，自动识别系统完成系统的采集和存储工作，应用系统软件对自动识别系统所采集的数据进行应用处理，而应用程序接口软件则提供自动识别系统和应用系统软件之间的通信接口包括数据格式，把自动识别系统采集的数据信息转换成应用软件系统可以识别和利用的信息并进行数据传递。

自动识别技术的主要特征包括：①准确性自动数据采集，彻底消除人为错误；②高效性信息交换实时进行；③兼容性自动识别技术以计算机技术为基础，可与信息管理系统无缝连接。

（二）光学字符识别技术

光学字符识别是针对印刷体字符，采用光学的方式将文档资料转换成为原始资料黑白点阵的图像文件，然后通过识别软件将图像中的文字转换成文本格式，以便文字处理软件进一步编辑加工的系统技术。简而言之，OCR 即是利用光学技术对文字和字符进行扫描识别，转化成计算机内码。

随着计算机的诞生，OCR 识别技术逐步成熟，进入到人们日常学习、生活、工作等各个应用领域。OCR 技术的识别原理可以简单地分为相关匹配识别、概率判定准则和句法模式识别 3 大类。相关匹配识别是根据字符的直观形象提取特征，用相关匹配进行识别。这种匹配既可在空间域内和时间域内进行，也可在频率域内进行。相关匹配又可细分为图形匹配法、笔画分析法、几何特征提取法等。利用文字的统计特性中的概率分布，用概率判定准则进行识别称概率判定准则法，如利用字符可能出现的先验概率，结合一些其他条件，计算出输入字符属于某类的概率，通过概率进行判别。根据字符的结构，用有限状态文法结构，构成形式语句，用语言的文法推理来识别文字的方法就是语句模式识别法。近年来，人工神经网络和模糊数学理论的发展，对 OCR 技术起到了进一步的推动作用。

一个 OCR 识别系统，从影像到结果输出，须经过影像输入、影像前处理、文字特征抽取、比对识别，最后经人工校正将认错的文字更正，将结果输出。OCR 识别系统的工作流程如下所示。

1. 影像输入

欲经过 OCR 处理的标的物须透过光学仪器，如影像扫描仪、传真机或任何摄影器材将影像转入计算机。科技的进步，扫描仪等的输入装置已制作得越来越精致、轻薄短小、品质也高，对 OCR 有相当大的帮助，扫描仪的分辨率使影像更清晰、扫除速度更增进 OCR 处理的效率。

2. 影像前处理

影像前处理是 OCR 系统中须解决问题最多的一个模块，从得到一个不是黑就是白的二值化影像，或者灰阶、彩色的影像，到独立出一个个的文字影像的过程，都属于影像前处理。包含影像正规化、去除噪声、影像矫正等影像处理以及图文分析、文字行与字分离的文件前期处理。在影像处理方面，在原理及技术方面都已达成熟阶段，因此在市面上或网站上有不少可用的链接库；在文件前期处理方面，则凭各家本领了；影像须先将图片、表格及文字区域分离出来，甚至可将文章的编排方向、文章的提纲及内容主体区分开，而文字的大小及文字的字体亦可如原始文件一样判断出来。

3. 文字特征抽取

单以识别率而言，特征抽取可说是 OCR 的核心，用什么特征、怎么抽取，直接影响识别的好坏，所以在 OCR 研究初期，特征抽取的研究报告特别多。而特征可说是识别的筹码，简易的区分可分为两类：一为统计的特征，比如文字区域内的黑 / 白点数比，当文字区分成好几个区域时，这一个个区域黑 / 白点数比之联合，就成了空间的一个数值向量，在比对时，基本的数学理论就足以应付了。而另一类特征为结构的特征，如文字影像细线化后，取得字的笔划端点、交叉点之数量及位置，或以笔划段为特征，配合特殊的比对方法，进行比对，市面上的线上手写输入软件的识别方法多以此种结构的方法为主。

4. 对比数据库

对输入的文字提取完特征后，不管是用统计特征还是结构特征，都须有一比对数据库或特征数据库来进行比对，数据库的内容应包含所有欲识别的字集文字，根据与输入文字一样的特征抽取方法所得的特征群组。

5. 对比识别

根据不同的特征特性，选用不同的数学距离函数，较有名的比对方法有欧式空间的比对方法、松弛比对法（Relaxation）、动态程序比对法（DP），以及类神经网络的数据库建立及比对，HMM（HiddenMarkovModel）等著名的方法，为了让识别的结果更稳定，也有所谓的专家系统（Experts System）被提出，利用各种特征比对方法的相异互补性，使识别出的结果，其信心度特别的高。

6. 字词后处理

由于 OCR 的识别率并无法达到百分之白，或想加强比对的正确性及信心值，一些除错或甚至帮忙更正的功能，也成为 OCR 系统中必要的一个模块。字词后处理就是一例，利用比对后的识别文字与其可能的相似候选字群中，根据前后的识别文字来找出最合乎逻辑的词，实现更正的功能。

7. 人工校正

一个好的 OCR 软件，除了有一个稳定的影像处理及识别核心，以降低错误率外，人工校正的操作流程及其功能，亦影响 OCR 的处理效率，所以，文字影像与识别文字的对照，及其屏幕信息摆放的位置、还有每一识别文字的候选字功能、拒认字的功能、及字词后处理后特意标示出可能有问题的字词，都是为使用者设计尽量少使用键盘的一种功能，这时要重新校正一次或能在一定程度上容许些许的错。

8. 结果输出

输出需要的档案格式。结果的输出需要看使用者用 OCR 的目的，如果只要文本文件作部分文字的再使用之用，则只需要输出一般的文字文件；如果需要与输入文件一模一样，则需要有原文重现的功能；如果注重表格内的文字，则需要和 Excel 等软件结合。

（三）磁卡识别技术

磁卡是一种卡片状的磁性记录介质，利用磁性载体记录字符与数字信息，用来标识身份或其他用途。磁卡由高强度、耐高温的塑料或纸质涂覆塑料制成，能防潮、耐磨且有一定的柔韧性，携带方便、使用较为稳定可靠。

按照使用基材的不同，磁卡可分为 PET 卡，PVC 卡和纸卡 3 种；根据磁层构造的不同，又可分为磁条卡和全涂磁卡两种。

磁卡是由一定材料的片基和均匀地涂布在片基上面的微粒磁性材料制成的。记录磁头由内有空隙的环形铁芯和绕在铁芯上的线图构成。在记录时，磁卡的磁性面以一定的速度移动，或记录磁头以一定的速度移动，并分别和记录磁头的空隙或磁性面相接触。磁头的线圈一旦通上电流，空隙处就产生与电流成比例的磁场，于是磁卡与空隙接触部分的磁性体就被磁化。如果记录信号电流随时间而变化，则当磁卡上的磁性体通过空隙时（因为磁卡或磁头是移动的），便随着电流的变化而不同程度地被磁化。磁卡被磁化之后，离开空隙的磁卡磁性层就留下相应于电流变化的剩磁。读卡器中装有磁头，可在卡上写入或读出信息。磁卡与读卡器之间的通信是通过磁场进行的。读出时通过将磁卡划过读卡器，读卡器再通过磁头拾取磁卡上磁极性的变化；写入时，读卡器要产生一个磁场，从而能够在磁卡上一个较小的区域内有效地改变磁极性的取向，以向磁卡上写入信息。卡上的信息采用二进制编码。

磁卡使用方便，造价便宜，用途极为广泛，可用于制作信用卡、银行卡、地铁卡、公交卡、门票卡、电话卡、电子游戏卡、车票、机票以及各种交通收费卡等。磁卡容易磨损，不能折叠、撕裂，存储数据量较小。

（四）IC 卡识别技术

IC 卡在外形上和磁卡极为相似，但它们的存储方式和存储介质完全不同。磁卡是通过改变磁条上的磁场变化来存储信息的，而 IC 卡是通过嵌入卡中的电擦除式可编程只读存储器集成电路芯片（EEPROM）来存储数据信息。IC 卡具有如下特点。

①存储容量大，根据型号不同，可存储小到几百个字符大到上百万个字符；

②安全保密性好，IC 卡上的信息需要密码才能对内部数据进行读取、修改和擦除；

③CPU 卡具有数据处理能力，可以对数据进行加解密。

IC 卡根据是否带有微处理器可以分为存储卡和 CPU 卡两种。存储卡仅包含存储芯片而无微处理器，一般的电话卡属于此类。而带有存储芯片和微处理器芯片的大规模集成电路的 IC 卡称为 CPU 卡，其具有数据读写和处理功能，因而具有安全性高、可离线操作等突出优点。所谓离线操作是相对联机操作而言的，即可以在不联网的终端设备上使用。根据 IC 卡与读卡器的通信方式，可分为接触式 IC 卡和非接触式 IC 卡两种。接触式 IC 卡通过卡片表面多个金属接触点与读卡器进行物理连接来完成通信和数据交换；非接触式 IC 卡通过无线通信方式与读卡器进行通信，不需要与读卡器进行物理连接。

二、条形码技术

（一）条形码概述

1. 条形码的概念

条形码是将宽度不等的多个黑条和空白，按照一定的编码规则排列，用以表达一组信息的图形标识符。常见的条形码是由反射率相差很大的黑条（简称条）和白条（简称空）排成的平行线图案。条形码可以标出物品的生产国、制造厂家、商品名称、生产日期、图书分类号、邮件起止地点、类别、日期等许多信息，因而在商品流通、图书管理、邮政管理、银行系统等许多领域都得到广泛的应用。

2. 条形码的分类

（1）按码制分类

条形码类很多，常见的大概有二十多种码制，其中包括 Code39 码（标准 39 码）、Codabar 码（库德巴码）、Code25 码（标准 25 码）、ITF25 码（交叉 25 码）、Matrix25 码（矩阵 25 码）、UPC-A 码、UPC-E 码、EAN-13 码（EAN-13 国际商品条码）、EAN-8 码（EAN-8 国际商品条码）、中国邮政码（矩阵 25 码的一种变体）、Code-B 码、MSI 码、Code11 码、Code93 码、ISBN 码、ISSN 码、Code128 码（Code128 码，包括 EAN128 码）、Code39EMS（EMS 专用的 39 码）等一维条形码和 PDF417、Ultracode、Code49 等二维条形码。

（2）按维数分类

条形码按维数可分为一维条形码、二维条形码、多维条形码等等。

一维条形码只是在一个方向（一般是水平方向）表达信息，而在垂直方向则不表达任何信息，但是其有一定的高度，通常是为了便于阅读器的对准。一维条形码的应用可以提高信息录入的速度，减少差错率，但是一维条形码数据容量较小，通常包含 30 个字符左右，并且只能包含字母和数字，条形码尺寸相对较大（空间利用率较低），条形码遭到损坏后便不能阅读。

二维条形码能在水平和垂直方向的二维空间存储信息，二维条码也有许多不同的编码方法，或称码制。根据这些码制的编码原理，通常可分为以下 3 种类型：①线性堆叠式二维码。在一维条码编码原理的基础上，把多个一维码在纵向堆叠而产生。典型的码制如 Code16K、Code49、PDF417 等。②矩阵式二维码。在一个矩形空间通过黑、白像素在矩阵中的不同分布进行编码。典型的码制如 Aztec、MaxiCode、QRCode、DataMatrix 等。③邮政码。通过不同长度的条进行编码，主要用于邮件编码，如Postnet、BPO4-State。由于二维条形码在平面的横向和纵向上均能表示信息，所以与一维条形码比较，二维条形码所携带的信息量和信息密度都提高了很多倍，二维条形码可表示图像、文字、甚至声音。

（3）条形码的优势

①可靠性强：条形码的读取准确率远远超过人工记录，平均每 15000 个字符才会出现一个错误。

②效率高：条形码的读取速度很快，相当于每秒 40 个字符。

③成本低：与其他自动化识别技术相比较，条形码技术仅需要一小张贴纸和相对构造简单的光学扫描仪，成本相当低廉。

④易于制作：条形码的编写很简单，制作也仅仅需要印刷，被称为"可印刷的计算机语言"。

⑤构造简单：条形码识别设备的构造简单，使用方便。

⑥灵活实用：条形码符号可以手工键盘输入，也可以和有关设备组成识别系统实现自动化识别，还可和其他控制设备联系起来实现整个系统的自动化管理。

（二）条形码的结构与编码方法

1. 条形码的结构

一个完整的条形码的组成次序依次为：静区（前）、起始符、数据符、（中间分割符，主要用于 EAN 码）、（校验符）、终止符、静区（后）。

①静区：指条码左右两端外侧与空的反射率相同的限定区域，其能使阅读器进入准备阅读的状态，当两条码相距距离较近时，静区则有助于对它们加以区分，静区的宽度通常不小于 6mm（或 10 倍模块宽度）。

②起始 / 终止字符：指位于条码开始和结束的若干条与空，标志条码的开始和结束，同时提供了码制识别信息和阅读方向的信息。

③数据字符：位于条码中间的条、空结构，它包含条码所表达的特定信息。

④校验字符；检验读取到的数据是否正确。不同编码规则可能会有不同的校验规则。

2. 条形码的编码方法

条形码的编码方法有两种，分别是宽度调解法与色度调解法。

（1）宽度调节法

宽度调节编码法是指条形码符号有宽窄的条单元和空单元以及字符符号间隔组成，宽的条单元和空单元逻辑上表示 1，窄的条单元和空单元逻辑上是 0，宽的条空单元和窄的条空单元可称为 4 种编码元素。code-11 码、code-B 码、code39 码、2/5code 码等均采用宽度调节编码法。

（2）色度调节法

色度调节编码法是指条形码符号是利用条和空的反差来标识的，条逻辑上表示 1. 而空逻辑上表示 0。把 1 和 0 的条空称为基本元素宽度或基本元素编码宽度，连续的 1、0 则可有 2 倍宽、3 倍宽、4 倍宽等。所以此编码法可称为"多种编码元素方式"，如

ENA\UPC 码采用 8 种编码元素。

（三）条形码的识读原理与技术

1. 识读原理

要将按照一定规则编译出来的条形码转换成有意义的信息，需要经历扫描和译码两个过程。物体的颜色是由其反射光的类型决定的，白色物体能反射各种波长的可见光，黑色物体则吸收各种波长的可见光，所以当条形码扫描器光源发出的光在条形码上反射后，反射光照射到条码扫描器内部的光电转换器上，光电转换器根据强弱不同的反射光信号，转换成相应的电信号。根据原理的差异，扫描器可分为光笔、红光 CCD、激光、影像 4 种。

电信号输出到条码扫描器的放大电路增强信号之后，再送到整形电路将模拟信号转换成数字信号。白条、黑条的宽度不同，相应的电信号持续时间长短也不同。主要作用就是防止静区宽度不足。然后译码器通过测量脉冲数字电信号 0.1 的数目来判别条和空的数目。

通过测量 0.1 信号持续的时间来判别条和空的宽度。此时所得到的数据仍然是杂乱无章的，要知道条形码所包含的信息，则需根据对应的编码规则，将条形符号换成相应的数字、字符信息。最后，由计算机系统进行数据处理和管理，物品的详细信息便被识别了。

2. 条形码识读系统

（1）条形码识读系统的组成

条形码识读系统是由扫描系统、信号整形、译码 3 部分组成的。

其中，扫描系统由光学系统及探测器即光电转换器件组成，它完成对条码符号的光学扫描，并通过光电探测器，将条码条空图案的光信号转换成为电信号；信号整形部分由信号放大、滤波、波形整形组成，它的功能在于将条码的光电扫描信号处理成为标准电位的矩形波信号，其高低电平的宽度和条码符号的条空尺寸相对应；译码部分一般由嵌入式微处理器组成，它的功能也就是对条码的矩形波信号进行译码，其结果通过接口电路输出到条码应用系统中的数据终端。

（2）条形码识读器的通信接口

条码识读器的通信接口主要有键盘接口和 RS232。

①键盘接口方式。

条码识读器与计算机通信的一种方式是键盘仿真，即条码阅读器通过计算机键盘接口给计算机发送信息。条码识读器与计算机键盘口通过一个四芯电缆连接，通过数据线串行传递扫描信息。这种方式的优点是：无须驱动程序，与操作系统无关，可以直接在各种操作系统上直接使用，不需要外接电源。

②RS232 方式。

扫描条码得到的数据由串口输入，需要驱动或者直接读取串口数据，需要外接电源。

条码扫描器在传输数据时使用 RS232 串口通信协议，使用时要先进行必要的设置，如波特率、数据位长度、有无奇偶校验和停止位等。

第二节　射频识别技术

一、RFID 技术概述

（一）RFID 技术的概念

射频识别技术（RFID）是 20 世纪 80 年代发展起来一种非接触式的自动识别技术，它利用射频信号通过空间耦合（交变磁场或电磁场）实现无接触信息传递并通过所传递的信息达到识别目的，对静止或移动物体实现自动识别。RFID 较其他技术明显的优点是电子标签和阅读器无须接触便可完成识别。它的出现改变了条形码依靠"有形"的一维或二维几何图案来提供信息的方式，通过芯片来提供存储在其中的数量巨大的"无形"信息。RFID 技术可识别高速运动物体并可同时识别多个标签，操作快捷方便。RFID 系统通常由电子标签、阅读器和天线组成。

（二）RFID 的特点

1. 电子标签可以重复利用

读写型电子标签可以重复地增、删、改、除数据，可以回收与重新利用，达到了节省开支和提高效益的目的。

2. 穿透性很好

射频信号能够将纸张、塑料、木材等非金属材料穿透。

3. 远距离不接触式的识别

传统的条形码必须要对准才能读取，而电子标签则只要置于阅读器产生的电磁场内部就可以进行读取数据，能够节省人力，适合与各种自动化设备配合使用。

4. 数据存储量很大

电子标签能够使物品携带更多的相关信息，而且较大的存储量也能够让得世界的每一个标签都拥有与众不同的 ID。

5. 不受恶劣环境的影响

电子标签对水、油污、灰尘等都有着较强抗污染性，在黑暗和恶劣的天气影响下，RFID 系统仍然可以工作。

6. 读取速度很快

RFID 可一次能够处理多个标签，读取单个标签的时间与读取条形码也会大幅降低，它的读取效率要高得多。

7. 数据可以更新

对于读写型标签，其用户的数据部分可进行多次改写，能够方便数据更新等操作，能够追踪商品在整个流水线上或供应链上的状态。

二、RFID 系统的分类

RFID 系统的分类方式有很多种，都与 RFID 射频标签的工作方式有关，常见的分类方式有以下几种。

根据采用的频率不同，可分为低频系统、中频系统和高频系统。

①低频系统，一般是指工作频率在 100 ~ 500kHz 之间的系统。典型的工作频率有 125kHz、134.2kHz 和 225kHz 等。其基本特点是标签的成本较低、标签内保存的数据量较少、标签外形多样（卡状、环状、纽扣状、笔状）、阅读距离较短且速度较慢、阅读天线方向性不强等。其主要应用于门禁系统、家畜识别和资产管理等场合。

②中频系统，一般是指工作频率在 10 ~ 15MHz 之间的系统。典型的工作频段有 13.56MHz。中频系统的基本特点是标签及阅读器成本较高、标签内保存的数据量较大、阅读距离较远且具有中等阅读速度、以外形一般为卡状、阅读天线方向性不强。其主要应用于门禁系统和智能卡的场合。

③高频系统，一般是指工作频率在 850 ~ 950MHz 和 2.4 ~ 5.8GHz 之间的系统。典型的工作频段有 915MHz，2.45GHz 和 5.08GHz。高频系统的基本特点是标签内数据量大、阅读距离远且具有高速阅读、适应物体高速运性能好等优点，但标签及阅读器成本较高。另外，高频系统仍没有较为统一的国际标准，因此在实施推广方面还有许多工作要做。高频系统大多为采用软衬底的标签形状，其主要应用在火车车皮监视和零售系统等场合。

根据读取标签数据的技术实现手段，可以将其分为广播发射式、倍频式和反射调制式 3 大类。

广播发射式系统，实现起来最简单。标签必须采用有源方式工作，并实时将其存储的标识信息向外广播，阅读器相当于一个只收不发的接收机。这种系统的缺点是电子标签必须不停地向外发射信息，既费电，又对环境造成电磁污染，而且系统不具备安全保密性。

倍频式系统，实现起来有一定难度。一般情况下，阅读器发出射频查询信号，标签返回的信号载频为阅读器发出射频的倍频。这种工作模式对阅读器接收处理回波信号提供了便利，但是对无源系统来说，标签将接收的阅读器射频信号转换为倍频回波载频时，其能量转换效率较低。而提高转换效率需要较高的微波技术，这就意味着更高的电子标签成本，同时这种系统工作需占用两个工作频点，一般较难获得无线电频率管理委员会的产品应用许可。

反射调制式系统，实现起来要解决同频收发问题。系统工作时，阅读器发出微波查询（能量）信号，标签（无源）将部分接收到的微波查询能量信号整流为直流电供其内部的电路工作，另一部分微波能量信号被标签内保存的数据信息调制（ASK）后反射回阅读器。阅读器接收到反射回的幅度调制信号后，从中解析出标识性数据信息。系统工作过程中，阅读器发出微波信号与接收反射回的幅度调制信号是同时进行的。反射回的信号强度较发射信号要弱得多，所以技术实现上的难点在于同频接收。

根据标签内是否装有电池为其供电，又可将其分为有源系统、无源系统及半无源3大类。

有源系统，一般指标签内装有电池的 RFID 系统。有源系统一般具有较远的阅读距离，不足之处是电池的寿命有限（3～10年）。有源系统通过标签自带的内部电池进行供电，它的电能充足，工作可靠性高，信号传送的距离远。有源系统的缺点主要是价格高，体积大，标签的使用寿命受到限制，而且随着标签内电池电力的消耗，数据传输的距离会越来越小，影响系统正常工作。

无源系统，一般是指标签中无内嵌电池的 RFID 系统。系统工作时，标签所需的能量由阅读器发射的电磁波转化而来。因此，无源系统一般可做到免维护，但在阅读距离及适应物体运速度方面无源系统较有源系统略有限制。因为无源式标签依靠外部的电磁感应而供电，它的电能就比较弱，数据传输的距离和信号强度就受到限制，需要敏感性比较高的信号接收器才能可靠识读。但它的价格、体积、易用性决定了它是标签的主流。

半无源射频标签。半无源射频标签内的电池供电仅对标签内要求供电维持数据的电路或者标签芯片工作所需电压提供辅助支持，或者对本身耗电很少的标签电路供电。标签未进入工作状态前，一直处于休眠状态，相当于无源标签，标签内部电池能量消耗很少因而电池可维持几年，甚至长达10年。当标签进入阅读器的读出区域时，受到阅读器发出的射频信号激励，进入工作状态时，标签与阅读器之间信息交换的能量支持以阅读器供应的射频能量为主（反射调制方式），标签内部电池的作用主要在于弥补标签所处位置的射频场强不足，标签内部电池的能量并不转换为射频能量。

根据标签内保存的信息注入方式，可将它分为集成电路固化式、现场有线改写式和现场无线改写式3大类。

①集成固化式标签，其内的信息一般在集成电路生产时即将信息以 ROM 工艺模式注入，其保存的信息是一成不变的。

②现场有线改写式一般将标签保存的信息，写入其内部的存储区中，信息需改写时要专用的编程器或写入器，且改写过程中必须为其供电。

③现场无线改写式一般适用于有源类标签，具有特定的改写指令，标签内保存的信息也位于其中的存储区。

一般情况下改写数据所需时间远远大于读取数据所需时间。通常，改写所需时间为秒级，阅读时间为毫秒级。

三、RFID 系统的组成

RFID 系统在具体应用过程中，根据不同的应用目的和应用环境，系统的具体组成会有所不同。从宏观考虑，RFID 系统由电子标签、读写器和应用系统组成；从微观考虑，RFID 系统由电子标签、读写器与天线组成。

（一）电子标签

RFID 标签中存有被识别目标的相关信息，由耦合元件及芯片组成，每个标签具有唯一的电子编码，附着在物体上标识目标对象。标签有内置天线，用于和 RFID 射频天线间进行通信。RFID 电子标签包括射频模块和控制模块两部分，射频模块通过内置的天线来完成与 RFID 读写器之间的射频通信，控制模块内有一个存储器，它存储着标签内的所有信息。RFID 标签中的存储区域可以分为两个区：一个是 ID 区每一个标签都有一个全球唯一的 ID 号码，即 UID。UID 是在制作芯片时存放在 ROM 中的，无法修改。另一个是用户数据区，是供用户存放数据的，可以通过与 RFID 读写器之间的数据交换来进行实时的修改。当 RFID 电子标签被 RFID 读写器识别到或者电子标签主动向读写器发送消息时，标签内的物体信息将被读取或改写。

RFID 电子标签具有持久性、信息接收传播穿透性强、存储信息容量大、种类多等特点。根据标签是否有电源，RFID 电子标签分为有源、半有源和无源标签；根据标签的可读写性，RFID 电子标签分为只读和读写标签；根据调制方式，RFID 电子标签分为主动式、被动式和半主动式标签；根据标签和阅读器的通信顺序，RFID 电子标签分为 RTF（ReaderTalk First）和 TTF（TagTalk First）；根据频段不同，RFID 电子标签分为低频、高频、超高频和微波标签。

（二）阅读器

读写器是 RFID 系统的核心，其可以利用射频技术读取或者改写 RFID 电子标签中的数据信息，并且可以把读出的数据信息通过有线或者无线方式传输到应用系统进行管理和分析。RFID 读写器的主要功能是读写 RFID 电子标签的物体信息，它主要包括射频模块和读写模块以及其他一些辅助单元。RFID 读写器通过射频模块发送射频信号，读写模块连接射频模块，把射频模块中得到的数据信息进行读取或者改写。读写器可将电子标签发来的调制信号解调后，通过 USB、串口、网口等，将得到的信息传给应用系统；应用系统可以给读写器发送相应的命令，控制读写器完成相应的任务。读写器可以在其有效射频范围内激活符合标准的多个电子标签，可以同时识别多个标签，并具有防碰撞功能。RFID 读写器还有其他硬件设备，包括电源和时钟等。电源用来给 RFID 读写器供电，并且通过电磁感应给无源 RFID 电子标签进行供电；时钟在进行射频通信时用于确定同步信息。

（三）天线

天线在电子标签和读写器间传递射频信号。天线是一种以电磁波形式将无线电收发机的射频信号功率接收或辐射出去的装置，天线按其工作的频段可分为短波、超短波、微波等天线；按方向性可分为全向、定向等天线；按外形可分为线状、面状等天线。

电子标签与读写器之间通过耦合元件实现射频信号的空间耦合；在耦合通道内，根据时序关系，实现能量的传递和数据的交换。在射频识别系统的工作过程中，始终以能量为基础，通过一定的时序方式来实现数据的交换。因此，在 RFID 工作的空间通道中存在 3 种事件模型，即以能量提供为基础的事件模型、以时序方式实现数据交换的事件模型和以数据交换为目的的事件模型。

四、RFID 的工作原理

作为无线自动识别技术 –RFID 技术有许多非接触的信息传输方法，主要从耦合方式（能量或信号的传输方式）、标签到读写器的数据传输方法和通信流程进行分析比较。其中主要讲述 RFID 系统读写器与标签间耦合方式工作原理。

（一）耦合方式

1. 电容耦合

电容耦合方式，读写器与标签间互相绝缘的耦合元件工作时构成的一组平板电容。当标签输入时，标签的耦合平面同读写器的耦合平面间相互平行。电容耦合只用于密耦合（工作距离小于 1cm）的 RFID 系统中。

2. 磁耦合

磁耦合是现在使用的中、低频 RFID 系统中最为广泛的耦合方法，其中以 13.56MHz 无源系统最为典型，读写器的线圈生成一个磁场，该磁场在标签的线圈内感应出电压从而为标签提供能量。这与变压器的工作原理正好完全一样，因此磁耦合也称为电感耦合。

与高频 RFID 系统不同的是，磁耦合 RFID 系统的工作区域是读写器传输天线的"近场区"。一般说来，在单天线 RFID 系统中，系统的操作距离近似为传输天线的直径。对于距离大于天线直径的点，其场强将以距离的 3 次方衰减。那就意味着如仍保持原有场强的话，发射功率就需以 6 次方的速率增加。因此，此耦合主要用于密耦合或是遥耦合（操作距离小于 1m）的 RFID 系统中。

3. 电磁耦合

电磁辐射是作用距离在 1m 以上的远距离 RFID 系统的耦合方法。在电磁辐射场中，读写器天线向空中发射电磁波，其时电磁波以球面波的形式向外传播。置于工作区当中的标签处于读写器发射出的电磁波之中并在电磁波通过时收集其中的部分能量。场中某点可获得能量的大小取决于该点与发射天线之间的距离，同时能量的大小与该距离的平方成反比。

对于远距离系统而言，其工作频率主要在 UHF 频段甚至更高。从而读写器与标签之间的耦合元件也就从较为庞大且复杂的金属平板或是线圈变成了一些简单形式的天线，如半波振子天线。这样一来，远距离 RFID 系统体积更小，结构更加简单。

（二）通信流程

在电子数据载体上，存储的数据量可达到数千字节。为了读出或者写入数据，必须在标签和读写器间进行通信，这里主要有半双工系统、全双工系统和时序系统 3 种通信流程系统。

①在半双工法（HDX）中，从标签到读写器的数据传输与从读写器到标签的数据传输交替进行。当频率在 30MHz 以下时常常使用负载调制的半双工法。

②在全双工法（HDX）中，数据在标签和读写器间的双向传输是同时进行的。其中，标签发送数据所用的频率为读写器发送频率的几分之一，即采用"分谐波"，或是用一个完全独立的"非谐波"频率。

以上两种方法的共同特点是：从读写器到标签的能量传输是连续的，与数据传输的方向无关。与此相反，在使用时序系统（SEQ）的情况下，从读写器到标签的能量传输总是在限定的时间间隔内进行的（脉冲操作，脉冲系统）。从标签到读写器的数据传输是在标签的能量供应间隙内进行的。

（三）标签到读写器的数据传输方法

无论是只读系统还是可读写系统，作为关键技术之一的标签到读写器的数据传输在不同的非接触传输实现方案的系统中有所区别。作为 RFID 系统的两大主要耦合方式，磁耦合和电磁耦合分别采用负载调制和后向散射调制。

所谓负载调制是用某些差异所进行的用于从标签到读写器的数据传输方法。在磁耦合系统中，通过标签振荡回路的电路参数在数据流的节拍中的变化，从而实现调制功能。在标签的振荡回路的所有可能的电路参数中，只有负载电阻和并联电容两个参数被数据载体改变。因此，相应的负载调制被称为电阻（或有效的）负载调制和电容负载调制。

对于高频系统而言，随着频率的上升其穿透性越来越差，而其反射性却越发明显。在高频电磁耦合的 RFID 系统中，类似于雷达工作原理用电磁波反射进行从标签到读写器的数据传输。雷达散射截面是目标反射电磁波能力的测度，而即 RFID 系统中散射截面的变化与负载电阻值有关。当读写器发射的载频信号辐射到标签时，标签中的调制电路通过待传输的信号控制馈接电路是否与天线匹配实现信号的幅度调制。当天线与馈接电路匹配时，读写器发射的载频信号被吸收；反之，信号则被反射。

五、RFID 的典型应用

RFID 技术已经广泛地应用在交通运输、医疗服务、零售业物流配送、工农业产品追溯管理、车辆管理服务、电子口岸及检验检疫管理、大型活动、军事、应急物资和图书档案管理等领域，并已逐步形成规模化应用。

射频门禁系统可采用射频卡，并且一卡可以多用，比如作工作证、出入证、停车卡、旅馆住宿卡甚至旅游护照等，目的是帮助识别人员身份、安全管理、收费等，这样可以简化出入手续、提高工作效率。只要人员佩戴了封装成 ID 卡大小的射频卡，进出入口有一台读写器，人员出入时自动识别身份，非法闯入时会有报警。安全级别要求高的地方、还可以结合其他识别方式，如将指纹、掌纹或颜面特征存入射频卡。

（一）路桥自动收费管理

高速公路自动收费系统是 RFID 技术最成功的应用之一。目前中国的高速公路发展非常快，地区经济发展的先决条件就是有便利的交通条件，而高速公路收费却存在一些问题：一是交通堵塞，收费站口，许多车辆要停车排队，成为交通瓶颈问题；二是少数不法的收费员贪污路费、使国家损失了相当的财政收入。RFID 技术应用在高速公路自动收费上能够充分体现它非接触识别的优势。让车辆高速通过收费站的同时自动完成收费。同时可以解决收费员贪污路费以及交通拥堵的问题。

一般来说对于公路收费系统、车辆的大小和形状不同、需要大约 4 米的读写距离和很快的读写速度，要求系统的频率在 900MHz 和 2500MHz 之间。射频卡一般在车的挡风玻璃后面。现在最现实的方案是将多车道的收费口分两个部分，即自动收费口和人工收费口。收费系统的天线架设在道路的上方，距收费口 50～100m 处。当车辆经过天线时，车上的射频卡被天线接收到，判别车辆是否带有有效的射频卡。读写器指示灯指示车辆进入不同车道，人工收费口仍维持现有的操作方式，进入自动收费口的车辆，养路费款被自动从用户账户上扣除，并且用指示灯及蜂鸣器告诉司机收费是否完成，拥有有效射频卡的车辆不用停车就可通过，而挡车器将拦下恶意闯入的其他车辆。

在城市交通方面，交通的状况日趋拥挤，解决交通问题不能只依赖于修路，增加道路数量，而加强交通的指挥、控制、疏导，提高道路的利用率，深挖现有交通潜能也是及其重要的。基于 RFID 技术的实时交通督导和最佳路线电子地图很快将成为现实。用 RFID 技术实时跟踪车辆，通过交通控制中心的网络在各个路段向司机报告交通状况，指挥车辆绕开堵塞路段，并用电子地图实时显示交通状况，使交通流向均匀，极大地提高道路利用率。

（二）物品跟踪与管理

很多货物运输需准确地知道它的位置，像运钞车、危险品等，滑线安装的 RFID 设备可跟踪运输的全过程，有些还结合 GPS 系统实施对物品的有效跟踪。RFID 技术用于商店，可防止某些贵重物品被盗，如电子物品监视系统 EAS。

电子物品监视系统（EAS）是一种设置于需要控制物品出入门口的 RFID 技术。这种技术的典型应用场合是商店、图书馆、数据中心等地方，当未被授权的人从这些地方非法取走物品时，EAS 系统会发出警告，在应用 EAS 技术时，首先在物品上粘附 EAS 标签，当物品被正常购买或者合法移出时，在结算处通过一定的装置使 EAS 标签失活，物品就可以取走。物品经过装有 EAS 系统的门口时，EAS 装置能自动检测标签的活动性，发现活动性标签 EAS 系统会发出警告。EAS 技术的应用可以有效防止物品的被盗，不管是大件的商品，还是很小的物品。应用 EAS 技术，物品不用再锁在玻璃橱柜里，可以让顾客自由地观看、检查商品，这在自选日益流行的今天有着非常重要的现实意义。典型的 EAS 系统一般由 3 部分组成，即附着在商品上的电子标签，电子传感器；电子标签灭活装置，以便授权商品能正常出入；监视器，在出口造成一定区域监视空间。

EAS 系统的工作原理是：在监视区，发射器以一定的频率向接收器发射信号。发射器与接收器一般安装在零售店、图书馆的出入口，形成一定的监视空间，当具有特殊特征的标签进入该区域时，会对发射器发出的信号产生干扰，这种干扰信号也会被接收器接收，再经过微处理器的分析判断，就会控制警报器的鸣响。

RFID 技术可用于动物跟踪，研究动物生活习性，比如，利用 RFID 技术研究鱼的洄游特性等。RFID 还用于标识牲畜、提供了现代化管理牧场的手段，还有将 RFID 技术用于信鸽比赛、赛马识别等，以准确测定到达时间。

（三）仓储管理

在仓库里，射频技术最广泛的使用是存取货物与库存盘点，它能用来实现自动化的存货和取货等操作。在整个仓库管理中，通过将供应链计划系统所制定的收货计划、取货计划、装运计划等与射频识别技术相结合，能够高效地完成各种业务操作，如指定堆放区域、上架 / 取货与补货等。这样，增强了作业的准确性和快捷性，提高了服务质量，降低了成本，节省劳动力(8% ~ 35%)和库存空间，同时减少了整个物流中由于商品误置、送错、偷窃、损害和库存、出货错误等造成的损耗。

RFID 技术的另一项好处就是在库存盘点时降低人力。RFID 的设计就是要使商品的登记自动化，盘点时不需要人工的检查或扫描条码，更加快速准确，并且减少了损耗。RFID 解决方案可提供有关库存情况的准确信息，管理人员可由此快速识别并纠正低效率运作情况，从而实现快速供货，并且最大限度地减少存储成本。

六、EPC 技术

（一）EPC 概述

EPC 的全称是 Electronic Product Code，中文称为产品电子代码。EPC 的载体是 RFID 标签，并借助互联网来实现信息的传递。EPC 旨在为每一件单件产品建立全球的、开放的标识标准，实现全球范围内对单件产品的跟踪与追溯，从而有效地提高供应链管理水平、降低物流成本。EPC 是一个完整的、复杂的、综合的系统。

（二）EPC 的特点

1. 开放的结构体系

EPC 系统采用全球最大的公用网络系统—Internet，这就避免了系统的复杂性，同时也大幅降低了系统的成本，并且还有利于系统的增值。

2. 独立的平台与高度的互动性

EPC 系统识别的对象是一个十分广泛的实体对象，所以，不可能有哪一种技术适用所有的识别对象。同时，不同地区、不同国家的射频识别技术标准也不相同。因此开放的结构体系必须具有独立的平台和高度的交互操作性。EPC 系统网络建立在 Internet 系统上，并且可以与 Internet 所有可能的组成部分协同工作。

3. 灵活的可持续发展的体系

EPC 系统是一个灵活的、开放的、可持续发展的体系，可在不替换原有体系的情况下做到系统升级。

EPC 系统是一个全球的大系统，供应链的各个环节、各个节点和各个方面都可受益，但对低价值的识别对象，比如食品、消费品等来说，它们对 EPC 系统引起的附加价格十分敏感。EPC 系统正在考虑通过本身技术的进步，进一步降低成本，同时通过系统的整体改进使供应链管理得到更好的应用，进而提高效益，以便抵消和降低附加价格。

（三）EPC 编码协议

EPC 编码体系是新一代的与 GTIN 兼容的编码标准，它是全球统一标识系统的延伸和拓展，是全球统一标识系统的重要组成部分，是 EPC 系统的核心与关键。目前的 EPC 系统中应用的编码类型主要有 64 位、96 位和 256 位 3 种。EPC 编码由版本号、产品域名管理、产品分类部分和序列号 4 个字段组成。版本号字段代表了产品所使用的 EPC 编码的版本号，这一字段提供了可以编码的长度。产品域名管理字段标识了该产品厂商的具体信息，如厂商名字、负责人以及产地。产品分类部分字段可以使商品的销售商能够方便地对产品进行分类。序列号用于对具体单个产品进行编码。具有以下特性。

①科学性：结构明确，易于使用、维护。

②兼容性：EPC 编码标准与目前广泛应用的 EAN，UCC 编码标准是兼容的，GTIN 是 EPC 编码结构中的重要组成部分，目前广泛使用的 GTIN、SSCC、GLN 等均可以顺利转换到 EPC 中去。

③全面性：可在生产、流通、存储、结算、跟踪、召回等供应链的各环节全面应用。

④合理性：由 EPCg10baL 各国 EPC 管理机构（中国的管理机构称为 EPCg10balChina）、被标识物品的管理者分段管理、共同维护、统一应用，具有合理性。

⑤国际性：不以具体国家、企业为核心，编码标准全球协商一致，具有国际性。

⑥无歧视性：编码采用全数字形式，不受地方色彩、语言、经济水平、政治观点限制，是无歧视性的编码。

（四）EPC 系统的工作流程

在由 EPC 标签、读写器、EPC 中间件、Internet，ONS 服务器、EPC 信息服务以及众多数据库组成的实物互联网中，读写器读出的 EPC 只是一个信息参考（指针），由这个信息参考从 Internet 找到 IP 地址并获取该地址中存放的相关的物品信息，并采用分布式的 EPC 中间件处理由读写器读取的一连串 EPC 信息。由于在标签上只有一个 EPC 代码，计算机需要知道和该 EPC 匹配的其他信息，这就需要 ONS 来提供一种自动化的网络数据库服务，EPC 中间件将 EPC 代码传给 ONS，ONS 指示 EPC 中间件到一个保存产品文件的服务器查找，该文件可由 EPC 中间件复制，因而文件中的产品信息就能传到供应链上。

（五）EPC 信息网络系统

信息网络系统由本地网络和全球互联网组成，是实现信息管理、信息流通的功能模块。EPC 系统的信息网络系统是在全球互联网的基础上，通过 EPC 中间件、ONS 与EPC 信息服务（EPCIS）来实现全球"实物互联"。

1. EPC 中间件

EPC 中间件具有一系列特定属性的"程序模块"或"服务"，并被用户集成以满足他们的特定需求，EPC 中间件以前称为 SAVANT。

EPC 中间件是加工和处理来自读写器的所有信息和事件流的软件，是连接读写器和企业应用程序的纽带，主要任务是将数据送往企业应用程序之前进行标签数据校对、读写器协调、数据传送、数据存储和任务管理。

2. 对象名称解析服务（ONS）

对象名称解析服务（ONS）是一个自动的网络服务系统，类似于域名解析服务（DNS），ONS 给 EPC 中间件指明了存储产品相关信息的服务器。ONS 服务是联系 EPC 中间件和EPC 信息服务的网络枢纽，并且 ONS 设计与架构都以 Internet 域名解析服务 DNS 为基础，因此，可以使整个 EPC 网络以 Internet 为依托，迅速架构并且顺利延伸到世界各地。

3. EPC 信息服务（EPCIS）

EPC 信息服务（EPC IS）提供了一个模块化、可扩展的数据和服务的接口，使得EPC 的相关数据可以在企业内部或者企业之间共享。它处理与 EPC 相关的各种信息，例如：① EPC 的观测值。What/When/Where/Why，通俗地说，就是观测对象、时间、地点以及原因，这里的原因是一个比较泛的说法，它应该是 EPC IS 步骤与商业流程步骤之间的一个关联，例如，订单号、制造商编号等商业交易信息。②包装状态。如物品放在托盘上的包装箱内。③信息源。如位于 Z 仓库的 Y 通道的 X 识读器。

EPC IS 有两种运行模式，一种是 EPC IS 信息被已经激活的 EPCIS 应用程序直接应用；另一种是将 EPC IS 信息存储在资料档案库中，以备今后查询时进行检索。独立的EPC IS 事件通常代表独立步骤，如 EPC 标记对象 A 装入标记对象 B，并与一个交易码结合。对于 EPC IS 资料档案库的 EPCIS 查询，不但可以返回独立事件，而且还有连续事件的累积效应。

（六）EPC 射频识别系统

EPC 射频识别系统是实现 EPC 代码自动采集的功能模块，主要由射频标签和射频读写器组成。射频标签是产品电子代码（EPC）的物理载体，附着在可跟踪的物品上，可全球流通并对其进行识别和读写。射频读写器与信息系统相连，是读取标签中的 EPC代码并将其输入网络信息系统的设备。EPC 射频标签与射频读写器之间利用无线感应方式进行信息交换，具有以下特点：①非接触识别。②可以识别快速移动的物品。③可同时识别多个物品等。

EPC 射频识别系统为数据采集最大限度降低了人工干预，实现了完全自动化，是"物联网"形成的重要环节。

1.EPC 标签

EPC 标签是产品电子代码的信息载体，主要由天线和芯片组成。EPC 标签中存储的唯一信息是 96 位或者 64 位产品电子代码。为了降低成本，EPC 标签通常是被动式射频标签。EPC 标签根据其功能级别的不同分为 5 类，当前所开展的 EPC 测试使用的为 Classl/GEN2。

2. 读写器

读写器是用来识别 EPC 标签的电子装置，与信息系统相连实现数据的交换。读写器使用多种方式与 EPC 标签交换信息，近距离读取被动标签最常用的方法是电感耦合方式。只要靠近，盘绕读写器的天线与盘绕标签的天线之间就形成了一个磁场。标签就利用这个磁场发送电磁波给读写器，返回的电磁波被转换为数据信息，也就是标签中包含的 EPC 代码。读写器的基本任务就是激活标签，与标签建立通信并且在应用软件和标签之间传送数据。EPC 读写器和网络之间不需要 PC 作为过渡，所有的读写器之间的数据交换直接可以通过一个对等的网络服务器进行。读写器的软件提供了网络连接能力，包括 Web 设置、动态更新，TCP/IP 读写器界面、内建兼容 SQL 的数据库引擎。当前 EPC 系统尚处于测试阶段，EPC 读写器技术也还在发展完善当中。Auto-ID Laabs 提出的 EPC 读写器工作频率为 860 ~ 960MHz。

第三节　传感器技术

一、传感器技术概述

传感器是实现自动检测和自动控制的首要环节，是物联网应用中的信息来源。传感器技术又是衡量一个国家的科学技术和工业水平的重要标志。在信息时代，如何真实而迅速地认识和处理各类信息显得十分重要，捕捉与认识信息的器件就是传感器。

（一）传感器的一般组成

传感器一般是把被测量按照一定的规律转换成相应的电信号，其组成包括敏感元件、传感元件和测量电路 3 部分。

1. 敏感元件

敏感元件能直接感受被测量（一般为非电量）并输出与被测量成确定关系的其他物理量的元件。对于具体完成非电量到电路的变换时，并非所有的非电量用现有的手段都能直接转换成电量，必须进行预变换。就是说，将被测非电量预先变换为另一种易于变换成电量的非电量，然后再变换为电量。比如，压力传感器中的膜片就是敏感元件，它首先将压力预变换为位移，然后再将位移量变换为电容量。能完成预变换的器件称为敏感元件，也称为预变换器。此外，在某些场合为了扩大现有变换器的应用，也常采用敏感元件，实现其他非电量到变换器输入端非电量的变换。例如应变片可以测量应变，当采用应变筒作为敏感元件时就可以将被测力预变换为应变，再通过应变片就可扩展到力的测量。

2. 传感元件

传感元件（转换元件）直接或间接感受被测量，并将敏感元件的输出量转换成电量后再输出。能将感受到的非电量直接变换为电量的器件称为传感元件，或变换元件，或变换器，它是传感器不可缺少的重要组成部分。例如，位移可直接变换为电容、电阻和电感的电容变换器、电阻变换器和电感变换器；能直接把温度变换为电势的热电偶变换器。由于某些传感器并不包括敏感元件，所以有时不加区别地把传感器称为变换器。对传感器的研究更主要的是对其所应用的变换器特性的研究。

3. 测量电路

测量电路，也称为转换电路。传感器输出的电信号需要经测量电路进行加工和处理，如衰减、放大、调制和解调、滤波、运算和数字化等。根据测量任务的难易程度、测量对象的复杂程度、被测量的种类和数量以及对测量结果提出的要求，有时可采用相当简单的测量电路制成简单的仪表，有时则要用相当复杂的电路，才能制成多种参数，多种功能的测量仪器和设备。

4. 辅助电源

辅助电源为需要电源才能工作的测量电路和传感元件提供正常的工作电源。

敏感元件与传感元件有时可以合二为一，直接将已感受到的信号变换成电信号输出。另外，可以将敏感元件、传感元件和测量电路集成为一体化器件。

（二）传感器的特性

传感器的特性是指传感器的输入量和输出量之间的对应关系。通常将传感器的特性分为静态特性和动态特性两种。

1. 传感器的静态特性

传感器的静态特性是指对静态的输入信号，传感器的输出量与输入量之间所具有相互关系。因为这时输入量和输出量都和时间无关，所以它们之间的关系，即传感器的静态特性可用一个不含时间变量的代数方程，或以输入量作横坐标，把与其对应的输出量作纵坐标而画出的特性曲线来描述。表征传感器静态特性的主要参数有线性度、灵敏度、分辨力和迟滞等。

（1）线性度

传感器的输出输入校准曲线与理论拟合直线之间的最大偏差与传感器满量程输出之比，称为该传感器的"非线性误差"或者称"线性度"，也称"非线性度"。

（2）灵敏度

灵敏度是指传感器在稳态工作情况下输出量变化对输入量变化，它是输出输入特性曲线的斜率。如果传感器的输出和输入之间呈线性关系，则灵敏度是一个常数。否则，它将随输入量的变化而变化。

（3）分辨力

分辨力是指传感器可能感受到的被测量的最小变化的能力。也就是说，如输入量从某一非零值缓慢地变化。当输入变化值未超过某一数值时，传感器的输出不会发生变化，即传感器对此输入量的变化是分辨不出来的。只有当输入量的变化超过分辨力时，其输出才会发生变化。

（4）迟滞

传感器在输入量由小到大（正行程）及输入量由大到小（反行程）变化期间其输入输出特性曲线不重合的现象成为迟滞。对于同一大小的输入信号，传感器的正反行程输出信号大小不相等，这个差值称为迟滞差值。

2. 传感器的动态特性

动态特性是指输入量随时间变化时传感器的响应特性。主要动态特性的性能指标有时域单位阶跃响应性能指标和频域频率特性性能指标。

传感器的输入信号是随时间变化的动态信号，这就要求传感器能时刻精确地跟踪输入信号，按照输入信号的变化规律输出信号。当传感器输入信号的变化缓慢时，是容易跟踪的，但随着输入信号的变化加快，传感器随动跟踪性能会逐渐下降。输入信号变化时，引起输出信号也随时间变化，这个过程称为响应。动态特性就是指传感器对于随时间变化的输入信号的响应特性，通常要求传感器不仅能精确地显示被测量的大小，而且还能复现被测量随时间变化的规律，这也是传感器的重要特性之一。

传感器的动态特性与其输入信号的变化形式密切相关，通常根据不同输入信号的变化规律来考察传感器的响应。实际传感器输入信号随时间变化的形式可能是多种多样的，最常见、最典型的输入信号是阶跃信号和正弦信号。这两种信号在物理上较容易实现，而且也便于求解。

对于阶跃输入信号，传感器的响应称为阶跃响应或瞬态响应，它是指传感器在瞬变的非周期信号作用下的响应特性。这对传感器来说是一种最严峻的状态，如传感器能复现这种信号，那么就能很容易地复现其他种类的输入信号，其动态性能指标也必定会令人满意。

对于正弦输入信号，称为频率响应或稳态响应。它是指传感器在振幅稳定不变的正弦信号作用下的响应特性。稳态响应的重要性，在于工程上所遇到的各种非电信号的变化曲线都可以展开成傅里叶（Fourier）级数或进行傅里叶变换，即可以用一系列正弦曲线的叠加来表示原曲线，因此，当已经知道传感器对正弦信号的响应特性后，也就可判断它对各种复杂变化曲线的响应了。

（三）传感器的分类

传感器一般是根据物理学、化学、生物学等特性、规律和效应设计而成的，其种类繁多，往往同一种检查对象可以用不同类型的传感器来测量，而同一原理的传感器又可测量多种物理量，所以传感器有许多种分类方法。

1. 按照测试对象分类

按照被测试对象进行划分，常见的有温度传感器、湿度传感器、压力传感器、位移传感器和加速度传感器。同时，这种方法还将种类繁多的物理量分为两大类，即基本量和派生量。

（1）温度传感器

温度传感器是一种能够将温度变化转换为电信号的装置。它是利用某些材料或元件的性能随温度编号的特性进行测温的，如将温度变化转换为电阻、热电动势、磁导率变化以及热膨胀的变化等，然后再通过测量电路来达到检测温度的目的。温度传感器广泛应用于工农业生产、家用电器、医疗仪器、火灾报警以及海洋气象等诸多领域。温度传感器是温度测量仪表的核心部分，品种繁多。按测量方式可分为接触式和非接触式两大类，按照传感器材料及电子元件特性分为热电阻和热电偶两类。总体可分为热电偶、热敏电阻、电阻温度检测器（RTD）和IC温度传感器，IC温度传感器又包括模拟输出与数字输出两种类型。

（2）湿度传感器

湿度传感器是能感受气体中水蒸气含量，并将其转换成电信号的传感器。湿度传感器的核心器件是湿敏元件，它主要有电阻式、电容式两大类。湿敏电阻的特点是在基片上覆盖一层用感湿材料制成的膜，当空气中的水蒸气吸附在感湿膜上时，元件的电阻率和电阻值都发生变化，利用这一特性即可测量湿度。湿敏电容一般是用高分子薄膜电容制成的，常用的高分子材料有聚苯乙烯、聚酰亚胺、酪酸醋酸纤维等。当环境湿度发生改变时，湿敏电容的介电常数发生变化，使其电容量也发生变化，其电容变化量和相对湿度成正比。

（3）压力传感器

压力传感器是能感受压力并将其转换成可用输出信号的传感器，主要是利用压电效应制成的。压力传感器是工业实践中最为常见的一种传感器，广泛应用于各种工业自控环境，涉及水利水电、铁路交通、智能建筑、生产自控、航空航天、军工、石化、油井、电力、船舶、机床、管道等众多行业。

（4）位移传感器

位移传感器又称为线性传感器，其分为电感式位移传感器、电容式位移传感器、光电式位移传感器、超声波位移传感器、霍尔位移传感器。电感式位移传感器是属于金属感应的线性器件，接通电源后，在开关的感应面将产生一个交变磁场，当金属物体接近次感应面时，金属中产生涡流而吸取了振荡器的能量，使振荡器输出幅度线性衰减，然后根据衰减量的变化来完成无接触检测物体。

（5）加速度传感器

加速度传感器是一种能够测量加速度的电子设备。加速度计有两种，分别是角加速度计和线加速度计。其中，角加速度计是由陀螺仪（角速度传感器）改进的。

除了上述介绍的传感器之外，还有流量传感器、液位传感器、力传感器、转矩传感器等。按测试对象命名的优点是比较明确地表达了传感器的用途，便于使用者根据用途选用。但是这种分类方法将原理互不相同的传感器分为一类，很难找出每种传感器在转换原理上有何共性和差异性。

2. 按照工作原理分类

传感器按照工作原理可以划分为以下几类。

（1）电学式传感器

电学式传感器是非电量电测技术中应用范围较广的一种传感器，常用的有电阻式传感器、电容式传感器、电感式传感器、磁电式传感器及电涡流式传感器等。

电阻式传感器是利用变阻器将被测非电量转换为电阻信号的原理制成。电阻式传感器一般有电位器式、触点变阻式、电阻应变片式及压阻式传感器等。电阻式传感器主要用于位移、压力、力、应变、力矩、气流流速、液位和液体流量等参数的测量。

电容式传感器是利用改变电容的几何尺寸或改变介质的性质和含量，从而使电容量发生变化的原理制成。主要用于压力、位移、液位、厚度、水分含量等参数的测量。

电感式传感器是利用改变磁路几何尺寸、磁体位置来改变电感或互感的电感量或压磁效应原理制成的。主要用于位移、压力、力、振动及加速度等参数的测量。

磁电式传感器是利用电磁感应原理，把被测非电量转换成电量制成。主要用于流量、转速和位移等参数的测量。

电涡流式传感器是利用金屑在磁场中运动切割磁力线，在金属内形成涡流的原理制成。主要用于位移及厚度等参数的测量。

（2）磁学式传感器

磁学式传感器是利用铁磁物质的一些物理效应制成的，主要用于位移、转矩等等参数的测量。

（3）光电式传感器

光电式传感器是利用光电器件的光电效应和光学原理制成的，主要用于光强、光通量、位移、浓度等参数的测量。光电式传感器在非电量电测及自动控制技术中占有重要的地位。

（4）电荷传感器

电荷传感器是利用压电效应原理制成的，主要用于力及加速度的测量。

（5）电势型传感器

电势型传感器是利用热电效应、光电效应、霍尔效应等原理制成，主要用于温度、磁通、电流、速度、光强、热辐射等参数的测量。

（6）半导体传感器

半导体传感器是利用半导体的压阻效应、内光电效应、磁电效应、半导体与气体接触产生物质变化等原理制成的，主要用于温度、湿度、压力、加速度、磁场和有害气体的测量。

（7）谐振式传感器

谐振式传感器是利用改变电或机械的固有参数来改变谐振频率原理制成的，主要用来测量压力。

（8）电化学式传感器

电化学式传感器是以离子导电为基础制成的。根据其电特性的形成不同，电化学式传感器可以分为电位式传感器、电导式传感器、电量式传感器、极谱式传感器和电解式传感器等。电化学式传感器主要用于分析气体、液体或溶于液体的固体成分，液体的酸碱度、电导率及氧化还原电位等参数的测量。

上述分类方法是以传感器的工作原理为基础的，将物理和化学等学科的原理、规律和效应作为分类依据，如电压式、热电式、电阻式、光电式、电感式等。此种分类方法的优点是对于传感器的工作原理比较清楚，类别少，利于对传感器进行深入的分析和研究。

3. 按照输出信号分类

根据输出信号的性质可分为模拟式传感器与数字式传感器。模拟式传感器输出模拟信号，数字式传感器输出数字信号。

模拟式传感器发出的是连续信号，用电压、电流、电阻等表示被测参数的大小。比如温度传感器、压力传感器等都是常见的模拟式传感器。数字传感器是指将传统的模拟式传感器经过加装或改造 A/D 转换模块，使之输出信号为数字量（或数字编码）的传感器，主要包括放大器、A/D 转换器、微处理器（CPU）、存储器、通信接口电路等。同早期传统的模拟式传感器比较，数字式传感器具有以下优点：①先进的 A/D 转换技术和智能滤波算法，在满量程的情况下仍可保证输出码的稳定。②可靠的数据存储技术，保证模块参数不会丢失。③良好的电磁兼容性能。④传感器的性能采用数字化误差补偿技术和高度集成化电子元件，用软件实现传感器的线性、零点、温漂、蠕变等性能参数的综合补偿，消除了人为因素对补偿的影响，大幅提高了传感器综合精度和可靠性。⑤传感器的输出一致性误差可以达到 0.02% 以内甚至更高，传感器的特性参数可完全相同，因而具有良好的互换性。⑥采用 A/D 转换电路、数字化信号传输和数字滤波技术，传感器的抗干扰能力增加，信号传输距离远，提高了传感器的稳定性。⑦数字传感器能自动采集数据并可预处理、存储和记忆，具有唯一标记，便于故障诊断。⑧采用标准的数字通信接口，可直接连入计算机，也可和标准工业控制总线连接，方便灵活。

4. 按照能量转换原理分类

根据传感器工作时能量转换原理可分为有源传感器和无源传感器。有源传感器需要辅助电源才能将检测信号转换成电信号。大多数传感器都属于这类。无源传感器的特点是无须外加电源便可将被测量转换成电量。如光电传感器能将光射线转换成电信号，其原理类似太阳能电池；压电传感器能够将压力转换成电压信号；热电偶传感器能将被测温度场的能量（热能）直接转换为电压信号的输出等。

5. 按照传感器的材料分类

从所应用的材料观点出发，可将传感器分成下列几类。①按照其所用材料的类别分：金属、聚合物、陶瓷、混合物。②按材料的物理性质分：导体、绝缘体、半导体、磁性材料。③按材料的晶体结构分：单晶、多晶、非晶材料。④按照其制造工艺分：集成传感器、薄膜传感器、厚膜传感器、陶瓷传感器集成传感器是用标准的生产硅基半导体集成电路的工艺技术制造的。通常还将用于初步处理被测信号的部分电路也集成在同一芯片上。

薄膜传感器则是通过沉积在介质衬底（基板）上的，相应敏感材料的薄膜形成的。使用混合工艺时，同样可将部分电路制造在此基板上。

厚膜传感器是利用相应材料的浆料，涂覆在陶瓷基片上制成的，基片通常是 A1203 制成的，然后进行热处理，使厚膜成形。

陶瓷传感器采用标准的陶瓷工艺或其某种变种工艺（溶胶－凝胶等）生产。

二、常用传感器简介

传感器的种类很多，按照不同的分类方法，有不同的种类。下面主要介绍常用传感器的基本知识与原理。

（一）温度传感器

1. 根据测量方法分类

（1）接触式温度传感器

接触式温度传感器的测温元件与被测对象要有良好的热接触，又称温度计。通过热传导及对流原理达到热平衡，这时的示值即为被测对象的温度。这种测温方法精度比较高，并可测量物体内部的温度分布。但对于运动的、热容量比较小的及对感温元件有腐蚀作用的对象，这种方法将会产生很大的误差。非接触测温的测温元件与被测对象互不接触。常用的是辐射热交换原理。此种测温方法的主要特点是可测量运动状态的小目标及热容量小或变化迅速的对象，也可测温度场的温度分布，但是受环境的影响比较大。

常用的接触式温度计有双金属温度计、玻璃液体温度计、压力式温度计、电阻温度计、热敏电阻和温差电偶等。它们广泛应用于工业、农业、商业等部门。在日常生活中人们也常常使用这些温度计。随着低温技术在国防工程、空间技术、冶金、电子、食品、医药和石油化工等部门的广泛应用和超导技术的研究，测量 120K 以下温度的低温温度计得到了发展，如低温气体温度计、蒸汽压温度计、声学温度计、顺磁盐温度计、量子温度计、低温热电阻和低温温差电偶等。低温温度计要求感温元件体积小、准确度高、复现性和稳定性好。利用多孔高硅氧玻璃渗碳烧结而成渗碳玻璃热电阻就是低温温度计

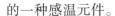

的一种感温元件。

（2）非接触式温度传感器

非接触式温度传感器的敏感元件与被测对象互不接触，又称非接触式测温仪表。这种仪表可用来测量运动物体、小目标和热容量小或温度变化迅速（瞬变）对象的表面温度，也可用于测量温度场的温度分布。最常用的非接触式测温仪表基于黑体辐射的基本定律，称为辐射测温仪表。非接触温度传感器的测量上限不受感温元件耐温程度的限制，因而对最高可测温度原则上没有限制。对于1800℃以上高温，主要采用非接触测温方法。随着红外技术的发展，辐射测温逐渐由可见光向红外线扩展，700℃以下直至常温都已采用，且分辨率很高。

辐射测温法包括亮度法（见光学高温计）、辐射法（见辐射高温计）和比色法（见比色温度计）。各类辐射测温方法只能测出对应的光度温度、辐射温度或比色温度。只有对黑体（吸收全部辐射并不反射光的物体）所测温度才是真实温度，如欲测定物体的真实温度，则必须进行材料表面发射率的修正。而材料表面发射率不仅取决于温度和波长，而且还与表面状态、涂膜和微观组织等有关，因此很难精确测量。在自动化生产中往往需要利用辐射测温法来测量或控制某些物体的表面温度，如冶金中的钢带轧制温度、轧辊温度、锻件温度和各种熔融金属在冶炼炉或堪埚中的温度。在这些具体情况下，物体表面发射率的测量是相当困难的。对于固体表面温度自动测量和控制，可以采用附加的反射镜使与被测表面一起组成黑体空腔。附加辐射的影响能提高被测表面的有效辐射和有效发射系数。利用有效发射系数通过仪表对实测温度进行相应的修正，最终可以得到被测表面的真实温度。最为典型的附加反射镜是半球反射镜。球中心附近被测表面的漫射辐射能受半球镜反射回到表面而形成附加辐射。至于气体和液体介质真实温度的辐射测量，则可以用插入耐热材料管至一定深度以形成黑体空腔的方法。通过计算求出与介质达到热平衡后的圆筒空腔的有效发射系数。在自动测量和控制中就可以用此值对所测腔底温度（即介质温度）进行修正而得到介质的真实温度。

2. 按照传感器材料及电子元件特性分类

（1）热电阻传感器

热电阻传感器的原理是金属随着温度变化，电阻值也发生变化。对于不同金属来说，温度每变化一度，电阻值变化是不同的，而电阻值又可直接作为输出信号。电阻的变化有正温度系数和负温度系数两种类型。

（2）热电偶传感器

热电偶传感器是传统的分立式传感器，是工业测量中应用最广泛的一种温度传感器，其工作原理是：根据物理学中的塞贝克效应，即在两种金属的导线构成的回路中，若其接点保持不同的温度，则在回路中产生与此温差相对应的电动势。热电偶的结构简单、使用温度范围广、响应快、测量准确、复现性好、使用细偶丝还可测微区温度，并且无须电源。它与被测对象直接接触，不受中间介质的影响，具有较高的精确度。再测出不加热部位的环境温度，就可以准确知道加热点的温度。因为它必须有两种不同材质的导体，所以称之为热电偶。不同材质做出的热电偶使用于不同的温度范围，它们的灵敏度也各不相同。热电偶的灵敏度是指加热点温度变化 1℃时，输出电位差的变化量。对于大多数金属材料支撑的热电偶而言，这个数值在 5 ~ 40 微伏 /℃之间。由于热电偶温度传感器的灵敏度与材料的粗细无关，用非常细的材料也能够做成温度传感器。也由于制作热电偶的金属材料具有很好的延展性，这种细微的测温元件有极高响应速度，可以测量快速变化的过程。

3. 按信号输出方式上的不同分类

（1）模拟温度传感器

模拟温度传感器有多种输出形式（绝对温度、摄氏温度和华氏温度）以及电压偏移值。后者让组件在使用单电源的情形下就能对负温度值进行监测。模拟温度传感器的输出还可以送到比较器来产生超温指示信号，或直接送到模拟数字转换器的输入，用来显示实时温度数据。模拟温度传感器适合需要低成本、小体积与低功耗的应用。

（2）数字温度传感器

对于更紧密控制能力、更高精度和更大分辨率的需求带动了数字温度传感器的发展。被测温度信号从敏感元件接收的非电量到转换为微处理器可处理的数字信号，环节较多，而且模拟信号在长距离传输的过程中，受到的干扰较多，误差较大。因此，从非电量转换到数字信号，一般将其处理过程集在单片 IC 器件体内部，这样就形成了功能强大，精确的数字传感器。数字式传感器与模拟传感器相比，由于采取高集成度设计和数字化处理，在可靠性、抗干扰能力以及器件微小化方面都有明显的优点，但受半导体器件本身限制，数字式传感器还存在以下不够理想的地方。

（二）湿度传感器

1. 氯化锂湿度传感器

（1）电阻式氯化锂湿度计

第一个基于电阻 – 湿度特性原理的氯化锂电湿敏元件为美国标准局的 F.W.Dunmore 研制出来的。这种元件具有较高的精度，同时结构简单、价廉，适用于常温常湿的测控等一系列优点。

氯化锂元件的测量范围与湿敏层的氯化锂浓度及其他成分有关。单个元件的有效感湿范围一般在 20%RH 以内。例如，0.05% 的浓度对应的感湿范围为（80% ~ 100%）RH，0.2% 的浓度对应范围是（60% ~ 80%）RH 等。由此可见，要测量较宽的湿度范围时，必须把不同浓度的元件组合在一起使用。可用于全量程测量的湿度计组合的元件数一般为 5 个，采用元件组合法的氯化锂湿度计可测范围通常为（15% ~ 100%）RH，国外有些产品声称其测量范围可达（2% ~ 100%）RH。

（2）露点式氯化锂湿度计

露点式氯化锂湿度计和上述电阻式氯化锂湿度计形式相似，但是工作原理却完全不同。简而言之，它是利用氯化锂饱和水溶液的饱和水汽压随温度变化而进行工作的。

2. 碳湿敏元件

碳湿敏元件与常用的毛发、肠衣和氯化锂等探空元件相比，碳湿敏元件具有响应速度快、重复性好、无冲蚀效应和滞后环窄等优点，所以令人瞩目。我国气象部门于20世纪70年代初开展碳湿敏元件的研制，并取得了积极的成果，其测量不确定度不超过±5%RH，时间常数在正温时为 2 ~ 3s，滞差一般在 7% 左右，比阻稳定性亦较好。

3. 氧化铝湿度计

氧化铝传感器的突出优点是，体积可以非常小（例如用于探空仪的湿敏元件仅 90Mm 厚、12mg 重），灵敏度高（测量下限达 –110℃ 露点），响应速度快（一般在 0.3 ~ 3s 之间），测量信号直接以电参量的形式输出，极大地简化了数据处理程序，等等。另外，它还适用于测量液体中的水分。如上特点正是工业和气象中的某些测量领域所希望的。因此它被认为是进行高空大气探测可供选择的几种合乎要求的传感器之一。也正是因为这些特点使人们对这种方法产生浓厚的兴趣。然而，遗憾的是尽管许多国家的专业人员为改进传感器的性能进行了不懈的努力，但是在探索生产质量稳定的产品的工艺条件，以及提高性能稳定性等与实用有关的重要问题。

4. 半导体陶瓷湿度传感器

利用半导体陶瓷材料制成的陶瓷湿度传感器具有许多优点：测湿范围宽，可实现全湿范围内的湿度测量；工作温度高，常温湿度传感器的工作温度在 150℃ 以下，而高温湿度传感器的工作温度可达 800℃，响应时间短，精度高，抗污染能力强，工艺简单，成本低廉。

（三）气敏传感器

气敏传感器是用来检测气体浓度或成分的传感器，它主要包括半导体气敏传感器、接触燃烧式气敏传感器和电化学气敏传感器等。由于被测气体的种类繁多，它们的性质也各不相同。所以不可能用一种方法来检测各种气体，其分析方法也随气体的种类、浓度、成分和用途而异。气敏元件性能与敏感功能材料的种类、结构以及制作工艺密切相关。其中用金属氧化敏感材料制作的半导体式气敏元件具有灵敏度高，结构简单，体小质轻，坚固耐用等优点而得到广泛的应用。

1. 半导体气敏传感器

半导体气敏传感器利用半导体气敏元件同气体接触，造成半导体性质变化，借此来坚持特定气体的成分（CO、甲醛、酒精、氧气、氢气等）或者测量其浓度，并将其转换成电信号输出的传感器。

半导体气敏传感器按照半导体与气体的相互作用是在其表面，还是在内部，可以分为表面控制型和体控制型两类；按照半导体变化的物理性质，又可分为电阻型半导体气敏传感器和非电阻型半导体气敏传感器两类。电阻型半导体气敏传感器是利用半导体接触气体时，其电阻值的改变来坚持气体的成分或浓度。制作其工艺方法有厚膜型、薄膜型、烧结型；非电阻型半导体气敏元件根据其对气体的吸附和反应，使其有些有关特性

变化对气体进行直接间接检测。非电阻型半导体气体传感器则有 MOS-FET 型、金属 /
半导体结型二极管型等。

半导体气敏传感器一般的工作原理。该种传感器，其敏感材料通常采用活性相对来
说比较高的金属氧化物材料，比如金属氧化物半导体，处于空气环境下温度升高到一定
值时，氧原子将被带负电荷的半导体的表面所吸附，此时半导体表面的电子也会被转移
到被吸附氧原子上，氧原子就会变成了氧负离子，同时氧负离子使半导体的表面有一个
正的空间电荷层形成，半导体的表面势垒也会因此而升高，从而电子的流动受到了阻碍。
在敏感材料的内部，想要形成电流，那么自由电子必须要穿过金属氧化物半导体的晶界，
由氧吸附产生的势垒同样存在晶界，从而使得电子的自由流动受到了阻碍，传感器的电
阻的存在就是因为这种势垒。传感器的阻值降低是因为：处于工作条件之下的传感器遇
到还原性气体时，氧负离子因与还原性气体发生氧化还原反应从而使得传感器的表面氧
负离子的浓度下降，势垒也随之下降。

2. 固体电解质式气敏传感器

固体电解质就是能产生离子移动从而生成导电体的物质。因为固体电解质以离子导
电为主，所以也称为离子导电体，离子大多数仅在高温的条件下导电性才明显。作为固
体电解质气体传感器的实用材料，通常需满足两个条件，①其结构应为层状、网状、平
均结构可能存在大量的缺陷点；②在比融点低的温度条件下，能有较高的离子导电性。
层状结构，就是二元结晶，离子沿着层与层之间的缝隙移动，网状结构如 SiO_2、PO_2、
TaO_2 等，离子移动在结构的缝隙之间。在化合物的结构中，把网状和层状成平均构造
的离子导体，称为超离子导体。

3. 电化学式气敏传感器

电化学式气敏传感器工作原理：使用测试气体于电解池的工作电极上的电化学氧
化，通过工作电极的电子电路和一个合适的电极电位恒定参考单元，气体的电化学氧化
可以在潜在的测量，因为在法拉第电流氧化还原反应产生的氧气是非常小的，可以忽略
不计，所以是测量电流和由电化学反应产生的气体浓度成比例，并且按照法拉第定律。
这样，通过测定电流的大小就可以确定待测气体的浓度。催化燃烧式气体传感器，使用
热与被测气体浓度检测中产生的反应气体之间的关系。通常，气敏元件由载体微珠和包
埋于微珠中的铀丝螺旋圈构成，将气敏元件（检测元件）置惠斯登电桥的一臂，补偿元
件设置另一个臂惠斯通电桥，当气体传感器与易燃气体，由于催化活性，可燃性气体在
检测元件表面发生无焰燃烧，引起表面温度检测元件和补偿元件的无催化活性，可燃气
体不会对燃烧反应发生的表面，其表面温度基本不变。检测其电阻变化装置的温度变化
引起的，导致原有的平衡桥被摧毁，新的输出信号。在可燃性气体爆炸下限范围内，电
桥的输出变化与可燃性气体浓度呈较好的线性关系。

4. 接触燃烧式气敏传感器

接触燃烧式气敏传感器利用是由气体和试验气体化学反应产生的热量来工作的。通
常，气敏元件由载体微珠和包埋于微珠中的钮丝螺旋圈构成，将气敏元件（检测元件）

置惠斯登电桥的一臂，补偿元件设置另一个臂惠斯通电桥，当气体传感器与易燃气体，由于催化活性，可燃气体检测元件表面无焰燃烧时，引起表面温度检测元件和补偿元件的无催化活性，可燃气体不会对燃烧反应发生的表面，其表面温度基本不变。检测其电阻变化装置的温度变化引起的，导致原有的平衡桥被摧毁，新的输出信号。在可燃性气体爆炸下限范围内，电桥的输出变化和可燃性气体浓度呈较好的线性关系。

一般对气敏传感器有下列要求：能够检测报警气体的允许浓度和其他标准数值的气体浓度，对被检测气体有较高的灵敏度，能长期稳定工作，重复性好，响应速度快，共存物质所产生的影响小等。气敏传感器常用于易燃、易爆、有毒、有害气体的检测和报警。

（四）激光传感器

利用激光技术进行测量的传感器，由激光器、激光检测器和测量电路组成。激光传感器是新型测量仪表，它的优点是能实现无接触远距离测量，具有速度快、精度高、量程大、抗光电干扰能力强等特点。

1. 工作原理

激光传感器工作时，先由激光发射二极管对准目标发射激光脉冲。经目标反射后激光向各方向散射。部分散射光返回到传感器接收器，被光学系统接收后成像到雪崩光电二极管上。雪崩光电二极管是一种内部具有放大功能的光学传感器，因此它能检测极其微弱的光信号，并把其转化为相应的电信号。

2. 主要功能

利用激光的高方向性、高单色性和高亮度等特点可实现无接触远距离测量。激光传感器常用于长度、距离、振动、速度、方位等物理量的测量，还可用于探伤和大气污染物的监测等。

（1）激光测长

精密测量长度是精密机械制造工业和光学加工工业关键技术之一。现代长度计量多是利用光波的干涉现象进行的，其精度主要取决于光的单色性的好坏。激光是最理想的光源，它比以往最好的单色光源还纯10万倍。因此激光测长的量程大、精度高。

（2）激光测距

它的原理与无线电雷达相同，将激光对准目标发射后，测量它的往返时间，再乘以光速即得到往返距离。由于激光具有高方向性、高单色性和高功率等优点，这些对于测远距离、判定目标方位、提高接收系统的信噪比、保证测量精度等都是很关键的，因此激光测距仪日益受到重视。在激光测距仪基础上发展起来的激光雷达不仅能测距，而且还可以测目标方位、速度和加速度等，已成功地用于人造卫星的测距和跟踪，例如采用红宝石激光器的激光雷达，测距范围为500～2000km，误差仅仅几米。

（3）激光测振

基于多普勒原理测量物体的振动速度。多普勒原理是指：若波源或接收波的观察者相对于传播波的媒质而运动，那么观察者所测到的频率不仅取决于波源发出的振动频率而且还取决于波源或观察者的运动速度的大小和方向。优点是使用方便，不需要固定参考系，不影响物体本身的振动，测量频率范围宽、精度高、动态范围大。缺点是测量过程受其他杂散光的影响较大。

（4）激光测速

这也是基于多普勒原理的一种激光测速方法，用得较多的是激光多普勒流速计，它可以测量风洞气流速度、火箭燃料流速、飞行器喷射气流流速、大气风速和化学反应中粒子的大小及汇聚速度等。

（5）激光雷达

利用激光束搜索、跟踪和策略活动目标的装置叫作激光雷达。激光雷达的工作原理和微波雷达相似，都是利用电磁波照射目标并接收回波的方法，发现、识别与指示目标的，只是工作波段不同。

激光雷达在军事上可用于武器鉴定试验、武器火控、跟踪识别、指挥导引、大气测量等。

（6）激光制导

应用激光作为跟踪目标和传输信息的手段，将导弹、炮弹、航空炸弹等导向目标的技术。激光制导具有命中精度高、抗电磁干扰能力强等优点，因而得到了广泛应用，是精确制导武器的一种重要制导方式。

三、智能传感器

（一）智能传感器的概念

智能传感器是指具有信息检测、信息处理、信息记忆、逻辑思维和判断功能的传感器。它不但具有传统传感器的各种功能，而且还具有数据处理、故障诊断、非线性处理、自校正、自调整以及人机通信等多种功能。其是微电子技术、微型电子计算机技术与检测技术相结合的产物。

智能传感器是具有信息处理功能的传感器。智能传感器带有微处理机，具有信息检测、信息处理、信息记忆、逻辑思维和判断的功能，是传感器集成化与微处理机相结合的产物。一般智能机器人的感觉系统由多个传感器集合而成，采集的信息需要计算机进行处理，而使用智能传感器就可将信息分散处理，从而降低成本。微处理器是智能传感器的核心，它不但可以对传感器的测量数据进行计算、存储、数据处理，还可以通过反馈回路对传感器进行调节。由于微处理器充分发挥各种软件的功能，可以完成硬件难以完成的任务，从而极大地降低了传感器制造的难度，提高传感器的性能，降低成本。除微处理器以外，智能传感器相对于传统传感器应具有如下的特征：①可以根据输入信号值进行判断和制定决策。②可以通过软件控制做出多种决定。③可以与外部进行信息交换，有输入输出接口。④具有自检测、自修正和自保护功能。

（二）智能传感器的一般组成

智能传感器的基本功能模块包括信号转换、数据采集、数据处理、核心控制、数据传输等几部分。

1. 信号转换

信号转换的作用是把相应的物理量转换为电压信号，然后对其进行放大和滤波处理。处理的结果作为数据采集电路输入信号。

2. 数据采集

数据采集的功能是把信号转换电路输出的模拟信号转换为数字信号（数据序列），然后把数字信号输出给 CPU，以便进行相应的处理。

3. 数据处理

数据采集模块获得的数字信号一般不能直接输入微处理机供应用程序使用，还必须根据需要进行加工处理，如标度变换、非线性补偿、温度补偿、数字滤波等。有些智能传感器还需要对信号进行其他处理，比如，信号幅度的判别、信号特征的提取、显示处理等。总之，根据不同的应用领域，数据处理的要求不尽相同。

4. 核心控制

核心控制模块由微控制器的软硬件实现，是所谓智能化的主要体现。微控制器可以控制数据采集的时间间隔、速率等相关参数；也可以进行温度补偿、非线性校正等数据处理功能；还可以控制数据传输。

5. 数据传输

在控制系统中，智能传感器采集并整理好的数据，需要传输给系统的核心控制器或其他控制单元。由于控制系统的特点，数据传输一般需要经过一段空间距离，故需使用专门的电路和方式实现数据传输。例如，对数据进行编码处理后，利用电流环或 RS232 等方式传输。在现有的控制系统中，绝大多数情况之下都采用有线传输方式实现传感器与控制系统的连接。

（三）智能传感器的主要功能

智能传感器的功能是通过比较人的感官和大脑的协调动作提出的，随着微电子技术及材料科学的发展，传感器在发展与应用过程中越来越多地与微处理器相结合，不仅具有视觉、触觉、听觉、味觉，还有存储、思维和逻辑判断能力等人工智能。综合考虑智能传感器的诸多特征概括而言，智能传感器的主要功能有以下几点。

1. 自补偿和计算

利用智能传感器的计算功能对传感器的零位和增益进行校正，对非线性和温度漂移进行补偿。这样的话，即使传感器的加工不太精密，通过智能传感器的计算功能也能获得较精确的测量结果。

2. 自校正和自诊断

智能传感器通过自检软件，能对传感器和系统的工作状态进行定期或不定期的检测，诊断出故障的原因和位置并做出必要的响应，发出故障报警信号，或者在计算机屏幕上显示出操作提示。

3. 复合敏感功能

集成化智能传感器能够同时测量多种物理量和化学量，具有复合敏感功能，能够给出全面反映物质和变化规律的信息。

4. 接口功能

由于传感器中使用了微处理器，其接口容易实现数字化与标准化，可方便地与一个网络系统或上一级计算机进行接口，这样就可以由远程中心计算机控制整个系统工作。

5. 显示报警功能

集成化智能传感器通过接口与数码管或其他显示器结合起来，可选点显示或定时循环显示各种测量值及相关参数。测量结果也可以由打印机输出。另外，通过与预设上下限值的比较还可实现超限值的声光报警功能。

6. 数字通信功能

集成化智能传感器可利用接口或智能现场通信器（SFC）来交换信息。

（四）智能传感器的实现方法

智能传感器是测量、半导体、计算机、信息处理、微电子学、材料科学互相结合的综合密集型技术。目前各国科学家正在努力进行开发和研究。智能传感器的实现是沿着传感技术发展的 3 条途径进行的。

1. 非集成化实现

非集成化智能传感器是将传统的经典传感器（采用非集成化工艺制作的传感器，仅具有获取信号的功能）、信号调理电路、带数字总线接口的微处理器组合为一个整体而构成的智能传感器系统。

这种非集成化智能传感器是在现场总线控制系统发展形势的推动之下迅速发展起来的。自动化仪表生产厂家原有的一套生产工艺设备基本不变，附加一块带数字总线接口的微处理器插板组装而成，并配备能进行通信、控制、自校正、自补偿、自诊断等智能化软件，从而实现智能传感器功能。这是一种比较经济、快速建立智能传感器的途径。但将一个或多个敏感器件与微处理器、信号处理电路集成在同一硅片上，集成度高，体积小，目前的技术水平还很难实现

2. 集成化实现

这种智能传感器系统是采用微机械加工技术和大规模集成电路工艺技术，利用硅作为基本材料来制作敏感元件、信号调理电路以及微处理器单元，并把它们集成在一块芯片上构成的。这样使智能传感器达到微型化，小可以小到放在注射针头内送进血管测量

血液流动的情况。使结构一体化，从而提高了精度和稳定性。敏感元件构成阵列后配合相应图像处理软件，可以实现图形成像且构成多维图像传感器。这时智能传感器就达到了它的最高级形式。

3.模块化实现

要在一块芯片上实现智能传感器系统存在着许多棘手的难题。根据需要与可能，可将系统各个集成化环节（如敏感单元、信号调理电路、微处理器单元、数字总线接口）以不同的组合方式集成在两块或三块芯片上，并装在一个外壳里。组成模块式智能传感器。这种传感器集成度不高，体积较大，但在目前的技术水平上，仍不失为一种实用的结构形式。

第四节　定位技术

一、卫星定位系统

目前在全球范围内提供定位服务的卫星导航系统主要有 4 个：美国的 GPS（G10bal Positioning System）定位系统、欧洲的伽利略（Galileo）定位系统、俄罗斯的 G10NASS 定位系统及中国的北斗定位系统。

（一）全球定位系统 GPS

1.GPS 的组成

GPS 由空间部分、地面控制系统和用户设备部分组成。

（1）空间部分

GPS 系统的空间部分是指 GPS 工作卫星星座，由 24 颗卫星组成，其中 21 颗工作卫星，3 颗备用卫星，均匀分布在 6 个轨道上。卫星轨道平面与地球赤道面倾角为 55°，各个轨道平面的升交点赤经相差 60°，轨道平均高度为 20200km，卫星运行周期为 11 小时 58 分（恒星时），同一轨道上的各卫星的升交角距为 90%GPS 卫星的上述时空配置，基本保证了地球上任何地点，在任何时刻均至少可以同时观测到 4 颗卫星，以满足地面用户实时全天候精密导航和定位。GPS 卫星的主体呈圆柱形，直径大约为 1.5m，重约 774kg，两侧各安装两块双叶太阳能电池板，能自动对日定向，以保证卫星正常工作用电。GPS 卫星上设有微处理机，可以进行必要的数据处理工作，它主要的 3 个基本功能：①根据地面监控指令接收和存储由地面监控站发来的导航信息，调整卫星姿态、启动备用卫星；②向 GPS 用户播送导航电文，提供导航与定位信息；③通过高精度卫星钟向用户提供精密的时间标准。

（2）地面监控部分

GPS 地面监控系统由分布于全球的 5 个地面站组成。1 个主控站，位于美国本土科罗拉多斯平土的联合空间执行中心。主控站的主要任务为：根据各监控站提供的观测资料推算编制各颗卫星的星历、卫星钟差和大气层修正参数并把这些数据传送到注入站；提供 GPS 系统的时间标准；调整偏离轨道的卫星，使之沿预定的轨道运行；启用备用卫星以取代失效的工作卫星。3 个注入站，分别设在印度洋的迭哥加西、南大西洋的阿松森岛和南太平洋的卡瓦加兰。注入站的主要任务为：在主控站的控制之下，把主控站传来的各种数据和指令等正确并适时地注入到相应卫星的存储系统。5 个监测站，其中 4 个与主控站、注入站重叠，另外一个设在夏威夷。监测站的主要任务为：给主控站编算导航电文提供观测数据，每个监控站均用 GPS 信号接收机，对每颗可见卫星每 6 秒钟进行一次伪距测量和积分多普勒观测，并采集气象要素等数据。

（3）用户设备部分

由 GPS 接收机硬件和相应的数据处理软件以及微处理机及其终端设备组成。其主要功能是接收 GPS 卫星发射的信号，获得必要的导航和定位信息及观测量，并经简单数据处理实现实时导航和定位，用后处理软件包对观测数据进行精加工，以获取精密定位结果。

2.GPS 的定位原理

GPS 系统定位的基本原理是测量出已知位置的卫星到用户接收机之间的距离，然后综合多颗卫星的数据就可知道接收机的具体位置。要达到这一目的，卫星的位置可根据星载时钟所记录的时间在卫星星历中查出。而用户到卫星的距离则通过记录卫星信号传播到用户所经历的时间，再将其乘以光速得到。由于大气层电离层的干扰，这一距离并不是用户与卫星之间的真实距离，而是伪距（PR）：当 GPS 卫星正常工作时，会不断地用 1 和 0 二进制码元组成的伪随机码（简称伪码）发射导航电文。GPS 系统使用的伪码一共有两种，分别是民用的 C/A 码与军用的 P（Y）码。C/A 码频率 1.023MHz，重复周期一毫秒，码间距 1 微秒，相当于 300m；P 码频率 10.23MHz，重复周期 266.4 天，码间距 0.1 微秒，相当于 30m。而 Y 码是在 P 码的基础上形成的，保密性能更佳。导航电文包括卫星星历、工作状况、时钟改正、电离层时延修正、大气折射修正等信息。它是从卫星信号中解调制出来，以 50b/s 调制在载频上发射的。导航电文每个主帧中包含 5 个子帧每帧长 6s。前三帧各 10 个字码；每 30s 重复一次，每小时更新一次。后两帧共 15000b。导航电文中的内容主要有遥测码，转换码，第 1、2、3 数据块，其中最重要的则为星历数据。当用户接收到导航电文时，提取出卫星时间并将其与自己的时钟做对比便可得知卫星与用户的距离，再利用导航电文中的卫星星历数据推算出卫星发射电文时所处位置，用户在 WGS-84 大地坐标系中的位置速度等信息便可得知。

按定位方式，GPS 定位分为单点定位与相对定位（差分定位）。单点定位就是根据一台接收机的观测数据来确定接收机位置的方式，它只能采用伪距观测量，可用于车船等的概略导航定位。相对定位（差分定位）是根据两台以上接收机的观测数据来确定观测点之间的相对位置的方法，其既可采用伪距观测量也可采用相位观测量，大地测量或工程测量均应采用相位观测值进行相对定位。

在 GPS 观测量中包含了卫星和接收机的钟差、大气传播延迟、多路径效应等误差，在定位计算时还要受到卫星广播星历误差的影响，在进行相对定位时大部分公共误差被抵消或削弱，因此定位精度将大幅提高。

3.GPS 定位系统的特点

总的来说，GPS 定位系统的特点主要有以下几个方面。

（1）观测时间短

由于 GPS 系统的不断完善，软件不断更新，目前 20km 以内相对静态定位，仅需 15～20 分钟，快速静态相对定位测量时，当每个流动站与基准站相距在 15km 以内时，流动站只需观测 1～2 分钟，动态相对定位测量时，流动站出发时观测 1～2 分钟，然后可随时定位，每站观测仅需几秒钟。

（2）测站间无须通视

GPS 测量不要求站点间相互通视，只需测站上空开阔即可。

（3）可提供三维坐标

经典大地测量将平面与高程采用不同方法施测，而 GPS 可同时精确测定测站点的三维坐标，目前 GPS 水准可达到四等水准测量的精度。

（4）操作简便

随着 GPS 机不断改进，自动化程度越来越高，体积也越来越小，重量越来越轻，有的已达"傻瓜化"程度。

（5）全天候作业

使用 GPS 测量，不受时间限制，24 小时都可以工作，也不受起雾、刮风、下雨下雪等气候的影响。

（6）功能多、应用广

GPS 系统不仅可用于测量，还可用于测速、测时。测速精度可达 0.1m/s，测时精度可达几十毫秒。随着人们对 GPS 系统的不断开发，其应用领域正在不断地扩大。

（二）北斗卫星导航系统

北斗卫星导航系统为中国自行研制的全球卫星导航系统。

1. 北斗卫星导航系统概况

北斗卫星导航系统由空间段、地面段和用户段 3 部分组成，可在全球范围内全天候、全天时为各类用户提供高精度、高可靠定位、导航、授时服务，并具短报文通信能力，已经初步具备区域导航、定位和授时能力，定位精度 10m，测速精度 0.2 米/秒，授时精度 10 纳秒。

北斗卫星导航系统空间段计划由 35 颗卫星组成，包括 5 颗静止轨道卫星、27 颗中地球轨道卫星、3 颗倾斜同步轨道卫星。5 颗静止轨道卫星定点位置是东经 58.75°、

80°、110.5°、140°、160°，中地球轨道卫星运行在 3 个轨道面上，轨道面之间为相隔 120° 均匀分布。

北斗卫星导航系统包括北斗卫星导航试验系统（北斗一号）和北斗卫星导航定位系统（北斗二号）。第一代的北斗卫星导航试验系统（也称为双星定位导航系统）覆盖范围较小，仅能覆盖我国周围附近地区。在第一代北斗卫星导航试验系统的基础上，我国正在建设第二代可以提供全球定位和导航功能的北斗二号系统。

北斗一号是有源定位导航，即用户主动向卫星发送信号请求服务，其只覆盖我国领土范围（包括钓鱼岛），它的解算原理工作过程如下。

第一，首先由中心控制系统向卫星 1 和卫星 2 同时发送询问信号，经卫星转发器向服务区内的用户广播。

第二，用户响应其中一颗卫星的询问信号，并同时向两颗卫星发送响应信号，经卫星转发回中心控制系统。

第三，中心控制系统接收并解调用户发来的信号，然后根据用户的申请服务内容进行相应的数据处理。对定位申请，中心控制系统测出两个时间延迟，即从中心控制系统发出询问信号，经某一颗卫星转发到达用户，用户发出定位响应信号，经同一颗卫星转发回中心控制系统的延迟。

第四，由于中心控制系统和两颗卫星的位置均是已知的，所以由上面两个延迟量可以算出用户到第二颗卫星的距离，从而知道用户处于两颗卫星为球心的一个球面，另外中心控制系统从存储在计算机内的数字化地形图查寻到用户高程值，又可知道用户处于某一与地球基准椭球面平行的椭球面上。从而中心控制系统可最终计算出用户所在点的三维坐标，这个坐标经加密由出站信号发送给用户。

北斗二号是无源定位导航，其包括区域系统和全球系统，它的基本定位原理与美国的 GPS 大体相同：以高速运动的卫星瞬间位置作为已知的起算数据，卫星不间断地发送自身的星历参数和时间信息，用户接收到这些信息后采用空间距离后方交会的方法，计算求出接收机的三维位置、三维方向以及运动速度和时间信息。对于需要定位的每一点来说都包含有 4 个未知数：该点三维地心坐标和卫星接收机的时钟差，故定位至少需要 4 颗卫星的观测来进行计算。一般来说，接收机的解算值包括伪距和载波相位，两者结合可得到用户的位置。在计算位置坐标时，4 颗卫星的位置必须要知道，以这 4 颗卫星为球心画 4 个球，4 个球的交点即为用户位置。若采用一个接收机确定卫星位置，误差会比较大，所以北斗二号采用两个以上接收机确定卫星位置的方法即相对定位，这样可极大地减小误差。

2. 北斗系统的应用特点

北斗卫星导航系统的主要应用特点如下。

（1）系统覆盖我国全部国土及周边区域

北斗系统是覆盖我国本土及其周边地区区域性卫星导航定位系统，覆盖范围为东经 70°～145°，北纬 5°～55°，可以无缝覆盖我国全部国土和周边海域，在中国全境

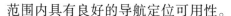

范围内具有良好的导航定位可用性。

（2）系统定位、授时精度能满足导航定位需要

北斗系统的注册用户分为3个服务等级，对应的定位响应时延分别为：一类用户5s，二类用户2s，三类用户1s。北斗系统具有单向和双向2种授时功能，根据不同的精度要求，定时传送最新授时信息给用户端，供用户完成与北斗卫星导航定位系统之间时间差的修正。

（3）系统双向报文通信功能应用优势明显

北斗系统具有用户与用户、用户与地面控制中心之间的双向报文通信能力。系统一般用户1次可传输36个汉字，经核准的用户利用连续传送方式1次最多可传送120个汉字。这种简短双向报文通信服务，可以有效地满足通信信息量较小、但即时性要求却很高的各类型用户应用系统的要求。这很适合集团用户大范围监控管理和通信不发达地区数据采集传输使用。对于既需要定位信息又需要把定位信息传递出去的用户，北斗卫星导航定位系统将是非常有用的。需特别指出的是，北斗系统具备的这种双向简短通信功能，目前已广泛应用的国外卫星导航定位系统（如GPS，G10NASS系统）并不具备。

（4）系统有源定位体制使用户定位的隐蔽性、实时性较差，用户容量受限

北斗系统是主动式有源双向测距二维导航系统，在地面控制中心进行用户位置坐标解算。北斗系统的有源定位工作方式使用户定位的同时失去了无线电隐蔽性，这在军事上是不利的。另外，北斗系统对地面控制中心的依赖性大，一旦其地面中心控制系统受损，系统就不能继续工作了；用户设备必须包含发射机，因此其在体积、重量、功耗和价格方面远比GPS接收机来得大、重、耗电与贵。

北斗系统从用户发出定位申请，到收到定位结果，整个定位响应时间最快是1s，即用户终端机最快可在1s后完成定位。这1s的定位时延对飞机、导弹等高速运动的用户来说时间嫌长。北斗系统适合为车辆、船舶等慢速运动的用户提供服务。北斗系统导航定位实时性较差，对于高动态载体（如飞机、导弹等），该缺陷是显而易见的。

北斗系统是主动双向测距的询问－应答系统，系统用户容量取决于用户允许的信道阻塞率、询问信号速率和用户的响应频率。因此，北斗系统的用户设备工作容量是有限的。北斗系统可为以下用户机每小时提供54万次的服务：一类用户机（适合于单人携带使用）10000～20000个，5～10min服务一次；二类用户机（适合于车辆、舰船使用）5500个，10～60s服务一次。

"北斗"系统的上述应用特点，决定了该系统适合在中国全境范围内，在测绘、电信、水利、交通运输、勘探等使用要求相对较低的民用领域进行导航定位、报文通信和授时服务等应用。目前该系统在军事领域的应用，受到了一定制约。

二、蜂窝定位技术

GPS定位时需要首先寻找卫星，GPS接收机的启动相对比较缓慢，往往需要3～5min的时间，因此初始定位速度相对较慢。在建筑物内部、地下和恶劣环境中，经常收不到

GPS 信号，或者收到的信号不可靠。所以，蜂窝基站定位技术作为 GPS 定位的补充应运而生。

蜂窝基站定位主要应用于移动通信中广泛采用的蜂窝网络，当移动设备要进行通信时，先连接所在蜂窝小区的基站，然后通过该基站接入 GSM 网络进行通信。在进行移动通信时，移动设备始终是和一个蜂窝基站联系起来的，蜂窝定位就是利用这些基站来定位移动设备的。

在蜂窝系统中采用的定位技术主要有以下几类。

（一）场强定位

移动台接收的信号强度与移动台至基站的距离成反比关系，通过测量接收信号的场强值和已知信道衰落模型及发射信号的场强值可以估算出收发信机之间的距离，根据多个距离值可以估算移动台的位置。由于小区基站的扇形特性、天线有可能倾斜、无线系统的不断调整以及地形、车辆等因素都会对信号功率产生影响，故这种方法的精度较低。

（二）起源蜂窝小区定位（COO）

COO 定位（Cell Of Origin，COO）是一种单基站定位方法，它以移动设备所属基站的蜂窝小区作为移动设备的坐标。COO 的最大优点是它确定位置信息的响应时间快（3s左右），而且 COO 不用对移动台和网络进行升级就可以直接向现有用户提供基于位置的服务。但是，COO 与其他技术相比，其精度是最低的。在这个系统中，基站所在的蜂窝小区作为定位单位，定位精度取决于小区大小。

（三）到达角定位（AOA）

到达角（Arrival Of Angle，AOA）定位方式是根据信号到达的角度，测定出运动目标的位置。在 AOA 定位方式中，只要测量出运动目标与两个基站的信号到达角度参数信息，就可以获取目标的位置。蜂窝移动网的 AOA 定位方式，指的是基站接收机利用基站的天线阵列，接收不同阵元的信号相位信息，并测算出运动目标的电波入射角，从而构成一根从接收机到发射机的径向连线，即测位线，目标终端的二维位置坐标可通过两根测位线的交点获得。

（四）到达时间定位（TOA）

到达时间（Time Of Arrival，TOA）定位方式也称为基站三角定位方式，通过测量从运动目标发射机发出的无线电波，到达了多个（3 个及以上）基站接收机的传播时间，来确定出运动目标的位置。已知电波传播速度为 c，假设运动目标与基站之间的传播时间为，运动目标位于以基站为圆心，以移动终端到基站的电波传输距离 ct 为半径的定圆上，则可由 3 个基站定位圆的交点来确定目标移动的二维位置。TOA 定位方式中，为了根据发射信号到达基站的接收时间来确定出信号的传播时间，要求运动目标发射机在发射信号中，加有发射的时间戳信息。这种定位方式的定位精度取决于各基站和运动目标的时钟精度，以及各基站接收机和运动目标发射机时钟间的同步。

TOA 算法要求参加定位的各个基站在时间上要严格同步，因为电磁波的传播速率很高，微小的误差将会在算法中放大，使定位精度大幅降低。传播中的多径干扰、NLOS 以及噪声等干扰造成的误差会使圆无法交汇，或交汇处不是一点而是一个区域。因此 TOA 对系统同步的要求很高，并且需要在信号中加时间戳（要求基站之间的同步），而实际参加定位的基站一般在 3 个以上，误差是不可避免的。这时候可以利用 GPS 对基站进行校正并利用其他补偿算法来估计位置，提高算法的精确度，但同时增加系统的开销和算法复杂程度，因此单纯的 TOA 算法在实际中应用很少。

（五）到达时间差定位（TDOA）

到达时间差（Time Difference Of Arrival，TDOA）定位方式通过测量目标移动终端发射机到达不同基站接收机的传播时差来确定运动目标的位置信息。TDOA 定位方式中，不需要移动终端与基站间的精确同步，也不需要在上行信号中加时间戳信息，还可以消除或减少目标移动终端与基站间由于信道所造成的共同误差。在该定位方式当中，将目标移动终端定位于两个基站为焦点的双曲线方程上。确定目标移动终端的三维坐标需要至少建立两个双曲线方程（至少 3 个基站），两条双曲线交点即为目标移动终端的二维坐标。

TDOA 算法是对 TOA 算法的改进，它不是直接利用信号到达时间来确定目标的位置信息，而是用多个基站接收到信号的时间差信息来确定目标的位置信息，与 TOA 算法相比，其不需要加入专门的时间戳信息，定位精度也有所提高。

（六）A-GPS 定位

网络辅助 GPS 定位 A-GPS（AssistedG10bal Positioning System，A-GPS）是 GPS 定位和蜂窝基站定位的有机结合，利用基站定位方法快速确定当前所处的大致范围，然后利用基站连入网络，通过网络服务器查询到当前位置上方可见的卫星，极大地缩短了搜索卫星的速度。A-GPS 有移动台辅助和移动台自主两种方式。移动台辅助 GPS 定位是将传统 GPS 接收机的大部分功能转移到网络上实现。网络向移动台发送短的辅助信息，包括时间、卫星信号多普勒参数和码相位搜索窗口。这些信息经移动台 GPS 模块处理后产生辅助数据，网络处理器利用辅助数据估算出移动台的位置。自主 GPS 定位的移动台包含一个全功能的 GPS 接收器，具有移动台辅助 GPS 定位的所有功能，再加上卫星位置和移动台位置计算功能。A-GPS 的优点是网络改动少，网络无须增加其他设备，网络投资少，定位精度高。由于采用了 GPS 系统，定位精度较高，理论上可达到 5 ~ 10m。缺点是现有移动台均不能实现 A-GPS 定位方式，需要更换，从而使移动台成本增加。

与 GPS 定位技术不同，蜂窝定位技术是以地面基站为参考物，定位方法灵活多样，特别是能方便地实现室内定位，使其在紧急救援、汽车导航、智能交通、蜂窝系统优化设计等方面发挥着重要的作用。但是，由于过分依赖地面基站的分布和密度，在定位精度、稳定性方面无法与 GPS 定位技术相比。在实际的定位应用中，主要是将两者结合起来，实现混合定位，在扩大定位覆盖范围的同时，又能提高定位的精度，为定位应用提供更高质量技术支撑。

三、室内无线定位技术

GPS 是目前应用最为广泛的定位技术。当 GPS 接收机在室内工作时，由于信号受建筑物的影响而大幅衰减，定位精度也很低，要想达到室外一样直接从卫星广播中提取导航数据和时间信息是不可能的。而基站定位的信号受到多径效应的影响，定位结果也会大打折扣。随着无线通信技术的发展和数据处理能力的提高，人们对室内定位的需求日益增大，尤其在复杂的室内环境下；如机场大厅、体育馆、货品仓库、超市、图书馆、地下停车场、矿井等环境中，快速准确地获取人员以及物品的位置信息，并提供位置服务的需求变得日益迫切。所以，诸多室内定位技术解决方案应运而生。

（一）超声波定位技术

超声波测距主要采用反射式测距法，通过三角定位等算法确定物体的位置，即发射超声波并接收由被测物产生的回波，根据回波与发射波的时间差计算出待测距离，有的则采用单向测距法。超声波定位系统由一个主测距器和若干个电子标签组成，主测距器可放置于被测物体上，各个电子标签放置于室内空间的固定位置。定位过程如下：先由上位机发送同频率的信号给各个电子标签，电子标签接收到后又反射传输给主测距器，从而可以确定各个电子标签到主测距器之间的距离。当同时有 3 个或 3 个以上不在同一直线上的电子标签做出回应时，可以根据相关计算确定出被测物体所在的二维坐标系下的位置。

目前，比较流行的超声波定位技术还有两种：一种为将超声波与射频技术结合进行定位。由于射频信号传输速率接近光速，远高于射频速率，那么可以利用射频信号先激活电子标签而后使其接收超声波信号，利用时间差的方法测距。这种技术成本低，功耗小，精度高。另一种为多超声波定位技术。该技术采用全局定位，可在移动机器人身上 4 个朝向安装 4 个超声波传感器，把待定位空间分区，由超声波传感器测距形成坐标，总体把握数据，抗干扰性强，精度高，而且可以解决机器人迷路问题。

超声波定位整体定位精度较高，结构简单，但超声波受多径效应和非视距传播影响很大，同时需要大量的底层硬件设施投资，成本太高。

（二）红外线定位技术

红外线是一种波长在无线电波和可见光波之间的电磁波。红外线室内定位的原理是红外线 IR 标识发射调制的红外射线，通过安装在室内的光学传感器接收进行定位。虽然红外线具有相对较高的室内定位精度，但是由于光线不能穿过障碍物，使得红外射线仅能视距传播。直线视距和传输距离较短这两大主要缺点使其室内定位的效果很差。当标识放在口袋里或者有墙壁及其他遮挡时就不能正常工作，需要在每个房间、走廊安装接收天线，造价较高。因此，红外线只适合短距离传播，而且容易被荧光灯或房间内的灯光干扰，在精确定位上有局限性。

（三）超宽带定位技术

超宽带技术是一种全新的、与传统通信技术有极大差异的通信新技术。它不需要使用传统通信体制中的载波，而是通过发送和接收具有纳秒或纳秒级以下的极窄脉冲来传输数据，从而具有 GHz 量级的带宽。超宽带可用于室内精确定位，比如战场士兵的位置发现、机器人运动跟踪等。

超宽带系统与传统的窄带系统相比，具有穿透力强、功耗低、抗多径效果好、安全性高、系统复杂度低、能提供精确定位精度等优点。因此，超宽带技术可以应用于室内静止或者移动物体以及人的定位跟踪与导航，且能提供十分精确的定位精度。

（四）蓝牙定位技术

蓝牙定位技术通过测量信号强度进行定位。这是一种短距离低功耗的无线传输技术，在室内安装适当的蓝牙局域网接入点，把网络配置成基于多用户的基础网络连接模式，并保证蓝牙局域网接入点始终是这个微微网（piconet）的主设备，然后通过测量信号强度对新加入的盲节点进行三角定位。蓝牙技术主要应用于小范围定位，例如单层大厅或仓库。

蓝牙室内定位技术最大的优点是设备体积小、短距离、低功耗，易于集成在手机等移动设备中，所以很容易推广普及。理论上，对于持有集成了蓝牙功能移动终端设备的用户，只要设备的蓝牙功能开启，蓝牙室内定位系统就能够对其进行位置判断。采用该技术作室内短距离定位时容易发现设备且信号传输不受视距的影响。其不足在于蓝牙器件和设备的价格比较昂贵，而且对于复杂的空间环境，蓝牙系统的稳定性稍差，受噪声信号干扰大。

（五）射频识别定位技术

射频（RF）是具有一定波长的电磁波，它的频率描述为 kHz、MHz、GHz，范围从低频到微波不一。射频识别室内定位技术利用射频方式，固定天线把无线电信号调成电磁场，附着于物品的标签进过磁场后感应电流生成把数据传送出去，以多对双向通信交换数据以达到识别和三角定位的目的。

射频识别室内定位技术作用距离很近，但它可以在几毫秒内得到厘米级定位精度的信息，且由于电磁场非视距等优点，传输范围很大，而且标识的体积比较小，造价比较低。但其不具有通信能力，抗干扰能力较差，不便于整合到其他系统之中，且用户的安全隐私保障和国际标准化都不够完善。目前，射频识别室内定位已经被仓库、工厂、商场广泛使用在货物、商品流转定位上。

（六）WiFi 定位技术

WiFi 定位技术有两种，一种是通过移动设备和 3 个无线网络接入点无线信号强度，通过差分算法，来比较精确地对被测物进行三角定位。另一种是事先记录巨量的确定位置点的信号强度，通过用新加入的设备的信号强度对比拥有巨量数据的数据库，来确定位置。

在室内定位技术中，WiFi 定位的精度为米级，相比 RFID、蓝牙等达到亚米级定位精度的技术，要逊色很多。许多人认为定位精度越高，定位所带来的价值越高。事实上，定位精度的提高势必带动成本的提高。此外，就目前的室内定位需求，如商场客流分析统计、基于位置区域的广告推送、定位拓扑监控等，米级的定位精度意味着抬头就能看见，已可以满足大部分需求。并且除了 WiFi，其他技术都必须单独铺设信号发生器，有些还要求重新在前端部署信号接收装备，给大面积商用带来了很大的阻力。而 WiFi 芯片在各类智能终端（智能手机、平板电脑）中已广泛普及，通过现有的 WiFi 设备，可快速完成定位目标。所以，从技术的成熟度及规模应用的现实角度考虑，WiFi 定位技术是当前最主流、也是最具发展潜力的定位技术手段之一。

四、传感器网络节点定位技术

（一）节点定位方法的基本概念

锚节点（Anchors）：也称为信标节点、灯塔节点等，可通过某种手段自主获取自身位置的节点。

①普通节点（Normal Nodes）：也称为未知节点或待定位节点，预先不知道自身位置，需要使用锚节点的位置信息并运用一定的算法得到估计位置节点。

②邻居节点（Neighbor Nodes）：传感器节点通信半径以内的其他节点。

③跳数（Hop Count）两节点间的跳段总数。

④跳段距离（Hop Distance）两节点之间的每一跳距离之和。

⑤连通度（Connectivity）：一个节点拥有的邻居节点的数目。

⑥基础设施（Infrastructure）：协助节点定位且已知自身位置的固定设备，如卫星基站、GPS 等。

（二）节点定位算法的分类

从测量技术、定位形式、定位效果、实现成本等方面考虑，节点定位算法可以分为以下几类。

1. 基于测距技术的定位和无须测距技术的定位

根据定位过程中是否测量实际节点间的距离，定位算法可以分为基于测距技术的定位和无须测距技术的定位两类。Range-Based 定位机制需要测量相邻节点间的绝对距离或者方位，并利用节点间的实际距离来计算未知节点的位置。Range-Based 定位机制使用各种算法来减小测距误差对定位的影响，包括多次测量、循环定位求精等，但是不可避免地产生大量计算和通信开销，所以它并不适用于要求低功耗、低成本的应用领域，Range-Free 定位技术无须测量节点间的绝对距离或方位，而是利用节点间的估计距离计算节点位置。DV-Hop、凸规划和 MDS-MAP 等都是典型的 Range-Free 定位算法。因功耗和成本等因素，再加上粗精度，定位能够满足大多数应用。

2. 绝对定位与相对定位

绝对定位的定位结果是一个标准的坐标位置，如经纬度。而相对定位通常是以网络中部分节点为参考，建立整个网络相对坐标系统。绝对定位可为网络提供唯一的命名空间，受节点移动性影响较小，有更广泛的应用领域。但研究发现，在相对定位的基础上也能够实现部分路由协议，尤其是基于地理位置的路由，而且相对定位不需要锚节点。大多数定位系统和算法都可以实现绝对定位服务，典型的相对定位算法和系统有 SPA、LPS、SpotON，而 MDS-MAP 定位算法可根据网络配置的不同分别实现两种定位。

3. 精粒度与粗粒度

依据定位技术所需信息的粒度，可将定位算法和系统分为精粒度定位方法与粗粒度定位方法两类。精粒度的定位技术大部分是 Range-Based，根据依赖锚节点所推断出的距离或是相关角度，该定位方法可以进一步细分为基于距离和基于方向两种。粗粒度定位技术一般是 Range-Free 定位技术，其原理是利用某种物理现象来感应是否有目标接近一个已知的位置。

4. 基于锚节点与无锚节点

根据定位过程中是否使用锚节点，可以把定位算法分为基于锚节点的定位算法和无锚节点的定位算法。前者在定位过程中，以锚节点作为定位中的参考点，各节点定位后产生整体绝对坐标系统；后者只关心节点间的相对位置，在定位过程当中无须锚节点。

5. 集中式算法与分布式算法

集中式计算的优点在于从全局角度统筹规划，计算量和存储量几乎没有限制，可以获得相对精确的位置估算；它的缺点则是因为通信开销大而过早地消耗完电能，无法实时定位等。集中式定位算法包括凸规划，MDS-MAP 等。分布式算法的优点是通过使用锚节点，可以实现分布式计算，便于系统扩展；缺点是需要大量的锚节点支持。

6. 紧密耦合与松散耦合

紧密耦合定位系统，包括 AT&-T 的 ActiveBat 系统和 ActiveBadge、HiBallTracker 等。它们的特点是适用于室内环境，具有较高的精确性和实时性。时间同步和锚节点间的协调问题容易解决，但其限制了系统的可扩展性，无法应用于室外环境。松散耦合型定位系统，包括 Cricket，AH10s 等，它们以牺牲紧密耦合系统的精确性为代价而获得部署的灵活性，依赖节点间的协调和信息交换以实现定位。在松散耦合型系统当中，因为网络以 adhoc 方式部署，节点间无直接的协调，所以节点会竞争信道并相互干扰。

第三章 物联网网络通信与数据处理技术

第一节 计算机网络理论

随着社会科技、文化和经济的发展，特别为计算机网络技术和通信技术的大发展，人类社会已从工业社会向信息社会进行转变，人们对信息资源的交流与共享的要求越来越强，这些都强烈促进计算机网络的发展。第一颗人造卫星上天，把人类传播信息的能力提高到前所未有的水平，开启了利用卫星进行通信的新时代。20世纪70年代，微型计算机的出现，预示着信息技术的普及成为可能；激光和光纤技术的利用，使信息的处理和传播由"点"扩展到"面"。计算机和通信技术的结合，尤其是网络技术的发展，促进了更大范围的网络互联和信息资源共享。

计算机网络有很多种类型，这里先给出关于网络、互联网、因特网、万维网和物联网等一些最基本的概念。

网络（network）：由若干节点（node）和连接这些节点的链路（link）组成。网络中的节点可以是计算机、集线器、交换机或者路由器等。

互联网：泛指由多个计算机网络通过路由器互连而成的网络，构成了一个覆盖范围更大的网络，是"网络的网络"（Network of Networks），在这些网络之间的通信协议（即通信规则）可以是任意的。为简便起见，以后本书所有关于互联网的称为统一写作互联网。

因特网：联邦网络委员会（FNC）通过了一项决议，对因特网做出了这样的界定："因特网"是全球性信息系统，在逻辑上由一个以网际互联协议（IP）及其延伸的协议为基础的全球唯一的地址空间连接起来；能够支持使用传输控制协议和国际互联协议（TCP/IP）及其延伸协议，或其他 IP 兼容协议的通信；借助通信和相关基础设施公开或不公开地提供利用或获取高层次服务的机会。因特网是以大写字母 I 开始的单词 Internet 来表示。因此，可以说网络把许多计算机连接到一起，而因特网把许多网络连接到一起，因特网是一个最大的互联网。

万维网：是一个由许多互相链接的超文本组成的系统，让 Web 客户端（常用浏览器）通过互联网访问浏览 Web 服务器上的页面。万维网并不等同互联网，万维网只是互联网所能提供的服务其中之一，是靠着互联网运行的一项服务，而大部分的服务和内容又是在这个最大的互联网—因特网上。万维网是中文名字，英文全称为 World Wide Web，简写为 WWW，亦作 Web、W3。

物联网：通过各种信息传感设备，如传感器、射频识别（RFID）技术、全球定位系统、红外感应器、激光扫描器、气体感应器等各种装置和技术，实时采集任何需要监控、连接、互动的物体或过程，采集其声、光、热、电、力学、化学、生物、位置等各种需要的信息，与互联网结合形成的一个巨大网络。其目的是实现物与物、物与人，所有的物品与网络的连接，方便识别、管理和控制。这有两层意思：第一，物联网的核心和基础仍然是互联网，是在互联网基础上的延伸和扩展的网络；第二，其用户端延伸和扩展到任何物体与物体之间，进行信息交换和通信。

在很多情况下，可以用一朵云表示一个网络，当然也可以表示互联网和因特网。这样做的好处是可以不去关心网络中的细节问题，因而可以集中精力研究涉及和网络互联有关的一些问题。

计算机网络是指将地理位置不同的具有独立功能的多台计算机及其外部设备，通过通信线路连接起来，在网络操作系统，网络管理软件及网络通信协议的管理和协调下，实现资源共享和信息传递的计算机系统。

计算机网络系统由硬件系统和软件系统组成，硬件系统常由服务器、计算机、路由器、交换机、网卡、网线、网线接头（模块）等组成。软件系统包含网络操作系统、浏览器、网络通信协议及应用软件等。

计算机网络有多种类别，下面将进行简单的介绍。

一、按照通信方式

（一）有线通信

有线通信是一种通信方式，狭义上现代的有线通信是指有线电信，即利用金属导线光纤等有形媒质传送信息的方式。光或电信号可以代表声音、文字和图像等。

（二）无线通信

无线通信是利用电磁波信号可以于自由空间中传播的特性进行信息交换的一种通信

方式。在移动中实现的无线通信又通称为移动通信，人们把二者合称为无线移动通信。无线通信主要包括微波通信和卫星通信。无线通信特点是空间传播、投资小、见效快、经济实用、灵活快速；多种传播手段传播各类业务；受环境因素影响较大；容易受到截获与窃听。

二、按照网络作用范围的不同

（一）广域网

广域网的作用范围通常为几十到几千公里，因而有时也称为远程网。广域网是因特网的核心部分，其任务是通过长距离（例如，跨越不同的国家）运送主机所发送的数据。连接广域网各节点交换机的链路一般都是高速链路，具有较大的通信容量。

（二）城域网

城域网的作用范围一般是一个城市，可跨越几个街区甚至整个城市，其作用距离约为 5 ~ 50km。城域网可以为一个或几个单位所拥有，但是也可以是一种公用设施，用来将多个局域网进行互联。目前很多城域网采用的是以太网技术，因此有时也常并入局域网的范围进行讨论。

（三）局域网

局域网一般用微型计算机或工作站通过高速通信线路相连（速率通常在 10Mb/s 以上），但地理上则局限在较小的范围（如 1km 左右）。在局域网发展的初期，一个学校或工厂往往只拥有一个局域网，但现在局域网已非常广泛地使用，一个学校或企业大都拥有许多个互联的局域网（这样的网络常称为校园网或企业网）。

（四）个人区域网

个人区域网就是在个人工作地方把属于个人使用的电子设备（如便携式计算机等）用无线技术连接起来的网络，所以也常称为无线个人区域网（Wireless PAN，WPAN），其范围大约在 10m 左右。

顺便指出，若中央处理机之间的距离非常近（如仅 1m 的数量级或甚至更小些），则一般就称之为多处理机系统而不称它为计算机网络。

三、不同使用者的网络

（一）公用网（public network）

这是指电信公司（国有或者私有）出资建造的大型网络。"公用"的意思就是所有愿意按电信公司的规定交纳费用的人都可以使用这种网络。因此公用网也可称为公众网。

（二）专用网（private network）

这是某个部门为本单位特殊业务工作的需要而建造的网络。这种网络不向本单位以外的人提供服务。例如，军队、铁路、电力等系统均有本系统的专用网。

公用网和专用网都可以传送多种业务，如传送的是计算机数据，则分别是公用计算机网络和专用计算机网络。

四、按交换方式进行分类

（一）线路交换网络

最早出现在电话系统中，早期的计算机网络就是采用此方式来传输数据的，数字信号经过变换成为模拟信号之后才能在线路上传输。

（二）报文交换网络

报文交换网络是一种数字化网络。当通信开始时，源机发出的一个报文被存储在交换器里，交换器根据报文的目的地址选择合适的路径发送报文，这种方式称作存储－转发方式。

（三）分组交换网络

采用报文传输，但它不是以不定长的报文作为传输的基本单位，而是将一个长的报文划分为许多定长的报文分组，以分组作为传输的基本单位。灵活性高且传输效率高。这不仅极大地简化了对计算机存储器的管理，而且也加速了信息在网络中的传播速度。由于分组交换优于线路交换和报文交换，具有许多优点，所以它已成为计算机网络的主流。

五、按网络拓扑结构进行分类

计算机网络的物理连接形式称为网络的物理拓扑结构。连接在网络上的计算机、大容量的外存、高速打印机等设备均可看作是网络上的一个节点，也称作工作站。

（一）星状拓扑结构

星状布局是以中央节点为中心与各节点连接而组成的，各个节点间不能直接通信，而是经过中央节点控制进行通信。这种结构适用于局域网，特别是近年来连接的局域网大都采用这种连接方式。这种连接方式以双绞线或同轴电缆作连接线路。

星状拓扑结构的优点是：安装容易，结构简单；费用低，通常以集线器（Hub）作为中央节点，便于维护和管理。中央节点的正常运行对网络系统来说是至关重要的，便于管理、组网容易、网络延迟时间短、误码率低。

星状拓扑结构的缺点为：共享能力较差、通信线路利用率不高、中央节点负担过重。

（二）环状拓扑结构

环状网中各节点通过环路接口连在一条首尾相连的闭合环形通信线路中，环路上任何节点均可以请求发送信息。请求一旦被批准，便可以向环路发送信息。一个节点发出的信息必须穿越环中所有的环路接口，信息流中目的地址与环上某节点地址相符时，即被该节点的环路接口所接收，而后信息继续流向下一环路接口，一直流回到发送该信息的环路接口节点为止，这种结构特别适用于实时控制的局域网系统。

环状拓扑结构的优点是：安装容易，费用较低，电缆故障容易查找和排除。有些网络系统为了提高通信效率和可靠性，采用双环结构，即在原有的单环上再套一个环，使每个节点都具有两个接收通道，简化了路径选择的控制、可靠性较高、实时性强。

环状拓扑结构的缺点是：节点过多时传输效率低、故扩充不方便。

（三）总线状拓扑结构

用一条称为总线的中央主电缆，将相互之间以线性方式连接的工作站连接起来的布局方式称为总线状拓扑。总线拓扑结构是一种共享通路的物理结构。这种结构中总线具有信息的双向传输功能，普遍用于局域网的连接，总线一般采用同轴电缆或双绞线。

总线拓扑结构的优点是：结构简单、安装容易、便于扩充、可靠性高、响应速度快、设备量少、价格低、安装使用方便、共享资源能力强、便于广播式工作。

总线结构也有其缺点：由于信道共享，连接的节点不直过多，并且总线自身的故障可以导致系统的崩溃。总线长度有一定限制，一条总线也只能连接一定数量的节点。

（四）树状拓扑结构

树状结构是总线状结构的扩展，其是在总线网上加上分支形成的，其传输介质可有多条分支，但不形成闭合回路。树状拓扑结构就像一棵"根"朝上的树，与总线拓扑结构相比，主要区别在于总线拓扑结构中没有"根"，这种拓扑结构的网络一般采用同轴电缆。

树状拓扑结构的优点：优点是容易扩展、故障也容易分离处理。具有一定容错能力、可靠性强、便于广播式工作、容易扩充。

树状拓扑结构的缺点：整个网络对"根"的依赖性很大，一旦网络的"根"发生故障，整个系统就不能正常工作。

（五）网状拓扑结构

将多个子网或多个网络连接起来构成的网络拓扑结构。在一个子网当中，集线器、中继器将多个设备连接起来，而桥接器、路由器及网关则将子网连接起来。

①网状拓扑结构的优点：可靠性高、资源共享方便、有好的通信软件支持下通信效率高。

②网状拓扑结构的缺点：造价贵、结构复杂、软件控制麻烦。

六、按传输介质分类

传输介质就是指用于网络连接的通信线路。目前常用的传输介质有同轴电缆、双绞线、光纤、卫星、微波等有线或无线传输介质，相应地可把网络分为同轴电缆网、双绞线网、光纤网、卫星网和无线网。

七、按带宽速率分类

带宽速率指的是"网络带宽"和"传输速率"两个概念。传输速率是指每秒钟传送的二进制位数，通常使用的计量单位为 b/s、kb/s、Mb/s。按网络带宽可以分为基带网（窄带网）和宽带网；按传输速率可分为低速网、中速网和高速网。一般来讲，高速网是宽带网，低速网是窄带网。

八、按通信协议分类

通信协议是指网络中的计算机进行通信所共同遵守的规则或约定。在不同的计算机网络中采用不同的通信协议。在局域网中，以太网采用 CSMA 协议，令牌环网采用令牌环协议，广域网中的报文分组交换网采用 X.25 协议，Internet 网采用 TCP/IP 协议。

第二节　有线网络通信

有线通信顾名思义就是借助于有形媒质（比如光纤金属线）来传递信息。有线通信尽管受到有线的限制，但正是如此，有线相对无线通信来讲更加稳定，基本不受外界的影响，如果依附在比较强的媒介上，数据传输会更高速的。在安全性能方面，因有线产生很小的辐射对人产生的伤害很小。除此以外，有线通信通过电缆传输数据能有效监控数据正确与否，还能由数据的分析预测故障发生的概率，进而提前做好准备，预防数据丢失的情况。尽管当前社会的主流是无线网络但是一些特定的环境中，有线通信还是不可或缺的。

按照传输内容可分为有线电话、有线电报、有线传真等。按照信号的调制方式可分为基带传输、调制传输。按照传输信号特征分为数字通信、模拟通信。按照传送信号的复用方式可分为频分复用、时分复用、码分复用。有线通信的特点是一般受干扰较小，可靠性高，保密性强，但建设费用大。常用的媒介有光纤、同轴电缆、电话线、网线等。

固定电话网、有线电视网和主干的计算机网络都是采用有线通信网络。

一、因特网概述

因特网（Internet）是一组全球信息资源的总汇。有一种粗略的说法，认为 Internet 是由于许多小的网络（子网）互联而成的一个逻辑网，每个子网中连接着若干台计算机（主机）。Internet 以相互交流信息资源为目的，基于一些共同的协议，并通过许多路由器和公共互联网而成，其是一个信息资源和资源共享的集合。

（一）因特网的组成结构

人们组建因特网的目的是实现不同位置计算机间的相互通信和资源共享，如果从因特网各组成部件所完成的功能来划分的话，可以将因特网分为通信子网和资源子网两大部分。

1. 通信子网

多台计算机间的相互联通是组成因特网的前提，通信子网的目的在于实现网络内多台计算机之间的数据传输。通常情况下，通信子网由以下几部分组成。

（1）传输介质

传输介质是数据在传输过程中的载体，计算机网络内常见的传输介质分为有线传输介质与无线传输介质两种类型。

有线传输介质是指能够使多个通信设备实现互联的物理连接部分。计算机网络发展至今，使用过同轴电缆、双绞线和光纤3种不同的有线传输介质。

无线传输是一种不使用任何物理连接，而是通过空间进行数据传输，以实现多个通信设备互连的技术，其传输介质主要有红外线、激光、微波等。

（2）网络互联设备

数据在网络中是以"包"的形式传递的，但不同网络的"包"，其格式也是不一样的。如果在不同的网络间传送数据，由于包格式不用，导致数据无法传送，于是网络间连接设备就充当"翻译"的角色，将一种网络中的"信息包"转换成另一种网络的"信息包"。

信息包在网络间的转换，与OSI的七层模型关系密切。如果两个网络间的差别程度小，则需转换的层数也少。比如以太网与以太网互联，因为它们属于一种网络，数据包仅需转换到OSI的第二层（数据链路层），所需网间连接设备的功能也简单（如网桥）；若以太网与令牌环网相联，数据信息需转换至OSI的第三层（网络层），所需中介设备也比较复杂（如路由器）；如果连接两个完全不同结构的网络TCP/IP和SNA，其数据包需做七层的转换，需要的连接设备也最复杂（如网关）。

2. 资源子网

对于因特网用户而言，资源子网实现了面向用户提供和管理共享资源的目的，是因特网的重要组成部分，通常由以下几部分组成。

（1）服务器

服务器是计算机网络中向其他计算机或网络设备提供服务的计算机，通常会按照所提供服务的类型被冠以不同的名称，如数据库服务器、邮件服务器等等。

（2）客户机

客户机是一种与服务器相对应的概念。在计算机网络当中，享受其他计算机所提供服务的计算机就称为客户机。

（3）打印机、传真机等共享设备

共享设备是计算机网络共享硬件资源的一种常见方式，而打印机、传真机等设备则是较为常见的共享设备。

（4）网络软件

网络软件主要分为服务软件和网络操作系统两种类型。其中，网络操作系统管理着网络内的软硬件资源，并在服务软件的支持下为用户提供各种服务项目。

（二）因特网发展的 3 个阶段

因特网的基础结构大体上经历了 3 个阶段的演进，但这 3 个阶段在时间划分上并非截然分开而是有部分重叠的，这是由于网络的演进是逐渐的而不是在某个日期突然发生了变化。

①第一阶段是从单个网络 ARPAnet 向互联网发展的过程。ARPAnet 最初只是一个单个的分组交换网（并不是一个互联的网络）。所有要连接在 ARPAnet 上的主机都直接与就近的节点交换机相连。到 20 世纪 70 年代，ARPAnet 已经有好几十个计算机网络，但是每个网络只能在网络内部的计算机之间互联通信，不同计算机网络之间仍然不能互通。为此，ARPA 又设立了新的研究项目，支持学术界和工业界进行有关的研究，研究的主要内容就是想用一种新的方法把不同的计算机局域网互联，形成"互联网"。研究人员称之为 internetwork，简称 Internet，这个名词就一直沿用到现在。但到了 20 世纪 70 年代中期，人们认识到不可能仅使用一个单独的网络来满足所有的通信问题。于是 ARPA 开始研究多种网络（如分组无线电网络）互联的技术，这就导致后来互联网的出现。这样的互联网就成为现在因特网（Internet）的雏形。

②第二阶段的特点是建成了三级结构的因特网。美国国家科学基金组织（NSF）将分布在美国各地的 5 个为科研教育服务的超级计算机中心互联，并支持地区网络，形成 SNSFnet。它是一个三级计算机网络，分为主干网、地区网和校园网（或企业网），覆盖了全美国主要的大学和研究所。SNSFnet 替代 ARPAnet 成为 Internet 的主干网。ARPAnet 解散，Internet 从军用转向民用。NSF 和美国的其他政府机构开始认识到，因特网必将扩大其使用范围，不应仅限于大学和研究机构。世界上的许多公司纷纷接入到因特网，使网络上的通信量急剧增大，使因特网的容量已经满足不了需要。于是美国政府决定将因特网的主干网转交给私人公司来经营，并开始对接入因特网的单位收费。Internet 的发展引起了商家的极大兴趣。美国 IBM，MCI，MERIT3 家公司联合组建了一个高级网络服务公司（SNS），建立了一个新的网络，叫作 SNSnet，成为 Internet 的另一个主干网。其与 SNSFnet 不同，NSFnet 是由国家出资建立的，而 SNSnet 则是 SNS 公司所有，从而使 Internet 开始走向商业化。

③第三阶段的特点是逐渐形成了多层次 ISP 结构的因特网。由美国政府资助的 NSFnet 逐渐被若干个商用的因特网主干网替代，而政府机构不再负责因特网的运营。这样就出现了一个新的名词：因特网服务提供者 ISP。在许多情况下，因特网服务提供者 ISP 就是一个进行商业活动的公司，因此 ISP 又常译为因特网服务提供商，ISP 拥有从因特网管理机构申请到的多个 IP 地址（因特网上的主机都必须有 IP 地址才能进行通信），同时拥有通信线路（大的 ISP 自己建造通信线路，小的 ISP 则向电信公司租用通信线路）以及路由器等联网设备，所以任何机构和个人只要向 ISP 交纳规定的费用，就

可从 ISP 得到所需的 IP 地址,并通过该 ISP 接入因特网。人们通常所说的"上网"就是指"(通过某个 ISP)接入到因特网",因为 ISP 向连接到因特网的用户提供了 IP 地址。IP 地址的管理机构不会把一个单个的 IP 地址分配给单个用户,而是把一批 IP 地址有偿分配给经审查合格的 ISP(只"批发"IP 地址)。从以上所讲可以看出,现在的因特网已不是某个单个组织所拥有而是全世界无数大大小小的 ISP 所共同拥有的。

(三)物联网与互联网的区别

物联网是射频识别技术与互联网结合而产生的新型网络,主要解决物品到物品(Thing toThing,T2T)、人到物品(Human toThing,H2T)、人到人(Human to Human,H2H)之间的互联。其中,H2T 是指人利用通用装置与物品之间的连接,H2H 是指人之间不依赖于个人计算机而进行的互连。物联网具有与互联网类同的资源寻址需求,以确保其中联网物品的相关信息能够被高效、准确和安全地寻址、定位和查询,其用户端是对互联网的延伸和扩展,即任何物品和物品之间可以通过物联网进行信息交换和通信。因此,物联网又在以下几个方面有别于互联网。

1. 不同应用领域的专用性

互联网的主要目的是构建一个全球性的信息通信计算机网络,通过 TCP/IP 技术互联全球所有的数据传输网络,在较短时间实现了全球信息互连、互通,但是也带来了互联网上难以克服的安全性、移动性和服务质量等一系列问题。而物联网则主要从应用出发,利用互联网、无线通信网络资源进行业务信息的传送,是互联网、移动通信网络应用的延伸,也是自动化控制、遥控遥测及信息应用技术的综合发展。不同应用领域的物联网均具有各自不同的属性。比如,汽车电子领域的物联网不同于医疗卫生领域的物联网,医疗卫生领域的物联网不同于环境监测领域的物联网,环境监测领域的物联网不同于仓储物流领域的物联网,仓储物流领域的物联网不同于楼宇监控领域的物联网,等等。由于不同应用领域具有完全不同的网络应用需求和服务质量要求,物联网节点大部分都是资源受限的节点,只有通过专用联网技术才能满足物联网的应用需求。物联网的应用特殊性以及其他特征,使得它无法再复制互联网成功的技术模式。

2. 高度的稳定性和可靠性

物联网是与许多关键领域物理设备相关的网络,必须至少保证该网络是稳定的。例如,在仓储物流应用领域,物联网必须是稳定的,不能像现在的互联网一样,时常网络不通、电子邮件丢失等,仓储的物联网必须稳定地检测进库和出库的物品,不能有任何差错。有些物联网需要高可靠性,例如医疗卫生的物联网,必须要求具有很高可靠性,保证不会因为由于物联网的误操作而威胁病人的生命。

3. 严密的安全性和可控性

物联网的绝大多数应用都涉及个人隐私或机构内部秘密,因而物联网必须提供严密的安全性和可控性:物联网系统具有保护个人隐私、防御网络攻击的能力,物联网的个人用户或机构用户可以严密控制物联网中信息采集、传递和查询操作,不会因个人隐私或机构秘密的泄露而造成对个人或机构的伤害。

尽管物联网与互联网有很大的区别，但从信息化发展的角度看，物联网的发展与互联网的发展密不可分，而且和移动电信网络的发展、下一代网络以及网络化物理系统、无线传感网络等都有千丝万缕的联系。

（四）因特网提供的服务

1. 万维网（WWW）服务

万维网是 Internet 上集文本、声音、图像、视频等多媒体信息于一身的全球信息资源网络，是 Internet 上的重要组成部分。在网页浏览器（Web browser）方式下，可以浏览、搜索、查询各种信息，可以发布自己的信息，可以与他人进行实时或者非实时的交流，可以游戏、娱乐、购物等。万维网的网页文件是超文本标记语言（HyperTextMarkup Language，HTML）编写，并在超文本传输协议（HypeTextTransmission Protocol，HTTP）支持下运行的。超文本中不但含有文本信息，还包括图形、声音、图像、视频等多媒体信息（故超文本又称超媒体），更重要的是超文本中隐含着指向其他超文本的链接，这种链接称为超链（Hyper Links），利用超文本，用户能轻松地从一个网页链接到其他相关内容的网页上，而不必关心这些网页分散在何处的主机中。

2. 电子邮件服务

E-mail 是 Internet 上使用最广泛的一种服务。用户只要能与 Internet 连接，具有能收发电子邮件的程序及个人的 E-mail 地址，就可以与 Internet 上具有 E-mail 所有用户方便、快速、经济地交换电子邮件，可以在两个用户间交换，也可以向多个用户发送同一封邮件，或将收到的邮件转发给其他用户。电子邮件中除文本外，还可包含声音、图像、应用程序等各类计算机文件。另外，用户还可以邮件方式在网上订阅电子杂志、获取所需文件、参与有关的公告和讨论组，甚至还可浏览 WWW 资源。

收发电子邮件必须有相应的软件支持。常用的收发电子邮件的软件有 Exchange，Out1ook Express 等，这些软件提供邮件的接收、编辑、发送及管理功能。大多数 Intermet 浏览器也都包含收发电子邮件的功能，如 Internet Exp1orer 和 Navigator/Communicator，邮件服务器使用的协议有简单邮件转输协议（SimpleMailTransfer Protocol，SMTP），电子邮件扩充协议（Multipurpose InternetMail Extensions，MIME）和邮局协议（Post Office Protocol，POP）。POP 服务需由一个邮件服务器来提供，用户必须在该邮件服务器上取得账号才可能使用这种服务。

3. 远程登录服务

远程登录服务又被称为 Telnet 服务，是 Internet 中最早提供的服务功能之一。Telnet 是 Internet 远程登录服务的一个协议，该协议定义了远程登录用户和服务器交互的方式。远程登录就是通过 Internet 进入和使用远距离的计算机系统，就像使用本地计算机一样。要使用远程登录服务，必须在本地计算机上启动一个客户应用程序，指定远程计算机的名字，并通过 Internet 与之建立连接。一旦连接成功，本地计算机就成为远端计算机的终端，用户可以正式注册（10gin）进入远端计算机系统成为合法用户，直接访问远程计算机系统的资源。远程登录软件允许用户直接与远程计算机交互，通过键盘或鼠标操作，客户应用程序将有关的信息发送给远程计算机，再由服务器将输出结果返回给用户。在完成操作任务后，通过注销（10gout）退出远端计算机系统，同时也退出 Telnet，用户的键盘、显示控制权又回到本地计算机。一般用户可通过 Windows 的 Telnet 客户程序进行远程登录。

4. 文件传输服务

文本传输服务又称为 FTP 服务，它是 Internet 中最早提供的服务功能之一，仍然在广泛使用。FTP 协议是 Internet 上文件传输的基础，通常所说的 FTP 是基于该协议的一种服务。FTP 文件传输服务允许 Internet ± 的用户将一台计算机上的文件传输到另一台上，几乎所有类型的文件，包括文本文件、二进制可执行文件、声音文件、图像文件、数据压缩文件等，都可以用 FTP 传送。

FTP 实际上是一套文件传输服务软件，它以文件传输为界面，使用简单的 get 或 put 命令进行文件的下载或上传，如同在 Internet ± 执行文件复制命令一样。大多数 FTP 服务器主机都采用 UNIX 操作系统，但是普通用户通过 Windows 操作系统也能方便地使用 FTP。

FTP 最大的特点是用户可以使用 Internet ± 众多的匿名 FTP 服务器。所谓匿名服务器，指的是不需要专门的用户名和口令就可进入的系统。用户连接匿名 FTP 服务器时，都可以用 anonymous 匿名，作为用户名、以自己的 E-mail 地址作为口令登录。登录成功后，用户便可以从匿名服务器上下载文件。匿名服务器的标准目录为 pub，用户通常可以访问该目录下所有子目录中的文件。考虑到安全问题，大多数匿名服务器不允许用户上传文件。

5.Usenet 网络新闻组服务

Usenet 是一个由众多趣味相投的用户共同组织起来的各种专题讨论组的集合。通常也将之称为全球性的电子公告板系统，Usenet 用于发布公告、新闻、评论及各种文章供网上用户使用和讨论。Usenet 按不同主题分为多个栏目，栏目的划分是依据大多数 Usenet 使用者的需求、喜好而设立，每个栏目内部还可以分出更多的子栏目。BBS 的使用权限分为浏览、发帖子、发邮件、发送文件和聊天等。Usenet 实际上也是一种网站，从技术角度讲，实际上是在分布式信息处理系统中在网络的某台计算机中设置的一个公共信息存储区。Usenet 的交流特点与 Internet 最大的不同，正像被描述为一个"公告牌"一样，运行在 Usenet 站点上的绝大多数电子邮件都是公开信件，用户所面对的将是站点上几乎全部的信息，几乎任何上网用户都有自由浏览的权力，只有经过正式注册的用户可以享有其他服务。用户除了可以选择参加感兴趣的专题小组外，也可以自己开设新的专题组。只要有人参加，该专题组就可一直存在下去；如经过一段时间无人参加，则这个专题组便会被自动删除。

6.网络电话

对于上述 Internet 提供的服务而言，网络电话是 Internet 上一种新的科技，它使人们通过一台 PC 打电话到世界任何一部普通电话机上，而不仅是 PC 到 PC 的网上电话。作为通信及 Internet 服务的先驱，美国 IDT 公司开发的网上电话在全球网络通信中居于领先的地位，信号经 Internet 传送到 IDT 公司设在美国的服务器，将被自动转接到被叫方的任一普通电话机上，对方电话会响铃，通话双方即可实时地、全双工地进行交流。使用该系统打国际电话时，所需费用比传统的国际长途电话费用最多可节省95%，因为信号经 Internet 传至美国的服务器，再由其传达到所呼叫的电话上，而非传统的电信传输，从而达到降低费用的目的。

7.IRC

IRC(Internet Relay Chat)是一种网络即时聊天系统。它的最大的优点是速度特别快，用户在发送信息的时候基本上感觉不到信息的停滞，而且支持在线的文件传递以及安全的私聊功能。相对于 BBS 来说，其有着更直观、更友好的界面。

8.ICQ

ICQ 是英文 Iseek you 的连音缩写，人们常称之为"网络寻呼机"，是一种免费网络软件。主要功能是可与网上同样安装有 ICQ 的用户发送信息或进行交流。它是以色列 Mirabilis 公司开发出的一种即时信息传输软件，可以即时发送文字信息、语音信息、聊天和发送文件，并让使用者侦测出朋友的连网状态。而且它还具有很强的"一体化"功能，可以将寻呼机、手机、电子邮件等多种通信方式集于一身。

二、万维网

万维网是欧洲粒子物理实验室的 Tim Berners Lee 最初提出的。他成功开发了出世界上第一个 Web 服务器和第一个 Web 客户机，并正式定名为 World Wide Web，即人们熟悉的 wwW，中文名字叫万维网。虽然这个 Web 服务器简陋得只能说是欧洲核子研究组织 CERN 的电话号码簿，它只是允许用户进入主机以查询每个研究人员的电话号码，但它实实在在是一个所见即所得的超文本浏览 / 编辑器。

万维网是基于 TCP/IP 协议实现的，TCP/IP 协议由很多协议组成，不同类型的协议又被放在不同的层，其中，位于应用层的协议就有很多，如 FTP，SMTP，HTTP 等。只要应用层使用的是 IITTP 协议，就称为万维网（World Wide Web）。之所以在浏览器里输入网址时，能看见某网站提供的网页，就是因为用户个人浏览器和某网站的服务器之间使用的是 HTTP 协议在交流。

万维网是一个分布式的超媒体（hypermedia）系统，它是超文本系统的扩充。利用一个链接可使用户找到另一个文档，而这又可链接到其他文档（依次类推）。这些文档可以位于世界上任何一个接在因特网上的超文本系统中。超文本是万维网的基础。分布式和非分布式的超媒体系统有很大区别。在非分布式系统当中，各种信息都驻留在单个计算机的磁盘中。由于各种文档都可从本地获得，因此这些文档之间的链接可进行一致性检查。所以，一个非分布式超媒体系统能够保证所有的链接都是有效的及一致的。

万维网分为Web客户端和Web服务器程序。万维网可以让Web客户端（常用浏览器）访问浏览Web服务器上的页面。是一个由许多互相链接的超文本组成的系统，通过互联网访问。在这个系统中，每个有用的事物，称为一种"资源"；并且由一个全局"统一资源标识符"（URI）标识；这些资源通过超文本传输协议传送给用户，而后者通过点击链接来获得资源。

（一）超文本 HT

超文本（HyperText，HT）是超级文本的中文缩写。超文本是用超链接的方法，将各种不同空间的文字信息组织在一起的网状文本。超文本更是一种用户界面范式，用以显示文本及与文本之间相关的内容。现时超文本普遍以电子文档方式存在，其中的文字包含可以连接到其他位置或者文档的连接，允许从当前阅读位置直接切换到超文本连接所指向的位置。概括地说，超文本就是收集，存储和浏览离散信息以及建立和表现信息之间关联的一门网络技术。超文本的格式有很多，目前最常使用的为超文本标记语言（HTML）及富文本格式。

超文本是由一个称为网页浏览器（Web Browser）的程序显示，网页浏览器通过一种超文本方式，把网络上不同计算机内的信息有机地结合在一起，并且可以通过超文本传输协议（HTTP）从一台网页服务器（Web Server）转到另一台网页服务器上检索信息，从网页服务器取回称为"文档"或"网页"的信息并显示。人们日常浏览的网页上的链接都属于超文本。超媒体与超文本的区别是文档内容不同。超文本文档仅包含文本信息，而超媒体文档还包含其他表示方式的信息，如图形、图像、声音、动画，甚至活动视频图像。人们可以跟随网页上的超链接（Hyperlink），再取回文件，甚至也可以送出数据给服务器。顺着超链接走的行为又称为浏览网页。相关的数据通常排成一群网页，又称为网站。网页服务器能发布图文并茂的信息，甚至在软件支持的情况下还可以发布音频和视频信息。此外，Internet的许多其他功能，如E-mail、Telnet、FTP、WA1S等都有可通过Web实现。

（二）超链接 hyperlink

超链接是超级链接（Hyperlink）的简称，在本质上属于一个网页的一部分，是一种允许人们同其他网页或站点之间进行连接的元素。各个网页链接在一起后，才能真正构成一个网站。所谓的超链接是指从一个网页指向一个目标的连接关系，这个目标可以是另一个网页，也可以是相同网页上的不同位置，还可以是一个图片、一个电子邮件地址、一个文件，甚至是一个应用程序。而在一个网页当中用来超链接地对象，可以是一段文本或者是一个图片。当浏览者单击已经链接的文字或图片后，链接目标将显示在浏览器上，并且根据目标的类型来打开或运行。

如果按照超链接使用对象的不同，网页中的链接又可以分为文本超链接、图像超链接、E-mail链接、锚点链接、多媒体文件链接与空链接等。超链接是一种对象，它以特殊编码的文本或图形的形式来实现链接，如果单击该链接，则相当于指示浏览器移至同一网页内的某个位置，或打开一个新的网页，或打开某一个新的WWW网站中的网页。

网页上的超链接一般分为3种：一种是绝对（URL）的超链接。URL就是统一资源定位符，简单地讲就是网络上的一个站点、网页的完整路径。第二种是相对URL的超链接。如将自己网页上的某一段文字或某标题链接到同一网站的其他网页上面；还有一种称为同一网页的超链接，此种超链接又称为书签。

（三）超文本传输协议 HTTP

超文本传输协议（HTTP）是互联网上应用最为广泛的一种网络协议。超文本（hypertext）是HTTP超文本传输协议标准架构的发展根基。超文本传输协议提供了访问超文本信息的功能，是网页浏览器和网页服务器之间的应用层通信协议。HTTP协议是用于分布式协作超文本信息系统的、通用的、面向对象的协议。通过扩展命令，它可用于类似的任务，如域名服务或分布式面向对象系统。网页使用了HTTP协议传输各种超文本页面和数据。

（四）超级文本标记语言 HTML

超文本标记语言（HTML）是标准通用标记语言下的一个应用，也是一种规范，一种标准。它通过标记符号来标记要显示的网页中的各个部分。网页文件本身是一种文本文件，通过在文本文件中添加标记符，可以告诉浏览器如何显示其中的内容（如文字如何处理、画面如何安排、图片如何显示等），浏览器按顺序阅读网页文件，然后根据标记符解释和显示其标记的内容，对书写出错的标记将不指出其错误，且不停止其解释执行过程，编制者只能通过显示效果来分析出错原因和出错部位。但需要注意的是，对于不同的浏览器，对同一标记符可能会有不完全相同解释，因而可能会有不同的显示效果。

超级文本标记语言文档制作不是很复杂，但功能强大，支持不同数据格式的文件镶入，这也是万维网盛行的原因之一，其主要特点如下。

1.简易性

超级文本标记语言版本升级采用超集方式，从而更加灵活方便。

2.可扩展性

超级文本标记语言的广泛应用带来了加强功能，增加标识符等要求，超级文本标记语言采取子类元素的方式，为系统扩展带来保证。

3.平台无关性

虽然个人计算机大行其道，但是使用MAC等其他机器的大有人在，超级文本标记语言可以使用在广泛的平台上，这也是万维网（WWW）盛行的另一个原因。

4.通用性

另外，HTML是网络的通用语言，一种简单、通用的全置标记语言。它允许网页制作人建立文本与图片相结合的复杂页面，这些页面可以被网上任何其他人浏览到，无论使用的是什么类型的计算机或者浏览器。

网页的本质就是超级文本标记语言，通过结合使用其他 Web 技术（如脚本语言、公共网关接口、组件等），可以创造出功能强大的网页。因而，超级文本标记语言是万维网（Web）编程的基础，也就是说万维网是建立在超文本基础之上的。超级文本标记语言之所以称为超文本标记语言，是因为文本中包含所谓"超级链接"点。

网站由众多不同内容的网页构成，网页的内容时体现网站的全部功能，是网站的基本信息单位，是万维网的基本文档。网页由文字、图片、动画、声音等多种媒体信息以及链接组成，是用 HTML 编写的，可在万维网上传输，能被网页浏览器识别并显示的文本文件。

国际互联网 Internet 20 世纪 60 年代就诞生了，为什么没有迅速流传开来呢？其实，很重要的原因是当时连接到 Internet 需要经过一系列复杂的操作，非专业人员很难操作上网，网络的权限也很分明，而且网上内容的表现形式极端单调枯燥。正是由于万维网的出现，使因特网从仅由少数计算机专家使用变为普通百姓也能利用的信息资源，成为因特网的这种指数级增长的主要驱动力。所以，万维网的出现是因特网发展中的一个非常重要的里程碑。

第三节　无线网络通信

一、无线广域网

无线广域网（WWAN）是采用无线网络把物理距离极为分散的局域网（LAN）连接起来的通信方式。WWAN 连接地理范围较大，常常是一个国家或者是一个洲。其目的是让分布较远的各局域网互联，它的结构分为末端系统（两端的用户集合）和通信系统（中间链路）两部分。

IEEE 802.20 是 WWAN 的重要标准。IEEE 802.20 是由 IEEE 802.16 工作组提出的，并为此成立专门的工作小组，这个小组独立为 IEEE 802.20 工作组。IEEE 802.20 是为了实现高速移动环境下的高速率数据传输，以弥补 IEEE 802.Ix 协议族在移动性上的劣势。IEEE 802.20 技术可以有效解决移动性与传输速率相互矛盾的问题，它是一种适用于高速移动环境下的宽带无线接入系统空中接口规范，其工作频率小于 3.5GHz。

IEEE 802.20 标准在物理层技术上，以正交频分复用技术（OFDM）和多输入多输出技术（MIMO）为核心，充分挖掘时域、频域和空间域的资源，大幅提高了系统频谱效率。

IEEE 802.20 能够满足无线通信市场高移动性和高吞吐量的需求，具有性能好、效率高、成本低和部署灵活等特点。其设计理念符合下一代无线通信技术的发展方向，因而是一种非常有前景的无线技术。

二、无线城域网

无线城域网（WMAN）的推出是为了满足日益增长的宽带无线接入（Broadband Wireless Access，BWA）市场需求。虽然多年来 802.11x 技术一直与许多其他专有技术一起被用于 BWA，并获得很大成功，但是 WLAN 的总体设计及其提供的特点并不能很好地适用于室外的 BWA 应用。当其用于室外时，在带宽和用户数方面将受到限制，同时还存在着通信距离等其他一些问题。基于上述情况 –IEEE 决定制定一种新的、更复杂的全球标准,这个标准应能同时解决物理层环境(室外射频传输)和 QoS 两方面的问题，以满足 BWA 和"最后一公里"接入市场需要。

（一）IEEE 802.16 协议结构

IEEE 802.16 协议规定了 MAC 层和 PHY 层的规范。MAC 层独立于 PHY 层，并且支持多种不同的 PHY 层。IEEE 802.16 的 MAC 层采用分层结构，分为 3 个子层：特定业务汇聚子层（CS）负责将业务接入点（SAP）收到的外部网络数据转换和映射到 MAC 业务数据单元（SDU），并传递到 MAC 层业务接入点；公共部分子层（CPS）是 MAC 的核心部分，主要功能包括系统接入、带宽分配、连接建立和连接维护等，将 CS 层的数据分类到特定的 MAC 连接，同时对物理层上传输与调度的数据实施 QoS 控制；加密子层主要功能是提供认证、密钥交换和加解密处理。IEEE 802.16 的 MAC 层支持两种网络拓扑方式，802.16 主要针对点对多点（PMP）结构的宽带无线接入应用而设计。为了适应 2 ~ 11GHz 频段的物理环境和不同业务需求，802.16a 增强了 MAC 层的功能，提出了网状（Mesh）结构，用户站之间可以构成小规模多跳无线连接。IEEE 802.16MAC 层是基于连接的，用户站进入网络后会与基站（BS）建立传输连接。SS 在上行信道上进行资源请求，由 BS 根据链路质量与服务协定进行上行链路资源分配管理。

（二）IEEE 802.16 系列标准

IEEE 802.16 是为制定无线城域网标准成立的工作组。成立 WIMAX 论坛组织，因而相关无线城域网技术在市场上又称为"WIMAX 技术"。该组织对基于 IEEE 802.16 标准和 ETSI HiperMAN 标准的宽带无线接入产品进行兼容性和互操作性的测试和认证，发放 WIMAX 认证标志，借此推动了无线宽带接入技术的发展。

IEEE 802.16 工作组通过最早的 IEEE 802.16 标准，发布了修正和扩展后的 IEEE 802.16a 标准。该标准工作频段为 2 ~ 11GHz，在 MAC 层提供了 QoS 保证机制，支持语音和视频等实时性业务。通过的 IEEE 802.16d 标准，对 2 ~ 66GHz 频段的空中接口物理层和 MAC 层做了详细的规定。该协议是相对成熟的版本，业界各大厂商基于该标准开发产品。IEEE 批准 IEEE 802.16e 标准，该标准在 2 ~ 6GHz 频段上支持移动宽带接入，实现了移动中提供高速数据业务的宽带无线接入解决方案。以 IEEE 802.16 系列标准为基础的 WIMAX 技术，支持固定（802.16d）和移动（802.16e）宽带无线接入，基站覆盖范围达到 km 量级，为宽带数据接入提供了新解决方案。

1.IEEE 802.16d/e 的物理层

可选用单载波、正交频分复用（OFDM）和正交频分多址（OFDMA）共 3 种技术。单载波选项主要是为了兼容 10 ~ 66GHz 频段的视距传输（OFDM 和 OFDMA 只用于大于 11GHz 的频段）。IEEE 802.16d OFDM 物理层采用 256 个子载波，OFDMA 物理层采用 2048 个子载波，信号带宽从 1.25 ~ 20MHz 可变。IEEE 802.16e 对 OFDMA 物理层进行了修改，使其可支持 128.512.1024 和 2048 共 4 种不同的子载波数量，但子载波间隔不变，信号带宽与子载波数量成正比。这种技术称为可扩展的 OFDMA（Scalable OFDMA）。采用这种技术，系统可以在移动环境中灵活适应信道带宽的变化。IEEE 802.16 技术在不同的无线参数组合下可以获得不同的接入速率。以 10MHz 载波带宽为例，若采用 OFDM-64QAM 调制方式，除去开销，则单载波带宽可以提供约 30Mb/s 的有效接入速率。IEEE 802.16 标准适用的载波带宽范围从 1.75MHz 到 20MHz 不等，在 20MHz 信道带宽、64QAM 调制的情况下，传输速率可达 74.81Mb/s。

2.IEEE 802.16d/e 标准

支持全 IP 网络层协议，IEEE 802.16d/e 设备可以作为一个路由器接入现有的 IP 网络。同时，IEEE802.16 协议也可以通过一个 ATM 汇聚子层将 ATM 信元映射到 MAC 层。IEEE 802.16 标准在 MAC 层定义了较为完整的服务质量（QoS）机制，可以根据业务的需要提供实时、非实时的不同速率要求的数据传输服务。MAC 层针对每个连接可以分别设置不同的 QoS 参数，包括速率、延时等指标。为了更好地控制上行数据的带宽分配，标准还定义了主动授权业务（VOS）、实时轮询业务（rtPS）、非实时轮询业务（nrtPS）和尽力传输业务（BE）等 4 种不同上行带宽调度模式。同时，IEEE 802.16 系统采用了根据连接的 QoS 特性和业务实际需要来动态分配带宽的机制，不同于传统的移动通信系统所采用的分配固定信道的方式，因而具有更大的灵活性，可以在满足 QoS 要求的前提下尽可能地提高资源的利用率，能够更好地适应 TCP/IP 协议族所采用的包交换方式。

3. 在多址方式方面

IEEE 802.16d/e 在上行采用时分多址（TDMA），下行采用时分复用（TDM）支持多用户传输；另一种多址方式是采用 OFDMA，以 2048 个子载波的情况为例，系统将所有可用的子载波分为 32 个子信道，每个子信道包含若干子载波。多用户多址采用与跳频类似的方式实现，仅仅是跳频的频域单位为一个子信道，时域单位为 2 或 3 个符号周期。

4. 在调制技术方面

IEEE 802.16d/e 支持的最高阶调制方式是 64QAM，相对于蜂窝移动通信系统（3GPPHSDPA 最高支持 16QAM），IEEE 802.16d/e 更强调在信道条件较好时实现极高的峰值速率。为适应高质量数据通信的要求，IEEE 802.16d/e 选用了块 Turbo 码、卷积

Turbo 码等纠错能力很强但解码延时较大的信道码，同时也考虑了使用低复杂度、低延时的低密度稀疏检验矩阵码（LDPC）。

（三）WIMAX 的技术优势

WIMAX 论坛组织是 WIMAX 推广的大力支持者，目前该组织拥有 300 多个成员，其中包括 Alcatel、AT&T、FUJITSU、英国电信、诺基亚和英特尔等行业巨头。WIMAX 之所以能获得如此多公司的支持和推动，与其所具有的技术优势也是分不开的。WIMAX 的技术优势可以简要概括为以下几点。

1. 传输距离远、接入速度高、应用范围广

由于其具有传输距离远、接入速度高的优势，它可以应用于广域接入、企业宽带接入、移动宽带接入，以及数据回传等几乎所有的宽带接入市场。

2. 解决"最后 1km"的瓶颈限制，系统容量大

WIMAX 作为一种宽带无线接入技术，它可以将 WiFi 热点连接到互联网，也可作为 DSL 等有线接入方式的无线扩展，实现最后 1km 的宽带接入。WIMAX 可为 50km 区域内的用户提供服务，用户只要与基站建立宽带连接即可享受服务，因而其系统容量大。

3. 提供广泛的多媒体通信服务

由于 WIMAX 具有很好的可扩展性和安全性，从而可以提供面向连接的、具有完善 QoS 保障的、电信级的多媒体通信服务，其提供的服务按照优先级从高到低有主动授予服务、实时轮询服务、非实时轮询服务和尽力投递服务。

4. 安全性高

WIMAX 空中接口专门在 MAC 层上增加了私密子层，不仅可以避免非法用户接入保证合法用户顺利接入，而且还提供了加密功能（比如 EAP-SIM 认证），保护用户隐私。

总之，从技术层面讲，WIMAX 更适合用于城域网建设的"最后 1km"无线接入部分尤其对于新兴的运营商更为合适。WIMAX 技术具备传输距离远、数据速率高的特点，配合其他设备，比如 VoIP（Voice over Internet Protocol，网络电话）、WiFi 等可提供数据、图像和语音等多种较高质量的业务服务。在有线系统难以覆盖的区域和临时通信需要的领域，可作为有线系统的补充，具有较大的优势。随着 WIMAX 的大规模商用，其成本也将大幅度降低。相信在未来的无线宽带市场中，尤其是专用网络市场中，WIMAX 将占有重要位置。WIMAX 可以应用于固定、简单移动、便携、游牧和自由移动这 5 类应用场景。

三、无线局域网

（一）无线局域网的组成

无线局域网可分为两大类。第一类是有固定基础设施的，第二类是无固定基础设施的。所谓"固定基础设施"是指预先建立起来的、能够覆盖一定地理范围的一批固定基

站。大家经常使用的蜂窝移动电话，就是利用电信公司预先建立的、覆盖全国的大量固定基站来接通用户手机拨打的电话。

1. 有固定基础设施的无线局域网

对于第一类有固定基础设施的无线局域网，IEEE 制定出无线局域网的协议标准 IEEE 802.11 系列标准。IEEE 802.11 是个相当复杂的标准。但简单来说，IEEE 802.11 是无线以太网的标准，它使用星状拓扑，其中心称为接入点 AP（Access Point），在 MAC 层使用 CSMA/CA 协议。凡使用 IEEE802.11 系列协议的局域网又称为 WiFi（WirelessFidelity，意思是"无线保真度"）。

IEEE 802.11 标准规定无线局域网的最小构件是基本服务集 BSS（Basic Service Set）。一个基本服务集 BSS 包括一个基站和若干个移动站，所有的站在本 BSS 以内都可以直接通信，但在和本 BSS 以外的站通信时都必须通过本 BSS 的基站。在 IEEE 802.11 术语中，上面提到的接入点 AP 就是基本服务集内的基站（Base Station）。当网络管理员安装 AP 时，必须为该 AP 分配一个不超过 32 字节的服务集标识符 SSID（Service Set IDentifier）和一个信道。一个基本服务集 BSS 所覆盖的地理范围称为一个基本服务区 BSA（Basic Service Area）。基本服务区 BSA 和无线移动通信的蜂窝小区相似。无线局域网的基本服务区 BSA 的范围直径一般不超过 100m。

一个基本服务集可以是孤立的，也可以通过接入点 AP 连接到一个分配系统 DS（Distribution System），然后再连接到另一个基本服务集，这样就构成了一个扩展的服务集 ESS（Extended Service Set）。分配系统的作用就是让扩展的服务集 ESS 对上层的表现就像一个基本服务集 BSS一样。分配系统可以使用以太网、点对点链路或其他无线网络。扩展服务集 ESS 还可为无线用户提供到 802.x 局域网（也就是非 802.11 无线局域网）的接入。

802.11 标准并没有定义如何实现漫游，但定义了一些基本的工具。例如，一个移动站若要加入一个基本服务集 BSS，就必须先选择一个接入点 AP，并与此接入点建立关联（Association）。建立关联就表示这个移动站加入了选定的 AP 所属的子网，并和这个接入点 AP 之间创建了一个虚拟线路。只有关联的 AP 才向这个移动站发送数据帧，而这个移动站也只有通过关联的 AP 才能向其他站点发送数据帧。此后，这个移动站就和选定的 AP 互相使用 802.11 关联协议进行对话。移动站点还要向该 AP 鉴别自身。在关联之后，移动站点要通过关联的 AP 向该子网发送 DHCP 发现报文以获取 IP 地址。这时，因特网中的其他部分就把这个移动站当作该 AP 子网中的一台主机。

若移动站使用重建关联服务，就可把这种关联转移到另一个接入点。当使用分离（Dissociation）服务时，就可终止这种关联。移动站与接入点建立关联的方法有两种。一种是被动扫描，即移动站等待接收接入站周期性发出的（例如每秒 10 次或 100 次）信标帧（Beacon Frame）。信标帧中包含若干系统参数（如服务集标识符 SSID 以及支持的速率等）。另一种是主动扫描，即移动站主动发出探测请求帧（Probe Request Frame），然后等待从接入点发回的探测响应帧（probe response frame），现在的许多地方，如办公室、机场、快餐店、旅馆、购物中心等都能够向公众提供有偿或无偿接入 WiFi 的服务。这样的地点就叫作热点（Hot Spot）。由许多热点和接入点 AP 连接起来的区域叫作热区（Hot Zone）。热点也就是公众无线入网点。由于无线信道的使用日益增多，因此现在也出现了无线因特网服务提供者 WISP（Wireless Internet Service Provider）这一名词。用户可以通过无线信道接入 WISP，然后再经过无线信道接入因特网。

2. 无固定基础设施的无线局域网

另一类无线局域网是无固定基础设施的无线局域网，它又称为自组网络。这种自组网络没有上述基本服务集中的接入点 AP 而是由一些处于平等状态的移动站之间相互通信组成的临时网络。

自组网络通常是这样构成的：一些可移动的设备发现在它们附近还有其他可移动设备，并且要求和其他移动设备进行通信。随着便携式计算机的大量普及，自组网络的组网方式已受到人们的广泛关注。因为在自组网络中的每一个移动站都要参与到网络中的其他移动站的路由的发现和维护，同时由移动站构成的网络拓扑有可能随时间变化得很快，因此在固定网络中行之有效的一些路由选择协议对移动自组网络已不适用。这样，在自组网络中路由选择协议就引起了特别的关注。另一个重要问题是多播。在移动自组网络中往往需要将某个重要信息同时向多个移动站传送。这种多播比固定节点网络的多播要复杂得多，需要有实时性好而效率又高的多播协议。在移动自组网络中，安全问题也是一个更为突出的问题。

移动自组网络中的一个子集：无线传感网（WSN），有时简称无线传感网。无线传感网是由大量传感器节点通过无线通信技术构成的自组网络。无线传感网的应用就是进行各种数据的采集、处理和传输，一般并不需要很高的带宽，但是在大部分时间必须保持低功耗，以节省电池的消耗。由于无线传感节点的存储容量受限，所以对协议栈的大小有严格的限制。此外，无线传感网还对网络安全性、节点自动配置、网络动态重组等方面有一定的要求。

（二）IEEE 802.11 系列标准

由于 WLAN 是基于计算机网络与无线通信技术，在计算机网络结构中，逻辑链路控制（LLC）层及其之上的应用层对不同的物理层的要求可以是相同的，也可以是不同的因此，WLAN 标准主要是针对物理层（PHY）与数据链路层的媒质访问控制子层（MAC），涉及所使用的无线频率范围、空中接口通信协议等技术规范与技术标准。其中物理层又由 3 个部分组成，包括物理层管理（PLM），为物理层提供管理功能与 MAC 层管理相连；物理层汇聚子层（Physical Layer Convergence Procedure，PLCP）通过将 MAC 层信息映射到物理介质关联层接口（PMD），使 MAC 层对 PMD 的依赖减到最低；PMD 提供了对无线介质进行控制的方法和手段。

MAC 提供的服务有 3 个，一是担负从物理层向对等的 LLC 实体提供用于相互交换的媒介访问控制服务数据单元（MAC Service Data Unit，MSDU）的任务；二是安全服务，鉴权服务和加密服务是 IEEE 802.11 能够提供的两种安全服务，范围仅仅限于站点之间的数据交换。加密服务要依靠 WEP 算法对 MSDU 进行加密，这项工作需要在 MAC 子层完成；三是 MSDU 的排序。

1. IEEE 802.11

IEEE 802.11 是最早提出的无线局域网网络规范，是 IEEE 推出的，它工作于 2.4GHz 的 ISM 频段，物理层采用红外、跳频扩频（FHSS）或者直接序列扩频（DSSS）技术，其数据传输速率最高可达 2Mb/s，它主要应用于解决办公室局域网和校园网中用户终端等的无线接入问题。

使用 FHSS 技术时，2.4GHz 频道被划分成 75 个 1MHz 的子频道，当接收方和发送方协商一个跳频的模式，数据则按照这个序列在各个子频道上进行传送，每次在 IEEE 802.11 网络上进行的会话都可能采用了一种不同的跳频模式，采用这种跳频方式避免了两个发送端同时采用同一个子频段；而 DSSS 技术将 2.4GHz 的频段划分成 14 个 22MHz 的子频段，数据就从 14 个频段中选择一个进行传送而不需要在子频段之间跳跃。由于临近的频段互相重叠，在这 14 个子频段中仅有 3 个频段是互不覆盖的。

2. IEEE 802.11a

IEEE 802.11a 工作于 5GHz 频带，但在美国是工作于 U-N Ⅱ 频段，即 5.15 ~ 5.25GHz，5.25 ~ 5.35GHz、5.725 ~ 5.825GHz3 个频段范围，其物理层速率可达 54Mb/s，传输层可达 25Mb/s。IEEE 802.11a 的物理层还可以工作在红外线频段，波长为 850 ~ 950 纳米，信号传输距离约 10m。IEEE 802.11a 采用正交频分复用（OFDM）的独特扩频技术，并提供 25Mb/s 的无线 ATM 接口和 10Mb/s 的以太网无线帧结构接口，支持语音、数据、图像业务。IEEE 802.11a 使用正交频分复用技术来增大传输范围，采用数据加密可达 152 位 WEP。

就技术角度而言，IEEE 802.11a 与 IEEE 802.11b 之间的差别主要体现在工作频段上。由于 IEEE 802.11a 工作在与 IEEE 802.11b 不同的 5GHz 频段，避开了大量无线电子产品广泛采用的 2.4GHz 频段，因此其产品在无线通信过程中所受到的干扰大为降低，抗干扰性较 IEEE 802.11b 更为出色。高达 54Mb/s 数据传输带宽，是 IEEE 802.11a 的真正意义所在。当 IEEE 802.11b 以其 11Mb/s 的数据传输率满足了一般上网浏览网页、数据交换、共享外设等需求的时候 JEEE 802.11a 已为今后无线宽带网的高数据传输要求做好了准备，从长远的发展角度来看，其竞争力是不言而喻的。此外，IEEE 802.11a 的无线网络产品较 IEEE 802.11b 有着更低的功耗，这对笔记本电脑及 PDA 等移动设备来说也有着重大实用价值。

然而在 IEEE 802.11a 的普及过程中也面临着很多问题。首先，来自厂商方面的压力。IEEE 802.11b 已走向成熟，许多拥有 IEEE 802.11b 产品的厂商会对 IEEE 802.11a 都持保守态度。从目前的情况来看，由于这两种技术标准互不兼容，不少厂商为了均衡市场需求，直接将其产品做成了 a+b 的形式，这种做法虽然解决了"兼容"问题，但也使得成本增加。其次，由于相关法律法规的限制，使得 5GHz 频段无法在全球各个国家中获得批准和认可。5GHz 频段虽然令基于 IEEE 802.11a 的设备具有了低干扰的使用环境，

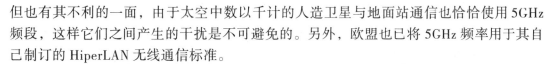

但也有其不利的一面，由于太空中数以千计的人造卫星与地面站通信也恰恰使用 5GHz 频段，这样它们之间产生的干扰是不可避免的。另外，欧盟也已将 5GHz 频率用于其自己制订的 HiperLAN 无线通信标准。

3.IEEE 802.11b

IEEE 802.11b 又称为 WiFi，是目前最普及、应用最广泛的无线标准。IEEE 802.11b 工作于 2.4GHz 频带，物理层支持 5.5Mb/s 和 11Mb/s 两个速率。IEEE 802.11b 的传输速率会因环境干扰或传输距离而变化，其速率在 1Mb/s、2Mb/s、5.5Mb/s、11Mb/s 之间切换，而且在 1Mb/s、2Mb/s 速率时与 IEEE 802.11 兼容。IEEE 802.11b 采用了直接序列扩频 DSSS 技术，并提供数据加密，使用的是高达 128 位的有线等效保密协议（Wired Equivalent Privacy，WEP）。但是 IEEE 802.11b 和后面推出的工作在 5GHz 频率上的 IEEE802.11a 标准不兼容。

从工作方式上看，IEEE 802.11b 的工作模式分为两种：点对点模式和基本模式。点对点模式是指无线网卡和无线网卡之间的通信方式，即一台配置了无线网卡的计算机可以与另一台配置了无线网卡的计算机进行通信，对于小规模无线网络来说，这是一种非常方便的互联方案；而基本模式则是指无线网络的扩充或无线和有线网络并存时的通信方式，这也是 IEEE 802.11b 最常用的连接方式。在该工作模式之下，配置了无线网卡的计算机需要通过"无线接入点"才能与另一台计算机连接，由接入点来负责频段管理等工作。在带宽允许的情况下，一个接入点最多可支持 1024 个无线节点的接入。当无线节点增加时，网络存取速度会随之变慢，此时通过添加接入点的数量可有效地控制和管理频段。

IEEE 802.11b 技术的成熟，使得基于该标准网络产品的成本得到很大的降低，无论家庭还是公司企业用户，无须太多的资金投入即可组建一套完整的无线局域网。当然 JEEE 802.11b 并不是完美的，也有其不足之处，IEEE802.11b 最高 11Mb/s 的传输速率并不能很好地满足用户高数据传输的需要，因而在要求高宽带时，其应用也受到限制，但是可以作为有线网络的一种很好的补充。

4.IEEE 802.11d/c

IEEE 802.11d 是根据各国无线电频谱规定做的调整。IEEE 802.11c 则为符合 IEEE802.11 的媒体接入控制层（MAC）桥接（MAC Layer Bridging）。

5.IEEE 802.11 e/f/h

IEEE 802.11e 标准对 WLANMAC 层协议提出改进，以支持多媒体传输，支持所有 WLAN 无线广播接口的服务质量保证 QoS 机制。IEEE 802.11f 定义访问节点之间通信，支持 IEEE 802.11 的接入点互操作协议（IAPP）。IEEE 802.11h 用于 IEEE 802.11a 的频谱管理技术。

6.IEEE 802.11g

IEEE 802.11g 是对 IEEE 802.11b 的一种高速物理层扩展，它也工作于 2.4GHz 频带，物理层采用直接序列扩频（DSSS）技术，而且它采用了 OFDM 技术，使无线网络传输速率最高可达 54Mb/s，并且和 IEEE802.11b 完全兼容。IEEE 802.11g 和 IEEE 802.11a 的设计方式几乎是一样的。

IEEE 802.11g 的出现为无线传感网市场多了一种通信技术选择，但也带来了争议，争议的焦点是围绕在 IEEE 802.11g 与 IEEE 802.11a 之间的。与 IEEE 802.11a 相同的是，IEEE 802.11g 也采用了 OFDM 技术，这是其数据传输能达到 54Mb/s 的原因。然而不同的是，IEEE 802.11g 的工作频段并不是 IEEE802.11a 的工作频段 5GHz，而是和 IEEE 802.11b 一致的 2.4GHz 频段，这样一来，让基于 IEEE 802.11b 技术产品的用户所担心的兼容性问题得到了很好的解决。

从某种角度来看，IEEE 802.11b 可以由 IEEE 802.11a 来替代，那么 IEEE 802.11g 的推出是否就是多余的呢？答案当然是否定的。IEEE 802.11g 除了具备高数据传输速率及兼容性的优势外，其所工作的 2.4GHz 频段的信号衰减程度也不像 IEEE 802.11a 所在的 5GHz 那么严重，并且 IEEE 802.11g 还具备更优秀的"穿透"能力，能在复杂的使用环境中具有很好的通信效果。但是 IEEE 802.11g 工作频段为 2.4GHz，使得 IEEE 802.11g 与 IEEE 802.11b 一样极易受到来自微波、无线电话等设备的干扰。此外，IEEE 802.11g 的信号比 IEEE 802.11b 的信号能够覆盖的范围要小得多，用户需要通过添置更多的无线接入点才能满足原有使用面积的信号覆盖，这或许就是 IEEE 802.11g 能够具有高宽带所付出代价。

802.11g 在 2.4GHz 频段使用 OFDM 调制技术，使数据传输速率提高到 20Mb/s 以上；IEEE 802.11g 标准能够与 802.11b 的 WiFi 系统互相连通，共存在同一 AP 的网络里，保障了后向兼容性。这样原有的 WLAN 系统可以平滑地向高速无线局域网过渡，延长了 IEEE 80211b 产品的使用寿命，降低了用户的投资。

7.IEEE 802.1li

IEEE 802.11i 标准是结合 IEEE802.Ix 中的用户端口身份验证和设备验证，对 WLAINMAC 层进行修改与整合，定义了严格的加密格式和鉴权机制，以改善 WLAN 的安全性。IEEE 802.1li 新修订标准主要包括两项内容："WiFi 保护访问"（WiFi Protected Access，WPA）技术和"强健安全网络"（RSN）。WiFi 联盟计划采用 IEEE 802.1li 标准作为 WPA 的第二个版本。IEEE 802.Hi 标准在 WLAN 网络建设中是相当重要的，数据的安全性是 WLAN 设备制造商和 WLAN 网络运营商应该首先考虑的头等工作。

8.IEEE 802.11n

IEEE 802.11n 将 WLAN 的传输速率从 802.11a 和 802.1ib 的 54Mb/s 增加至 108Mb/s 以上，最高速率可达 320Mb/s，成为 IEEE 802.11b、802.11a，802.11g 之后的另一场重头戏。和以往的 802.11 标准不同，802.11n 协议为双频工作模式（包含 2.4GHz 和 5GHz 两个工作频段）。这样 802.11n 保障了与以往的 802.11a、b、g 标准兼容。IEEE 802.11n 采用 MIMO 与 OFDM 相结合，使传输速率成倍提高。另外，天线技术及传输技术，使得

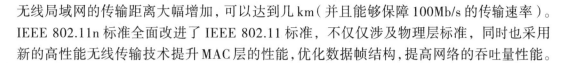

无线局域网的传输距离大幅增加，可以达到几 km（并且能够保障 100Mb/s 的传输速率）。IEEE 802.11n 标准全面改进了 IEEE 802.11 标准，不仅仅涉及物理层标准，同时也采用新的高性能无线传输技术提升 MAC 层的性能，优化数据帧结构，提高网络的吞吐量性能。

（三）无线自组网 MANET

1. 无线自组网技术的主要特点

无线自组网是由一组带有无线通信收发设备的移动节点组成的多跳、临时和无中心的自治系统。网络中的移动节点本身具有路由和分组转发的功能，可以通过无线方式自组成任意的拓扑。无线自组网可以独立工作，也可以接入移动无线网络或互联网。当无线自组网接入移动无线网络或互联网时，考虑到无线通信设备的带宽与电源功率的限制，它通常不会作为中间的承载网络，而是作为末端的子网出现。它只会产生作为源节点的数据分组，或接收将本节点作为目的节点的分组，不转发其他网络穿越本网络的分组。无线自组网中的每个节点都担负着主机与路由器的两个角色。节点作为主机，需要运行应用程序；节点作为路由器，需要根据路由策略运行相应的程序，参与分组转发与路由维护的功能。

2. 无线自组网的主要应用领域

无线自组网在民用和军事通信领域都具有很好的应用前景。在军事领域中，由于战场上往往没有预先建好的固定接入点，其移动站就可以利用临时建立的移动自组网络进行通信。由于每一个移动设备均具有路由器转发分组的功能，因此分布式的移动自组网络的生存性非常好。在民用领域，持有笔记本电脑的人可以利用这种移动自组网络方便地交换信息，而不受便携式电脑附近没有网线插头的限制。当出现自然灾害时，在抢险救灾时利用移动自组网络并行及时的通信往往也是很有效的，因为这时事先已建好的固定网络基础设施（基站）可能已经都被破坏了。

（1）办公环境的应用

无线自组网的快速组网能力，可以免去布线和部署网络设备，使得它可以用于临时性工作场合的通信，例如会议、庆典、展览等应用。在室外临时环境中，工作团体的所有成员可以通过无线自组网组成一个临时的协同工作网络。在室内办公环境中，办公人员携带的有无线自组网收发器的 PDA、便携式个人计算机，可以方便地相互通信。无线自组网可以与无线局域网结合，灵活地把移动用户接入互联网。无线自组网与蜂窝移动通信系统相结合，利用无线自组网节点的多跳路由转发能力，可以扩大蜂窝移动通信系统的覆盖范围，均衡相邻小区的业务，提高小区边缘的数据速率。

（2）灾难环境中的应用

在发生地震、水灾、火灾或遭受其他灾难打击后，固定通信网络设施可能被损毁或无法正常工作。这时就需要这种不依赖任何固定网络设施，就能快速布设的自组织网络技术。无线自组网能在这些恶劣和特殊的环境下提供通信服务。

（3）特殊环境的应用

当处于偏远或野外地区时，无法依赖固定或者预设的网络设施进行通信，无线自组网技术是最佳选择。它可以用于野外科考队、边远矿山作业、边远地区执行任务分队的通信。对于执行运输任务的汽车队这样的动态场合，无线自组网技术也可以提供很好的通信支持。人们正在开展将无线自组网技术应用于高速公路上自动驾驶汽车间通信的研究。未来，装有无线自组网收发设备的机场预约和登机系统可以自动地与乘客携带的个人无线自组网设备通信，完成换登机牌等手续，节省排队等候时间。

（4）个人区域网络中的应用

无线自组网的另一个重要应用领域是在 PAN（Personal Area Networks）中的应用。无线自组网技术可以在个人活动的小范围内，实现 PDA、手机、掌上电脑等个人电子通信设备之间的通信，并构建虚拟教室和讨论组等崭新的移动对等应用。考虑到辐射问题，pan 通信设备的无线发射功率应尽量小，这样无线自组网的多跳通信能力将再次凸现出它的特点。

（5）家庭无线网络的应用

无线自组网技术可以用于家庭无线网络、移动医疗监护系统，开展移动与可携带计算等技术的研究。

3. 无线自组网的关键技术研究

无线自组网在应用需求、协议设计和组网方面都与传统的 802.11 无线局域网和 802.16 无线城域网有很大区别，因此无线自组网技术的研究有它的特殊性。无线自组网的关键技术研究主要集中在信道接入、路由协议、服务质量、多播和安全 5 个方面。

（1）信道接入技术的研究

信道接入是指如何控制节点接入无线信道的方法。信道接入方法研究是无线自组网协议研究的基础，它对无线自组网的性能起决定性作用。无线自组网采用"多跳共享的广播信道"。在无线自组网中，当一个节点发送数据时，只有最近的邻节点可以收到数据，而一跳以外的其他节点无法感知。但是，感知不到的节点会同时发送数据，这时就会产生冲突。多跳共享的广播信道带来的直接影响是数据帧发送的冲突与节点的位置相关，因此冲突只是一个局部的事件，并非所有节点同时能感知冲突发生，这就导致基于一跳共享的广播信道、集中控制的多点共享信道的介质访问控制方法都不能直接用于无线自组网。因此，"多跳共享的广播信道"的介质访问控制方法很复杂，必须专门研究特殊的信道接入技术。

（2）路由协议的研究

在无线自组网当中，由于节点的移动以及无线信道的衰耗、干扰等原因造成网络拓扑结构的频繁变化，同时考虑到单向信道问题与无线传输信道较窄等因素，无线自组网的路由问题与固定网络相比要复杂得多。无线自组网实现多跳路由必须有相应的路由协议支持。IETF 成立的 MANET 工作组主要负责无线自组网的网络层路由标准的制定。

（3）服务质量的研究

初期的无线自组网主要用于传输少量的数据。随着应用的不断扩展，需要在无线自组网中传输话音、图像等多媒体信息。多媒体信息对带宽、时延、时延抖动等都提出很高的要求，这就需要保证服务质量。

在讨论无线自组网服务质量时，必须认识到其特殊性的一面。这种特殊性主要表现在链路质量难以预测，链路带宽资源难以确定，分布式控制为保证服务质量带来的困难，网络动态性是保证服务质量的难点。

（4）多播技术的研究

用于互联网的多播协议不适用于无线自组网。在无线自组网拓扑结构不断发生动态变化的情况下，节点之间路由矢量或链路状态表的频繁交换，将会产生大量的信道和处理开销，并使信道不堪重负。因此，无线自组网多播研究是一个具有挑战性的课题。目前，针对无线自组网多播协议的研究可分为基于树的多播协议与基于网的多播协议两类。

（5）安全技术的研究

从网络安全的角度来看，无线自组网与传统网络相比有很大区别。无线自组网面临的安全威胁有其自身的特殊性，传统的网络安全机制不再适用于无线自组网。无线自组网的安全性需求除与传统网络安全一样，应包括机密性、完整性、有效性、身份认证与不可抵赖性等外，它也有特殊的要求。用于军事用途的无线自组网在数据传输安全性的要求更高。

（四）无线网格网 WMN

1. 无线网格网的网络结构

无线网格网是在无线自组网技术基础上发展起来，它在与无线局域网、无线城域网技术的结合过程中，为适应不同的应用呈现出不同网络结构。

（1）平面网络结构

平面结构是一种最简单的无线网格网结构。平面网络结构中所有的无线网格网节点采用 P2P 结构，每个节点都执行相同的 MAC、路由、网管与安全协议，它的作用与无线自组网的节点相同。

（2）多级网络结构

网络下层由终端设备组成，这些设备可以是普通的 VoIP 手机、带有无线通信设备的笔记本电脑、无线 PDA 等；网络上层由无线路由器（WR）构成无线通信环境，并通过网关接入互联网。下层的终端设备接入到无线路由器，无线路由器通过路由协议与管理控制功能为下层终端设备之间的通信选择最佳路径。下层终端设备之间不具备通信功能。

（3）混合网络结构

顶层的智能接入点 AP，也称无线接入点或网络桥接器，组成骨干网，采用了无线城域网，充分发挥无线城域网技术的远距离、高带宽的优点，在 50km 范围内提供最高为 70Mb/s 的传输速率；一个 AP 能够在几十至上百米的范围内连接多个无线路由器，AP 的主要作用是将无线网络接入核心网，其次要将各个与无线路由器相连的无线客户端连接到一起，使装有无线网卡的终端设备可以通过 AP 共享核心网的资源。IAP（智能接入点）是在 AP 的基础上增加了 Ad Hoc 路由选择功能。除此之外，AP/IAP 还具有网管的功能，实现对无线接入网络的控制和管理，把传统交换机的智能性分散到接入点（AP/IAP）中，大幅节省了骨干网络建设的成本，提高了网络可延展性。

中层在智能接入点的下层，配置无线路由器 WR，组成接入网，采用无线局域网，满足一定的地理范围内的用户无线接入需求；从而为底层的移动终端设备（即用户）提供分组路由和转发功能，并且从智能接入点下载并实现无线广播软件更新。转发分组信息的路由根据当时可使用的节点配置临时决定，即实现动态路由。在该网络结构中，通过使用无线路由器 WR 可以实现移动终端设备与接入点间通信范围的弹性延展。

底层采用平面结构的无线网格网，无线局域网接入点可以与邻近的无线网格网路由器连接，由无线网格网路由器组成的无线自组网传输平台，实现了无线局域网不能覆盖范围的大量 VoIP 手机、笔记本电脑、无线 PDA 等设备接入。这种结构着眼于延伸无线局域网的覆盖范围，提供更为方便、灵活的城域范围无线宽带接入，这是人们所能看到的无线自组网转向民用的最重要应用之一。

2. 无线网格网的优势

无线网格网是在无线自组网技术基础上发展起来的一种基于多跳路由、对等结构、高容量的网络，其本身可以动态扩展。无线网格网支持分布式控制，以及 Web，VoIP 与多媒体等无线通信业务。无线网格网中每个节点都能接收 / 传送数据，也和路由器一样，将数据传给它的邻接点。通过中继处理，数据包用可靠通信链路，贯穿中间的各节点，抵达指定目标。

相似于因特网和其他点对点路由网，网格网拥有多个冗余的通信路径。如果一条路径在任何理由下中断（包括射频干扰中断），网格网将自动选择另一条路径，维持正常通信。一般情况下，网格网能自动地选择最短路径，提高了连接质量。

根据实践，如果距离减小两倍，则接收端的信号强度会增加四倍，使链路更加可靠，还不增加节点发射功率。只要在网格网里增加节点数目，就可以增加可及范围，或从冗余链路的增加上，带来更多的可靠性。WMN 与传统无线网络相比有许多优势。

（1）可靠性大幅增强

WMN 采用的网格拓扑结构避免了点对多点星状结构，如 802.11 WLAN 和蜂窝网等由于集中控制方式而出现的业务汇聚、中心网络拥塞以及干扰、单点故障，从而带来额外可靠性保证成本投资。

（2）具有冲突保护机制

WMN 可对产生碰撞的链路进行标识，同时可选链路和本身链路之间的夹角为钝角，减轻了链路间的干扰。

（3）简化链路设计

WMN 通常需要较短的无线链路长度，这样降低了天线的成本（传输距离与性能）；另外，降低了发射功率，也将随之降低不同系统射频信号间的干扰和系统自干扰，最终

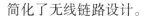

简化了无线链路设计。

（4）网络的覆盖范围增大

由于 WR 与 IAP 的引入，终端用户可以在任何地点接入网络或者与其他的节点联系，与传统的网络相比接入点的范围极大地增强，而且频谱的利用率提高，系统的容量增大。

（5）组网灵活、维护方便

由于 WMN 网络本身的组网特点，只要在需要的地方加上 WR 等少量的无线设备，即可与已有的设施组成无线的宽带接入网。WMN 网络的路由选择特性使链路中断或局部扩容和升级不影响整个网络运行，因此提高了网络的柔韧性和可行性，和传统网络相比功能更强大、更完善。

（6）投资成本低、风险小

WMN 网络的初建成本低，AP 和 WR 一旦投入使用，它的位置基本固定不变，因而节省了网络资源。WMN 具有可伸缩性、易扩容、自动配置和应用范围广等优势，对于投资者来说在短期之内即可获得赢利。

第四节　物联网数据处理技术

一、无线传感器网络

由于当前各类信息系统主要在移动通信环境中进行，各种技术与进展也主要在无线传感器网络领域。无线传感器网络（WSN）简称无线传感网，其底端与各种功能各异、数量巨大的传感器相连接，另一端则以有线或无线接入网络与骨干网相连，构成各种规模与形态的物联网系统。

传感器网络经历了智能传感器、无线智能传感器、无线传感器网络 3 个阶段。智能传感器将计算能力嵌入其中，使传感器节点不仅具有数据采集能力，还有信息处理能力；无线智能传感器在智能传感器的基础上增加了无线通信能力，延长了传感器的感知触角；无线传感器网络将网络技术引入到无线智能传感器中，让传感器不再是单个的感知单元，而是能交换信息、协调控制的有机体，实现物与物的互联，把感知触角深入世界各个角落，成为泛在计算及物联网的骨干架构。

无线传感网技术得到学术界、工业界乃至政府的广泛关注，成为在国防军事、环境监测和预报、健康护理、智能家居、建筑物结构监控、复杂机械监控、城市交通、空间探索、大型车间和仓库管理以及机场、大型工业园区的安全监测等众多领域中最有竞争力的应用技术之一。

伴随着微机电系统、片上系统（SOC）、无线通信和低功耗嵌入式技术的飞速发展，孕育出无线传感网，并以其低功耗、低成本、分布式和自组织的特点带来了信息感知的一场变革。无线传感网是物联网的基础，它和移动通信网络结合，为物联网提供运行空间。

（一）无线传感器网络的体系结构

1.无线传感器网络结构

现代信息技术的基础是传感器技术、通信技术、计算机技术，分别完成信息采集、传输和处理。无线传感网将这些技术结合在一起，实现信息采集、传输和处理的一体化与自动化。

无线传感网由部署在监测区域内、具有无线通信与计算能力的大量的廉价微型传感器节点组成，通过自组织方式构成能够根据环境完成指定任务的分布式、智能化网络系统。无线传感网的节点间一般采用多跳（multi-hop）方式进行通信。传感网的节点协作监控不同位置的对象及环境状况（如温度、湿度、声音、压力或污染物等），并配合执行系统运行。

传感网通过一组传感器以特定方式构成有线或无线网络，让各节点能协作感知、采集和处理网络覆盖范围内感知对象信息，并发布给观控者。

传感网的构建必须具备几个基本要素。

①感知对象需要被感知的任何事物或者环境参数；

②传感器节点（Sensor Node）既有感知功能，也有路由选择功能，用于检测周围事件的发生或者环境参数；

③汇聚节点（Sink Node）从传感器节点采集并处理最终的检测数据；

④管理（Management Node）节点可对其他节点进行配置与管理的节点，发布检测任务及收集检测数据等。

2.无线传感器网络拓扑结构和部署

（1）无线传感器网络的拓扑结构

无线传感网的拓扑结构有星状网、树状网、网状网和混合网，如图 5-2 所示。每种拓扑结构都有各自的优点和缺点，具体如下。

①星状网。

星状网的拓扑结构是单跳（single-hop）。在传统无线网络中，所有终端节点直接与基站进行双向通信，而彼此间不进行连接。基站节点可用一台 PC、专用控制设备或其他数据处理设备作通信网关，各终端节点也可按应用需求而各不相同。这种结构对传感网并不合适，因为传感器自身能量有限，如果每个节点都要保证数据的正确接收，则传感器节点需要以较大功率发送数据。此外，当节点之间距离较近时，会监测到相似或者相同的信息，这些不必要冗余会增加网络负载。

②树状网。

树状网是层次网，从总线拓扑演变而来，像倒置的树，树根以下带分支，每个分支还可再带子分支。树形网可视为多层次星型结构纵向连接而成，与星形网络相比，节点易于扩充，但是树形网复杂，与节点相连的链路由故障时，对整个网络的影响较大。

③混合网。

混合网拓扑结构力求兼具星状网的简洁、易控以及网状网的多跳和自愈的优点，使得整个网络的建立、维护以及更新更加简单、高效。其中，分层式网络结构属于混合网中比较典型的一种，尤其适合节点众多的无线传感网的应用。在分层网中，整个传感器网络形成分层结构，传感器节点通过基站指定或者自组织的方法形成各个独立的簇（Cluster），每个簇选出相应的簇首（Cluster Head），由簇首负责簇内所有节点的控制，并对簇内所收集的信息进行整合、处理，随后发送给基站。分层式网络结构既通过簇内控制减少了节点与基站间远距离的信令交互，降低了网络建立复杂度，减少了网络路由和数据处理的开销，同时又可通过数据融合降低网络负载，而多跳也减少了网络的能量消耗。

（2）无线传感网节点的功能

无线传感网中，节点负责对周围信息的采集和处理，并发送自己采集的数据给相邻节点或将相邻节点发过来的数据转发给网关站或更靠近网关站的节点。组成无线传感器网络的传感器节点应具备体积小、能耗低、无线传输、灵活、可扩展、安全和稳定、数据处理和低成本等特点，节点设计的好坏直接影响到整个网络的质量。其一般由数据采集模块（传感器、A/D 转换器）、处理器模块（微处理器、存储器）、无线通信模块（无线收发器）和能量供应模块等组成。

传感器节点在无线传感网中可以作为数据采集节点、路由节点（簇头节点）和网关（汇聚节点）3 种。作为数据采集节点，主要是收集周围环境数据，然后进行 A/D 转换，通过通信路由协议直接或者间接地将数据传递到相邻节点，进而将数据转发给远方基站或汇聚节点。路由节点则作为数据中转站，除了完成数据采集任务以外，还接收邻居节点的数据，将其发送给距离基站更近的邻居节点或直接发送到基站或汇聚节点。当节点作为网关时，主要功能就是连接传感器网络与外部网络，将传感器节点采集到的数据通过互联网或卫星发送给用户。

（3）无线传感器网络的部署

在传感网中，传感器节点可通过飞机播撒、人工安装等方式部署在感知对象内部、附近或周边等。这些节点通过自组织或设定方式组网，以协作方式感知、采集和处理覆盖区域内特定的信息，实现对信息在任意地点、任意时间的采集、处理和分析，并以多跳中继的方式将数据传回汇聚节点 Sink。其具有快速部署，易于组网、不受有线网络束缚、适应恶劣环境等优点。

无线传感网无需固定的设备支持，通常，无线传感网的部署有两种。

①随机性部署以撒布方式部署，节点随机分布，以 Ad Hoc 方式进行工作；

②确定性部署预先确定部署方案和节点位置，路由预先选定。

无线传感网节点结构设计也可以从以下两方面考虑。

①同构所有的传感网节点具有相同的运算、存贮能力和能量；

②异构传感网节点具有不同的能力和重要性。

3. 无线传感器网络协议架构

与传统网络协议类似，无线传感网协议在架构上也大致包括物理层、数据链路层、网络层、传输层和应用层协议。

（1）物理层

物理层（Physical Layer，PHY）通信协议主要解决传输介质选择、传输频段选择、无线电收发器的设计、调制方式等问题。因为无线传感器节点的能量有限，物理层（包括其他层）的一个核心设计原则就是节能。传感网使用的传输介质主要包括无线电、红外线、光波等，其中无线电是目前最主要的传输介质。一般直接采用 IEEE 802.15.4 的物理层，负责在无线局域网、无线个域网以中速与低速比特流传输。

（2）数据链路层 MAC 协议

传感网的数据链路层的任务是保证无线传感器网络设备间可靠、安全、无误、实时地传输，主要为资源受限（特别是能源）的大量传感器节点建立具有自组织能力的多跳通信链路，实现通信资源共享，处理数据包之间的碰撞，重点是如何节约能源。MAC 协议工作方式如下。

①基于随机竞争的 MAC 协议这类协议为周期侦听 / 睡眠，节点尽可能处于睡眠状，降低能耗。通过睡眠调度机制减少节点空闲侦听时间；通过流量自适应侦听机制，减少消息传输延迟；根据流量动态调整节点活动时间，用突发方式发送信息，减少空闲侦听时间。

②基于 TM（时分多址）的 MAC 协议把所有节点分成多个簇，每簇有簇头，为簇内所有节点分配时槽，收集和处理簇内节点来的数据，发送给汇聚节点。也可将一个数据传输周期分为调度访问阶段和随机访问阶段。前者由多个连续的数据传输时槽组成，每个时槽分给特定节点，用来发送数据；后者由多个连续的信令交换时槽组成，用于处理节点的添加、删除及时间同步等。

（3）网络层协议

无线传感网的网络层（Network Layer）由寻址、路由、分段和重组、管理服务等功能模块构成。主要包括基于聚簇的路由协议、基于地理位置的路由协议、能量感知路由协议、以数据为中心的路由协议等。

①基于聚簇的路由协议根据规则把所有节点集分为多个子集，各集为一个簇，由簇头负责全局路由，其他节点通过簇头接收或者发送数据。

②基于地理位置的路由协议在各节点都知道自己及目标节点的位置时的协议。

③以数据为中心的路由协议 Sink 用洪泛方式将消息（监测数据）传播到整个或部分区内的节点。传播中，协议在每个节点上建立反向的从数据源到 Sink 的传输路径，再把数据沿已确定的路径向 Sink 传送。该类协议的能量和时间开销大。

④能量感知路由协议源节点和目标节点间建立多条通信路径，各路径具有一个与节点剩余能量相关的选择概率。

在设计路由协议时要考虑节能与通信服务质量的平衡，如何支持拓扑结构频繁改变，如何面向应用设计路由协议、安全路由协议等问题。

（4）传输层协议

传输层（Transport Layer）与传统网络的传输层担负的任务大致相同，负责端到端的传输控制。无线传感网与互联网或其他网络相连时，传输层协议尤其重要。因无线传感网的能量受限性、节点命名机制、以数据为中心等特征，使其传输控制较困难，故其传输层需要特殊的技术和方法。

（5）应用层协议

应用层位于模型的最高层，主要功能是为各类应用软件提供各种面向作业的支持。主要由应用子层、用户应用进程、设备管理应用进程等构成。应用子层提供通信模式、聚合与解析、应用与解析、应用层安全和管理服务等功能。用户应用进程包含功能模块为多用户应用对象。设备管理应用进程包含的功能模块包括网络管理模块、安全管理模块和管理信息库。

第一，无线传感网用户进程的功能。

①通过传感器采集物理世界的数据，如温度、压力、湿度、流量等。对这些数据处理，如量程转换、数据线性化数据补偿、滤波等，UAP对它们进行运算并产生输出，通过执行器进行过程控制。②产生并发布报警功能，UAP在监测到物理数据超过上下限或UAP的状态发生切换时，产生报警信息。③通过UAP实现与其他现场总线技术的互操作。

第二，无线传感网设备管理应用进程中网络管理模块的功能。

①构建和维护由路由设备构成的网状结构，负责构建和维护由现场和路由设备构成的星形结构。②分配网状结构中路由设备间通信所需的资源，预分配路由设备可分配给星形结构中现场设备的通信资源，负责把网络管理者预留给星形结构的通信资源分配给簇内现场设备。③监测无线传感器网络的性能，具体包括设备状态、路径健全状况及信道状况。

第三，无线传感器网络设备管理应用进程中安全管理模块的功能。

①认证试图加入网络中的路由设备和现场设备。②负责全网的密钥管理，包括密钥产生、密钥分发、密钥恢复、密钥撤销等。③认证端到端的通信关系。

4. 无线传感器网络的通信体系

在上述协议体系架构的基础上，要保证无线传感网的通信，还要有相应的功能支持，如网络管理、安全机制、服务质量等。只有各网络和终端设备厂商依据协议标准进行设计与生产，一些硬件与软件要遵循通信体系架构，才能实现或支持如下所述的设备技术架构。

5. 无线传感器网络设备技术架构

传感器网络设备技术架构不仅对网络元素（如传感器节点、路由节点和传感器网络网关节点）的结构进行描述，还定义各单元模块间的接口以及传感器网络的设计原则和指导路线。

（1）传感器节点技术参考架构

从技术标准角度出发，传感器节点技术架构包括以下几个方面。

①应用层。

位于技术架构顶层，由应用子集和协同信息处理两个模块组成。应用子集包含一系列传感器节点应用模块，如防入侵检测系统监护、温湿度监控等。该模块的各功能实体均有与技术架构其余部分进行信息传递的公共接口。协同信息处理包含数据融合和协同计算，协同计算在提供能源、计算能力、存储和通信带宽限制的情况下，能高效率完成信息服务使用者指定的任务，如动态任务、不确定性测量、节点移动与环境变化等。

②服务子层。

服务子层包含有共性的服务与管理中间件，功能如数据管理、数据存储、定位服务、安全服务等共性单元。各单元具有可裁剪与可重构功能，服务层与技术架构其余部分以标准接口进行交互。数据管理通过驱动传感器单元对数据获取、压缩、共享、目录服务进行管理。定位服务提供静止或移动设备的位置信息，会同底层时间服务功能反映物理世界事件发生的时间和地点。安全服务为传感器网络应用提供认证、加密数据传输等功能。时间同步单元为局部网络、全网络提供时间同步服务。代码管理单元负责程序的移植和升级。

③基本功能层。

基本功能层实现传感器节点的基本功能供上层调用，包含操作系统、设备驱动、网络协议栈等功能。此处网络协议栈不包括应用层。

④跨层管理。

跨层管理提供对整个网络资源及属性的管理功能，各模块及功能描述如下。

A.设备管理。

能对传感器节点状态信息、故障管理、部件升级、配置等进行评估或者管理，为各层协议设计提供跨层优化功能支持。

B.安全管理。

提供网络和应用安全性支持，包括鉴定、授权、加密、机密保护、密钥管理、安全路由等。

C.网络管理。

可实现网络局部的组网、拓扑控制、路由规划、地址分配、网络性能等配置、维护和优化。

D.标识。

用于传感器节点的标识符产生、使用与分配等管理。

⑤硬件层。

硬件层由传感器节点的硬件模块组成，包含传感器、处理模块、存储模块、通信模块等，该层提供标准化的硬件访问接口供基本功能层调用。

（2）路由节点技术参考架构

由于传感器节点也可兼备数据转发的路由功能，此处路由节点仅强调设备的路由功能，不强调其数据采集与应用层功能。

（3）传感器网络网关技术参考架构

传感器网络网关除了完成数据在异构网络协议中实现协议转换和应用转换外，也包含对数据的处理和多种设备管理功能，技术架构总体上包含了应用层、服务子层、基本功能层、跨层管理和硬件层。但其内部包含的功能模块不同，并且网关节点不具备数据采集功能。

①应用层。

位于技术架构顶层，由应用子集和协同数据处理模块组成。应用子集模块与传感器节点类似，协同数据处理模块包含数据融合和数据汇聚，对传感器节点发送到传感器网络网关的大量数据进行处理。

②服务子层。

包含具有共性的服务与管理中间件，传感器网络网关的服务子层除管理自身外，还包括对其他设备的统一管理。服务子层与技术架构其余部分以标准接口进行交互。传感器网络网关在服务子层与传感器节点通用的模块包括数据管理、定位服务、安全服务、时间同步、代码管理等，其中，时间同步和自定位为可选项。另外，还应该具有服务质量管理、应用转换、协议转换等模块，其中服务质量管理为可选项。传感器网络网关在服务子层特有的模块描述如下。

A. 服务质量管理。

服务质量管理是感知数据对任务满意程度管理，包括网络本身的性能和信息的满意度。

B. 应用转换。

应用转换是将同一类应用在应用层实现协议之间转换。把应用层产生的任务转换为传感器节点能够执行的任务。

C. 协议转换。

协议转换是在不同协议的网络间的协议转换。因为传感器网络网关的网络协议栈可以是两套或以上，需要完成不同协议栈之间的转换。

③基本功能层。

基本功能层实现传感器网络网关的基本功能供上层调用，包含操作系统、设备驱动、网络协议栈等。此处网络协议栈不包括应用层。传感器网络网关可集成多种协议栈，在多个协议栈之间进行转换，如传感器节点和传输层设备通常采用不同的协议栈，这两者都需要在传感器网络网关中集成。

④跨层管理。

跨层管理实现对传感器网络节点的各种跨层管理功能，主要模块及功能描述如下。

A. 设备管理。

能够对传感器网络节点状态信息、故障管理、部件升级、配置等进行评估或者管理。

B. 安全管理。

保障网络和应用安全性，包括对传感器网络节点鉴定、授权、机密保护、密钥管理、安全路由等。

C. 网络管理。

可实现对网络的组网、拓扑控制、路由规划、地址分配、网络性能等配置、维护和优化。

D. 标识。

用于传感器网络节点的标识符产生、使用和分配等管理。

⑤硬件层。

硬件层是由传感器网络网关的硬件模块组成。该层提供标准化硬件访问接口供基本功能层调用。

二、物联网智能图像处理

当前的安检系统和手机支付系统中人脸识别技术得到了有效利用，极大地提升了人们的生活质量，保障了人身和财产安全。传统的图像检测系统是利用小波能算法，这种算法容易受到背景种类和图像边缘噪声的影响，体现出检测速度慢、分辨率低、精度差等问题，无法满足当前的图像检测需要。人工智能图像检测系统基于物联网技术的发展，为了保障设计质量，需要加强对人工智能互相检测系统的研究，进而提升图像检测的及时性和精确度。文章从以物联网为基础的人工智能图像检测系统设计思路入手，分析如何设计以物联网为基础的人工智能图像检测系统，希望进一步发挥出物联网技术的优势。

随着我国计算机技术的飞速发展，人工智能技术应运而生，该技术的出现让我国医疗、家具、交通等领域飞快地发展。与此同时，物联网技术也把万事万物连接起来，形成了庞大的数据资源，为人工智能的发展提供了巨大便利，让人工智能的各种质量和工作效果都有不同程度的提升。在图像检测系统中，借助智能人工像素点特征采集技术大大提升了图像检测效率。

（一）以物联网为基础的人工智能图像检测系统设计思路

1. 云端图像处理模块的设计思路

在利用物联网技术下的人工智能图像检测系统设计过程中，需要发挥出物联网内部海量的数据资源作用和强大的信息运算能力优势，这样在利用该系统处理时可以及时、准确、全面地参考数据资源，其中，云端处理图像是在物联网和数据资源局中起到衔接的作用，主要是需要具备以下两个方面的内容：首先，数据信息功能。在设计云端框架的过程中，设计人员要考虑到系统终端采集的特征信息具有较大的存储空间，进而为及时获取信息提供便利，与物联网内部的信息资源分析和比较。其次，调取物联网资源的功能。物联网和终端数据的连接媒介云端，如果不能调取物联网内部的信息资源，将会导致调取物联网信息的能力被限制，也会限制上传图像数据信息分析比较的能力，所以说，调取物联网信息是云端图像处理一个核心功能。

2. 图像特征采集模块的设计思路

图像特征采集的模块是基于物联网技术的人工智能图像检测系统中云端平台处理模

块，在这个系统下，图像信息采集模块利用了智能人工像素点特征采集技术，在该技术的支持下可以对所选区域的图像源和图像特征进行针对性的采集，通过该措施可以避免传统图像采集模块中必须上传整幅图像才能采集的弊端，同时可以保证图像分辨率以及利用价值。在图像信息中，主要是大量的数据载点组成，同时每一个载点的数据信息都有其差异性，所以导致像化因子也不同。像化因子主要是根据不同的排序方式组成像素，并且根据不同的数据信息进行像化组合。所以说，需要根据像化集合数据的信息排列结果采集色差、轮廓、对比度。在物联网技术下的人工智能图像检测系统对智能人工像素点特征采集技术以及特普勒特征抓算取法进行图像信息的采集，同时在代码中加入了智能人工学习代码，这样该系统就具有特征累积分析能力，对提升系统采集的图像信息灵活性和准确性都有帮助。此外，系统在图像信息采集模块和云端图像处理模块上建立了数据交互协议，为数据信息的上传提供渠道，提升了系统上传图像信息速度。

3. 人工智能信号图像合成模块设计

这种图像模块设计是利用物联网人工智能图像检测系统的数据结果输出模块，这种模块的设计作用在于处理云端架构平台下的物联网分析回馈结果，主要是利用图像编码进行处理，具有分析图像数据信息和还原图像的功能。同时，在人工智能信号图像合成模块中利用数据信号出入通道以及图像转换通道，在人工智能技术下实现两个通道的数据交换。其中，这两个通道的数据都是单向数据形式，即从数字信号到图像信号的单向转换。此外，在该系统下还利用了捆绑写入技术，使得代码的计算能力、学习能力和灵活性都得到提升，让整个图像系统具有更高效率的图像识别能力。

（二）以物联网为基础的人工智能图像检测系统的设计

在利用物联网技术构建智能图像检测系统整体框架的过程中，进行图像检测包括三个大的版块，也就是图像分析模块、特征整合模块以及整合图像模块，具体说来：在图像分析处理环节，主要是中转与调取物流网中的内部信息，对于特征采集来说就是提取图像特征，而整合图像模块就是对系统输出的数字信号重组，进而生成图像和完成图像检测，最终生成在物联网在下的人工智能图像检测系统。

1. 图像分析模块

在检测图像的过程中，需要借物联网强大的图像信息处理能力，对图像深入的分析和处理，在该环节需要利用某个媒介对物联网传输的终端数据传递，需要搭建数据中转站。之所以要搭建中转站是由于以下两个方面的考虑：首先是在将存储图像检测系统中的终端获得待检测图像，不仅可以对信息保留，还可以随时使用，技术人员可以对存储的图像对比处理。其次，在该模块下具有调取物联网图像的作用，这个功能十分关键。在具有以上两个功能之后，基本完成了图像分析模块设计。在图像分析模块当中，核心技术为智能数据架构，不论是数据存储还是数据计算，都具有强大的动态处理能力，并且在交互物联网的过程中准确率、耦合性都可以达到预期效果。

此外，结构空间初度对图像分析模块的交互数值也会产生影响，这个问题需要在分析图模块的交互数值中加以重视。因此，在编译这个算法的过程中，还需要利用到语法对数据动态修改，在这一过程中，还需要利用到一些动态参数和权限信息。对图像采集以及实现物联网图像信息交互的过程中，需要对该模块的流程图明确，这样技术人员就会明确分析图像的实质就是对终端采集的数据存储和对物联网数据资源的调取，然后分析和向终端回馈结果。

2. 特征采集模块

在分析图像检测模块中的图像分析模块时，设计的主要目的为满足于图像采集的相关特征，所以说成功采集图像特征是满足系统正常运行的关键。相较于传统的图像信息采集技术，目前采用像素点特征可以提升采集数据的准确性，随着对目标区域的特征数据成功采集，需要对这种数据进行优化，将多余的部分去除，这样可以避免与其他垃圾数据因为检测问题导致误差。对于一个完整的图像来说，其组成的基本单元是数以万计的像素点。同时，每一个像素点都还有其特定的数据信息，对于不同的数据信息来说，可以呈现出不同的图像。从像素的角度分析，元色素和灰度是其基本的编码，可以将这些编码视为经过像化处理过的集合，包括了原有图像色差和对比度的其他信息，在这些差异的影响下导致图像出现了不同的轮廓。换个角度来讲，这些不同的像素信息，在组成图像后视觉与色彩上有十分显著的差异，技术人员也可以根据差异性检测出需要的图像信息。对于特普勒图像特征算法利用，抓取图像特征信息的过程中也会体现出差异性小的特点，所以说，这种算法在抓取图像上具有一定的深度，可以显著的反映人工智能特征。此外，在图像采集模块中，需要设计出具有学习能力的代码，进而让模块也具有深度，提升图像的分析能力和图像特征采集的准确程度。经过以上操作，图像检测系统的模块设计基本完成。需要指出的是，在图像特征采集和分析图像期间，需要建立数据传输协议进而为数据的准确性和时效性提供保障。

3. 整合图像模块

在该模块的设计中，需要对两个通道进行设计，其一是输入什么样子信号，这个信号是单向的，只能让数学信号输入，然后向图像信号转换；其二是数字信号向图像信号的转换，进而完成图像整合与设计。

三、数据融合技术

随着计算机技术、通信技术的快速发展，作为数据处理的新兴技术——数据融合技术，在近年中得到惊人发展并已进入诸多应用领域。

（一）数据融合的基本概念

数据融合技术是指利用计算机对按时序获得的若干观测信息，在一定准则之下加以自动分析、综合，以完成所需的决策和评估任务而进行的信息处理技术。

数据融合技术，包括对各种信息源给出的有用信息的采集、传输、综合、过滤、相关及合成，以便辅助人们进行态势/环境判定、规划、探测、验证、诊断。

（二）数据融合技术在物联网中的应用

数据融合与多传感器系统密切相关，物联网的许多应用都用到多个传感器或多类传感器构成协同网络。在这种系统中，对于任何单个传感器而言，获得的数据往往存在不完整、不连续和不精确等问题。而利用多个传感器获得的信息进行数据融合处理，对感知数据按照一定规则加以分析、综合、过滤、合并、组合等处理，可得到应用系统更加需要的数据。

因此，数据融合的基本目标是通过融合方法对来自不同感知节点、不同模式、不同媒质、不同时间和地点以及不同形式的数据进行融合后，得到对感知对象更加精确、精炼的一致性解释和描述。

另外，数据融合需要结合具体的物联网应用寻找合适的方式来实现，除了上述目标，还能节省部署节点的能量和提高数据收集效率等。目前，数据融合已经广泛应用于工业控制、机器人、空中交通管制、海洋监视和管理等多传感器系统的物联网应用领域当中。

（三）数据融合的种类

数据融合一般有三类，即数据级融合、特征级融合、决策级融合。

1. 数据级融合

它是直接在采集到的原始数据层上进行的融合，在各种传感器的原始测报未经预处理之前就进行数据的综合与分析。

数据级融合一般采用集中式融合体系进行融合处理过程，这是低层次的融合。例如，成像传感器中通过对包含若干像素的模糊图像进行图像处理，从而确认目标属性的过程，就属于数据级融合。

2. 特征级融合

特征级融合属于中间层次的融合，它先对来自传感器的原始信息进行特征提取（特征可以是目标的边缘、方向、速度等），然后对特征信息进行综合分析和处理。

特征级融合的优点在于实现了可观的信息压缩，有利于实时处理，并且由于所提取的特征直接与决策分析有关，因而融合结果能最大限度地给出决策分析所需要的特征信息。

3. 决策级融合

决策级融合通过不同类型的传感器观测同一个目标，每个传感器在本地完成基本的处理，其中包括预处理、特征抽取、识别或判决，以建立对所观察目标的初步结论。然后通过关联处理进行决策级融合判决，最终获得了联合推断结果。

（四）数据挖掘与数据融合的联系

数据挖掘与数据融合既有联系，又有区别。它们是两种功能不同的数据处理过程，前者发现模式，后者使用模式。

二者的目标、原理和所用的技术各不相同，但是功能上相互补充，将二者集成可以达到更好的多源异构信息处理效果。

第四章 物联网信息安全技术与应用

第一节 物联网的网络安全技术

一、物联网的接入安全分析

（一）节点接入安全

当前基于 IPv6 的无线接入技术，主要分为以下两种方式。

1. 代理接入方式

代理接入方式是指将协调节点通过基站（基站是一台计算机）接入互联网。传感网络先把采集到的数据传给协调节点，再通过基站把数据通过互联网发送到数据处理中心，同时有一个数据库服务器用来缓存数据。用户可以通过互联网向基站发送命令，或者访问数据中心。在代理接入方式中，传感器不能直接和外部用户通信，要经过代理主机对接收的数据进行中转。

代理接入方式的优点是安全性能较好，利用 PC 作基站，减少了协调节点软硬件的复杂度及能耗；可以在代理主机上部署认证和授权等安全技术，并且保证传感器数据的完整性。它的缺点是 PC 作为基站，其代价、体积与能耗均较大，不便于布置，处在恶劣环境中不能正常工作。

2. 直接接入方式

直接接入方式是指通过协调节点直接连接互联网与传感网络，协调节点可以通过无线通信模块与传感网络节点进行无线通信，也可以利用低功耗、小体积的嵌入式 Web 服务器接入互联网，实现传感网与互联网的隔离。这样，传感网就可以采用更加适合其特点的 MAC 协议、路由协议及拓扑控制协议等，以达到网络能量有效性、网络规模扩展性等目标。

直接接入方式主要分为以下几种。

（1）全 IP 方式

这样可以直接在无线传感网所有感知节点中使用 TCP/IP 协议栈，使无线传感网与 IPv6 网络之间通过统一的网络层协议实现互联。对于使用 IEEE 802.15.4 技术的无线传感网，全 IP 方式即指 6LoWPAN 方式，其底层使用 IEEE 802.15.4 规定的物理层与 MAC 层，网络层使用 IPv6 协议，并在网络层和 IEEE 802.15.4 之间增加适配层，用于对 MAC 层接口进行封装，屏蔽 MAC 层接口的不一致性，包括进行链路层的分片与重组、头部压缩、网络拓扑构建、地址分配及组播支持等。6LoWPAN 实现了 IEEE 802.15.4 协议与 IPv6 协议的适配与转换工作，每个感知节点都定义了微型 TCP/IPv6 协议栈，来实现互联网络节点间的互联。

但对于 6LoWPAN 这种方式，目前存在很大争议。持赞同观点的理由是，通过若干感知节点连到 IPv6 网络，是实现互联最简单的方式；IP 技术的不断成熟，为其与无线传感网的融合提供了方便。持反对观点的理由是，IP 网络遵循以地址为中心，而传感网以数据为中心，这就使得无线传感网通信效率比较低且能源消耗过大。目前许多以数据为中心的工作机制都将路由功能放到了应用层或者 MAC 层实现，不设置单独网络层。

（2）重叠方式

重叠方式是在 IPv6 网络与传感网之间通过协议承载方式实现互联。它可以进一步分为 IPv6 over WSN 和 WSN overTCP/IPv6 两种方式。IPv6 over WSN 的方式提议在感知节点上实现 u-IP，此方法可以使外网用户直接控制传感网中拥有 IP 地址的特殊节点，但并不是所有节点都支持 IPv6。WSN overTCP/IPv6 这种方式将 WSN 协议栈部署在 TCP/IP 之上，IPv6 网中的主机被看做是虚拟的感知节点，主机可以直接与传感网中的感知节点进行通信，但缺点在于需要主机来部署额外的协议栈。

（3）应用网关方式

应用网关方式通过在网关应用层进行协议转换来实现无线传感网与 IPv6 网络的互联。无线传感网与 IPv6 网络在所有层次的协议上都可以完全不同，这使得无线传感网可以灵活选择通信协议，但缺点是用户透明度低，不能直接访问无线传感网中特定的感知节点。

与传统方式相比，IPv6 能支持更大的节点组网，但对传感器节点的功耗、存储、处理器能力要求更高，因而成本更高。另外，IPv6 协议的流标签位于 IPv6 报头，容易被伪造，易产生服务盗用安全问题。因此，在 IPv6 中应用流标签需要开发相应的认证加密机制。同时，为了避免在流标签使用过程中发生冲突，还要增加源节点的流标签使用控制机制，以保证在流标签使用过程当中不会被误用。

（二）网络接入安全

网络接入技术最终要解决的问题是如何将成千上万个物联网终端快捷、高效、安全地融入物联网应用业务体系中，这关系到物联网终端用户所能得到物联网服务的类型、服务质量、资费等切身利益问题，因此它也是物联网未来建设中要解决的一个重要问题。

物联网通过大量的终端感知设备实现对客观世界的有效感知和有力控制。其中，连接终端感知网络与服务器的桥梁便是各类网络接入技术，包括 GSM、TD-SCDMA、WCDMA 等蜂窝网络，WLAN、WPAN 等专用无线网络及 Internet 等各种 IP 网络。物联网网络接入技术主要用于实现物联网信息的双向传递和控制，重点在于适应物联网物物通信需求的无线接入网和核心网的网络改造和优化，以及满足低功耗、低速率等物物通信特点的网络层通信与组网技术。

物联网业务中存在大量的终端设备，需要为这些终端设备提供统一的网络接入。终端设备可以通过相应的网络接入网关接入核心网，也可以重构终端，基于软件定义无线电（SDR）技术动态，智能地选择接入网络，再接入移动核心网中。异构性是物联网无线接入技术的一大突出特点。在终端技术、网络技术和业务平台技术方面，异构性、多样性也是一个非常重要的趋势。随着物联网应用的发展，广域的、局域的、车域的、家庭域的、个人域的各种物联网感知设备层出不穷，从太空游弋的卫星到植入身体内的医疗传感器，种类繁多、接入方式各异的终端如何安全、快捷、有效地进行互联互通及获取所需的各类服务成为物联网发展研究的主要问题之一。

终端设备安全接入与认证是网络安全接入中的核心技术，如今它呈现出新的安全需求。

1. 基于多种技术融合的终端接入认证技术

目前，在主流的三类接入认证技术中，网络接入设备上采用的是 NAC 技术，而客户端上则采用了 NAP 技术，从而达到两者互补的目的。TNC 的目标是解决可信接入问题，其特点是只制定详细规范、技术细节公开、各个厂家都可以自行设计并开发兼容 TNC 的产品。从信息安全的远期目标来看，在接入认证技术领域中，芯片、操作系统、安全程序、网络设备等多种技术缺一不可。

2. 基于多层防护的接入认证体系

终端接入认证是网络安全的基础，为了保证终端的安全接入，需要从多个层面分别认证、检查接入终端的合法性、安全性。比如，通过网络准入、应用准入、客户端准入等多个层面的准入控制，强化各类终端事前、事中、事后接入核心网络层次化管理和防护。

3. 接入认证技术标准化、规范化

目前，虽然各核心设备厂商的安全接入认证方案的技术原理基本一致，但各厂商采用的标准、协议及相关规范各不相同。标准与规范是技术长足发展的基石，因此，标准化、规范化是接入认证技术发展的必然趋势。

（三）用户接入安全

用户接入安全主要考虑移动用户利用各种智能移动感知设备（如智能手机、PDA 等）通过无线方式安全接入物联网。在无线环境下，由于数据传输的无方向性，目前尚无避免数据被截获的有效办法，所以除了使用更加可靠的加密算法外，通过某种方式实现信息向特定方向传输也是一个思路，如把智能手机作为载体，通过使用二维码、图形码进行身份认证的方法。

用户接入安全涉及多个方面，首先，要对用户身份的合法性进行确认，这就需要身份认证技术；其次，在确定用户身份合法的基础上给用户分配相应的权限，限制用户访问系统资源的行为和权限，保证用户安全地使用系统资源。同时，在网络内部还需要考虑节点、用户的信任管理问题。

二、物联网信任管理分析

（一）信任机制概述

1. 信任的含义

根据多个学科对信任的研究，可以总结出信任具有如下一些基本性质。

（1）主观性

信任是一个实体对另外一个实体的某种能力的主观判断，不同的实体具有不同的判断标准，且往往都是建立在对目标实体历史交易行为的评估上。对信任的量化可能随着上下文环境、时间等的差异而对同一个实体有着不同的信任值。甚至对于在相同的上下文环境和相同的时段内的同种行为，由于实体判断标准的不同，也会有不同的信任值。从信任的主观性可以看出，信任总是存在于两个实体之间，是主体和客体的二元关系，并且存在于特定上下文环境中，受到特定的属性影响。

（2）动态性

信任会随着环境、时间的变化而动态地演化。实体间信任关系的变化，既可以由实体自身的能力、性格、心理、意愿、知识等内因变化所引起，也可以由实体外部环境的变化而引起。由于信任的动态性，信任模型往往通过对不同的影响因素的考察来对实体间的信任进行调整，如对恶意违约的惩罚、随时间的衰减等，这使得对信任的度量更加符合现实，并且可以得到更准确的结果。

（3）实体复杂性

信任实体往往受到多种因素的影响，而且不同的因素对不同的实体展现出不同的影响程度。在构造信任模型的时候往往需要在多种影响因素之间寻找平衡点，赋予不同影响权重，使模型的计算相对有效。

（4）可度量性

信任的度量采用信任值来表示，信任值反映了一个实体可信程度，它可以是离散的，也可以是连续的。信任的可度量性是建立信任模型的基础，对信任值的度量是否准确决定了信任系统的准确与否。

（5）传递性

信任具有弱传递性。例如，实体 A 信任实体 B，实体 B 信任实体 C，那么实体 A 信任实体 C 的结论不一定成立。但是在一定的约束条件下，实体 A 信任实体 C 的结论是可能成立的。

（6）非对称性

信任受到多种因素的影响，不同实体的判断标准也不一样，一般来说，信任是不具有对称性的。例如，实体 A 信任实体 B，但不意味着实体 B 也同样信任实体 A，即实体 A 对实体 B 的信任度与实体 B 对实体 A 的信任度不一定是相等的，所以信任一般是单向的。

（7）时间衰减性

信任随着时间的推动往往有递减的趋势，实体之间的信任随着时间的变化而产生的动态变化，长时间没有交易的两个实体之间的信任会逐步降低。

（8）多样性

信任表现为主体和客体之间的二元关系，但信任关系可是一对一、多对一、一对多或者多对多的关系，这也表明信任具有复杂性。

2. 信任的分类

信任可以分为基于身份的信任（IdentityTrust）和基于行为的信任（BehaviorTrust）两部分。基于行为的信任进一步可以分为直接信任（DirectTrust）和间接信任（IndirectTrust）。间接信任又可称为推荐或者声誉（Reputation）。

基于身份的信任采用静态验证机制（Static AuthenticationMechanism）来决定是否给一个实体授权。常用的技术包括认证（Authentication）、授权（Authorization）、加密（Encryption）、数据隐藏（Data Hiding）、数字签名（Digital Signatures）、公钥证书（Public Key Certificate）及访问控制（Access Control）策略等等。当两个实体 A 与 B 进行交互时，首先需要对对方的身份进行验证。也就是说，信任的首要前提是对对方身份进行确认，否则与虚假、恶意的实体进行交互很有可能导致损失。基于身份的信任是信任研究与实现的基础。在传统安全领域，身份信任问题已经得到相对广泛的研究和应用。

基于行为的信任通过实体的行为历史记录和当前的行为特征来动态判断实体的可信任度，根据信任度的大小给出访问权限。基于行为的信任针对两个或者多个实体之间交互时，某一实体对其他实体在交互当中的历史行为所做出的评价，也是对实体所生成的能力可靠性的确认。在对实体进行安全性验证的时候，采用行为信任往往比一个身份或者是授权更具有不可抵赖性和权威性，也更加贴合社会实践中的信任模式，因而更加贴近现实生活。

（二）信任的计算

任何实体间的信任关系均与一个度量值相关联。信任能用与信息或知识相似的方式度量，信任度是信任程度的定量表示，它是用来度量信任大小的。信任度可以用直接信任度和反馈信任度来综合衡量，直接信任度源于其他实体的直接接触，反馈信任度则是一种口头传播的名望。

信任度（Trust Degree，TD）是信任的定量表示，信任度可以根据历史交互经验推理得到，它反映的是主体（Trustor，也叫做源实体）对客体（Trustee，也叫做目标实体）的能力、诚实度、可靠度的认识，对目标实体未来行为的判断。TD 可称为信任程度、信任值、信任级别、可信度等。

直接信任度（DirectTrust Degree，DTD）是指通过实体之间的直接交互经验得到的信任关系的度量值。直接信任度建立在源实体对目标实体经验的基础上，随着双方信任度不断深入，Trustor 对 Trustee 的信任关系更加明晰。相对于其他来源的信任关系，源实体会更倾向于根据直接经验对目标实体做出信任评价。

反馈信任度（FeedbackTrust Degree，FTD）表示实体间通过第三者的间接推荐形成的信任度，也叫声誉（Reputation）、推荐信任度、间接信任度（IndirectTrust Degree，ITD）等。反馈信任建立在中间推荐实体的推荐信息基础上，根据 Trustor 对这些推荐实体信任程度的不同，会对推荐信任有不同程度的取舍。但是由于中间推荐实体的不稳定性，或者伪装的恶意推荐实体的存在，使反馈信任度的可靠性难以度量。

总体信任度（OverallTrust Degree，OTD），也叫综合信任度或者全局信任度。Trustor 根据直接交互可得到对目标实体的直接信任关系，根据反馈可得到目标实体的推荐信任关系，将这两种信任关系合成即得到了对目标实体的综合信任评价。

常见的计算方法有加权平均法、极大似然估计法、贝叶斯方法、模糊推理方法以及灰色推理方法。

1. 加权平均法

大多数信任机制采用该方法，该方法借鉴了社会网络中人与人之间的信任评价方法。

2. 极大似然估计法

极大似然估计法（Maximum Likelihood Estimation，MLE）是一种基于概率的信任推理方法，主要适用于概率模型和信念模型。在信任的概率分布是已知而概率分布的参数是未知的情况下，MLE 根据得到的交易结果推测这些未知参数，推测出的参数使出现这些结果的可能性最大。

3. 贝叶斯方法

贝叶斯方法是一种基于结果的后验概率（Posterior Probability）估计，适用于概率模型和信念模型。与 MLE 的不同之处在于，它先为待推测的参数指定先验概率分布（Prior Probability），再根据交易结果，利用贝叶斯规则（Bayes' Rule）推测参数后验概率。

根据交易评价可能出现的结果个数的不同，为待推测参数指定先验概率分布是 Beta 分布或是 Dirichlet 分布，其中 Beta 分布仅适合于二元评价结果的情况，是 Dirichlet 分布的一种特殊形式。

4. 模糊推理方法

模糊推理方法主要适用于模糊信任模型。模糊推理分为三个过程，即模糊化、模糊推理及反模糊化。模糊化过程借助隶属度函数对评价数据进行综合评价，并归类到模糊集合中。模糊推理根据模糊规则推理主体之间的信任关系或者主体的可信度隶属的模糊集合。通过形式化推理规则、反模糊化推理结果就可以得到主体可信度。

5. 灰色推理方法

在灰色推理过程中，首先，利用灰色关联分析（Grey Relational Analysis）分析评价结果，得到灰色关联度（Grey Relational Degree），即评价向量；其次，如果评价涉及多个关键属性（如在文件共享系统当中，对一个主体的评价可能涉及下载文件的质量、下载速度等属性），就要确定属性之间的权重关系；再次，利用白化函数和评价向量计算白化矩阵，由白化矩阵和权重矩阵计算聚类向量，聚类向量反映了主体与灰类集（Grey Level Set）中每个灰类（Grey Level）的关系；最后，对聚类向量进行聚类分析，就可以得到主体所属的灰类。

（三）信任评估

信任模型所关注的内容主要有信任表述、信任度量与信任度评估。信任度评估是整个信任模型的核心，因此，信任模型也被称为信任度评估模型。

在介绍信任评估之前，先给出几个相关概念。

①信任（Trust）是一种建立在已有知识上的主观判断，是主体 A 根据所处环境，对主体 B 能够按照主体 A 的意愿提供特定服务（或者执行特定动作）的度量。

②直接信任度（DirectTrust）是指主体 A 根据与主体 B 的直接交易历史记录而得出的对主体 B 的信任。

③推荐信任（RecommendationTrust）是主体间根据第三方的推荐而形成的信任，也称为间接信任。

④信任度（Trust Degree）是信任的定量表示，也可称为可信度。

三、物联网身份认证分析

（一）身份认证的概念

身份认证是指用户身份的确认技术，它是物联网信息安全的第一道防线，也是最重要的一道防线。身份认证可以使物联网终端用户安全接入物联网中，使用户合理地使用各种资源。身份认证要求参与安全通信的双方在进行安全通信前，必须互相鉴别对方的身份。在物联网应用系统中，身份认证技术要密切结合物联网信息传送的业务流程，阻止对重要资源的非法访问。身份认证技术可以用于解决访问者的物理身份和数字身份的

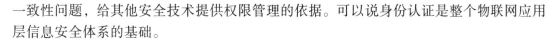

一致性问题，给其他安全技术提供权限管理的依据。可以说身份认证是整个物联网应用层信息安全体系的基础。

1. 基本认证技术

传统的身份认证有如下两种方式：

一是基于用户所拥有的标识身份的持有物的身份认证。持有物如包括身份证、智能卡、钥匙、银行卡（储蓄卡和信用卡）、驾驶证、护照等，这种身份认证方式被称为基于标识物（Token）的身份认证。

二是基于用户所拥有的特定知识的身份认证。特定知识可以是密码、用户名、卡号、暗语等。

为了增强认证系统的安全性，可以将以上两种身份认证方式结合，实现对用户的双因子认证，如银行的 ATM 系统就是一种双因子认证方式，即用户提供正确的"银行卡+ 密码"。

在身份认证的基础上，基本的认证技术有双方认证和可信第三方认证两类。

双方认证是一种双方相互认证的方式，只有双方均提供 ID 和密码给对方，才能通过认证。这种认证方式不同于单向认证的是，客户端还需要认证服务器的身份，因此，客户端必须维护各服务器所对应的 ID 和密码。

可信第三方认证也是一种通信双方相互认证的方式，但是认证过程必须借助于一个双方都能信任的可信第三方，一般而言，这个可信第三方可以是政府的法院或者其他可信赖的机构。当双方欲进行通信时，彼此必须先通过可信第三方的认证，然后才能相互交换密钥，再进行通信。

认证必须和标识符共同起作用。认证过程首先需要输入账户名、用户标识或者注册标识，告诉主机是谁。账户名应该是秘密的，任何其他的用户都不能拥有它。但为了防止因账户名或 ID 泄露而出现的非法用户访问系统资源问题，需要进一步使用认证技术验证用户的合法身份。口令是一种简单易行的认证手段，但是比较脆弱，容易被非法用户利用。生物技术则是一种非常严格且有前途的认证方法，如利用指纹、视网膜等，但因技术复杂，目前还没有被广泛采用。

2. 基于 PKI/WPKI 轻量级认证技术

物联网应用的一个重要特点是能够提供丰富的 M2M 数据业务。M2M 数据业务的应用具有一定的安全需求，一些特殊业务需要很高的安全保密级别。充分利用现有互联网和移动网络的技术和设施，是物联网应用快速发展与建设的重要方向。随着多网融合下物联网应用的不断发展，为大量的终端设备提供轻量级的认证技术和访问控制应用是保证物联网接入安全的必然需求。

公钥基础设施（PKI）是一个用公钥技术实施和提供安全服务的、具有普适性的安全基础设施。PKI 技术采用证书管理公钥，通过第三方可信机构（如认证中心）把用户的公钥和其他标识信息（设备编号、身份证号、名称等）捆绑在一起，来验证用户的身份。它是为了满足无线通信的安全需求而发展起来的公钥基础设施。WPKI 可用于包括移动终端在内的众多无线终端，为用户提供身份认证、访问控制和授权、传输保密、资料完整性、不可否认性等安全服务。

基于 PKI/WPKI 轻量级认证技术的目标是研究以 PKI/WPKI 为基础，开展物联网应用系统轻量级鉴别认证、访问控制的体系研究，提出物联网应用系统的轻量级鉴别任务和访问控制架构及解决方案，实现对终端设备的接入认证、异构网络互联的身份认证及应用的细粒度访问控制。

基于 PKI/WPKI 轻量级认证技术的研究包括六个方面内容。

（1）物联网安全认证体系

重点研究在物联网应用系统中，如何基于 PKI/WPKI 系统实现终端设备和网络之间的双向认证，以及保证 PKI/WPKI 能够向终端设备安全发放设备证书的方式。

（2）终端身份安全存储

重点研究终端身份信息在终端设备中的安全存储方式及终端身份信息的保护；重点关注在重点设备遗失的情况下，终端设备的身份信息、密钥、安全参数等关键信息不被读取和破解，从而保证了整个网络系统的安全。

（3）身份认证协议

研究并设计终端设备与物联网承载网络之间的双向认证协议。终端设备与互联网和移动网络等核心网之间的认证分别采用 PKI 或 WPKI 颁发的证书进行认证，异构网络之间在进行通信前也需要进行双向认证，从而保证只有持有信任的 CA 机构颁发的合法证书的终端设备才能接入持有合法证书的物联网系统。

（4）分布式身份认证技术

物联网应用业务的特点是接入设备多，分布地域广。在网络系统上建立身份认证时，如果采用集中式的方式在响应速度方面不能达到要求，就会给网络的建设带来一定的影响，因此，需要建立分布式的轻量级鉴别认证系统。分布式身份认证技术主要研究分布式终端身份认证技术、系统部署方法、身份信息在分布式轻量级鉴别认证系统中的安全、可靠性传输。

（5）新型身份认证技术

身份认证用于确认对应用进行访问用户身份。一般基于以下一个或几个因素：静态口令、用户所拥有的东西（如令牌、智能卡等）、用户所具有的生物特征（如指纹、虹膜、动态签名等）。在对身份认证安全性要求较高的情况下，通常会选择以上因素中的两种从而构成双因素认证。目前，比较常见的身份认证方式是用户口令，其他还有智能卡、动态令牌、USB Key、短信密码和生物识别技术及零知识身份认证等。在物联网中也将会综合运用这些身份认证技术，特别是生物识别技术和零知识身份认证技术。

通常的身份证明需要用户提供用户名和口令等识别用户的身份信息，而零知识身份认证技术不需要这些信息也能够识别用户的身份。零知识身份认证技术的思想为：有两方，认证方 V 和被认证方 P，P 掌握了某些秘密信息，P 想设法让 V 相信他确实掌握了那些信息，但又不想让 V 知道他掌握了哪些信息。P 掌握的秘密信息可以是某些长期没有解决的猜想问题的证明（如费尔马最后定理、图的三色问题），也可以是缺乏有效算法的难题解法（如大数因式分解等），信息的本质是可以验证的，即可以通过具体的步骤检验它的正确性。

（6）非对称密钥认证技术

非对称加密算法的认证要求认证双方的个人秘密信息（如口令）不用在网络上传送，减少了认证的风险。这种认证方式通过请求被认证者和认证者对一个随机数做数字签名与验证数字签名的方法来实现。

认证一旦通过，双方即建立安全通信通道进行通信，在每一次的请求与响应中进行，即接收信息的一方先从接收到的信息中验证发信人的身份信息，验证通过后才根据发来的信息进行相应的处理，但用于实现数字签名和验证数字签名的密钥对必须与进行认证的一方唯一对应。

（二）用户口令

用户口令是最简单易行的认证手段，但易于被猜出来，比较脆弱。口令认证必须和用户标识 ID 结合起来使用，而且用户标识 ID 必须在认证的用户数据库中是唯一的。为了保证口令认证的有效性，还需要考虑以下几个问题：①请求认证者的口令须是安全的；②在传输过程中，口令不能被窃看、替换；③请求认证者请求认证前，必须确认认证者的真实身份，否则会把口令发给假冒的认证者。

口令认证最大的安全隐患是系统管理员通常都能得到所有用户的口令。因此，为了消除这样的安全隐患，通常情况下，会在数据库中保存口令的散列值，通过验证散列值的方法来认证身份。

1. 口令认证协议

口令认证协议（PAP）是一种简单的明文验证方式。网络接入服务器（Network Access Server，NAS）要求提供用户名和口令，PAP 以明文方式返回用户信息。显然，这种认证方式的安全性较差，第三方很容易就可以获取到传送的用户名和口令，并利用这些信息与 NAS 建立连接获取 NAS 提供的所有资源。因此，一旦用户密码被第三方窃取，PAP 将无法提供避免受到第三方攻击的保障措施。

2. 一次性口令机制

传统的身份认证机制建立在静态口令的识别基础之上，这种以静态口令为基础的身份认证方式存在多种口令被窃取的隐患。

（1）网络数据流窃听（Sniffer）

很多通过网络传输的认证信息是未经加密的明文（如 FTP、Telnet 等），容易被攻击者通过窃听网络数据分辨出认证数据，并提取用户名和口令。

（2）认证信息截取或重放（Recorder/Replay）

对于简单加密后进行传输的认证信息，攻击者仍然可以使用截取或重放攻击推算出用户名和口令。

（3）字典攻击

以有意义的单词或数字为密码，攻击者会使用字典中的单词尝试用户的口令。

（4）穷举尝试（Brute Force）

又称蛮力攻击，是一种特殊的字典攻击，它把字符串的全集作为字典尝试用户的口令，如果用户的口令较短，则很容易被穷举出来。

为了解决静态口令问题，20 世纪 80 年代初，莱斯利·兰伯特（Leslie Lampert）首次提出利用散列函数产生一次性口令的思想，即用户每次同服务器连接过程中使用口令在网上传输时都是加密的密文，而且这些密文在每次连接时都是不同的，也就是说，口令明文是一次有效的。当一个用户在服务器上首次注册时，系统给用户分配一个种子值（Seed）和一个迭代值（Iteration），这两个值就构成了一个原始口令，同时在服务器端还保留了用户自己知道的通信短语。当用户向服务器发出连接请求时，服务器把用户的原始口令传给用户。用户接到原始口令后，利用口令生成程序，采用散列算法（如MD5），结合通信短语计算出本次连接实际使用的口令，然后再把口令传回给服务器；服务器先保存用户传来的口令，然后调用口令生成器，采用同一散列算法（MD5），利用用户存在服务器端的通信短信和它刚刚传给用户的原始口令自行计算生成一个口令。服务器把这个口令和用户传来的口令进行比较，进而对用户的身份进行确认；每一次身份认证成功后，原始口令中的迭代值自动减 1。该机制每次登录时的口令是随机变化的，每个口令只能使用一次，彻底防止了前面提到的窃听、重放、假冒、猜测等等攻击方式的发生。

（三）介质

基于口令的身份认证，因其安全性较低，很难满足一些安全性要求较高的应用场合；基于生物特征的身份认证设备受价格和技术因素的限制，使用还比较有限。基于介质的身份认证（如 USB Key、手机等）以其安全可靠、便于携带、使用方便等诸多优点，正在被越来越多的用户所认识和使用。

1. 基于智能卡的身份认证

基于智能卡的身份认证机制要求用户在认证时持有智能卡（智能卡中存有秘密信息，可以是用户密码的加密文件或者是随机数），只有持卡人才能被认证。它的优点是可以防止口令被猜测，但是也存在一定的安全隐患，如攻击者获得用户的智能卡，并知道他保护智能卡的密码，这样攻击者就可以冒充用户进行登录。

USB Key 是由带有 EPROM 的 CPU 实现的芯片级操作系统，所有读写和加密运算都在芯片内部完成，具有很高的安全度。它自身所具备的存储器可以存储一些个人信息或证书，用来标识用户身份，内部密码算法可以为数据传输提供安全的传输信道。

采用硬件令牌进行身份认证的技术是指通过用户随身携带的身份认证令牌进行身份认证的技术。主要的硬件设备有智能卡和 USB Key 等。

基于硬件令牌的认证方式是一种双因子的认证方式（PIN+ 物理证件），即使 PIN 或硬件设备被窃取，用户仍不会被冒充。双因子认证比基于口令认证方法增加了一个认

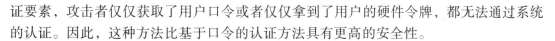

证要素，攻击者仅仅获取了用户口令或者仅仅拿到了用户的硬件令牌，都无法通过系统的认证。因此，这种方法比基于口令的认证方法具有更高的安全性。

2.基于智能手机的身份认证

所谓智能手机，是指具有独立的操作系统、支持第三方软件并可以用软件对手机功能进行扩充的一类手机的总称。智能手机不仅提供通信功能，还有 PDA 的部分功能，并可以接入移动通信网络上网。

①智能手机是一个相对安全的环境手机是私人物品，不像个人计算机（同一台计算机可能被多人共享），因此，用户对他的手机拥有绝对的控制权。

②智能手机比 USB Key、Token 更容易携带：手机通常为人们随身必带的物品，很少发生使用相关网络应用时却没有带手机的情况，这大大方便了用户的使用。

③智能手机功能强大，可以方便地扩展其功能：动态口令技术，尤其是数字签名技术需要具有复杂的实现机制，需要强大的计算能力。一方面，智能手机的硬件配置往往较高，可以高速地进行运算，为数字签名的实现提供了硬件上的支持。另一方面，智能手机操作系统提供了方便的编程接口，使得复杂的身份认证机制的实现更加容易，从而大大降低了开发成本。因此，基于智能手机强大的软硬件功能，可以设计更为复杂、安全的身份认证机制，如可采用动态口令技术和数字签名技术相结合的方式。

（四）生物特征

口令认证容易被猜出，较脆弱，存在很多缺陷。为了克服传统身份认证方式的缺点，尤其是假冒攻击，迫切需要寻求一种新的身份认证方式，即能与人本身建立一一对应的身份认证技术，或许不断发展与成熟的生物特征识别技术是替代传统身份认证的最佳选择。

生物识别技术（Biometric IdentificationTechnology）即利用人体生物特征进行身份认证的一种技术。生物特征是唯一的（与他人不同）、可测量或自动识别和可验证的生理特征或行为方式，分为生理特征和行为特征。生理特征与生俱来，多为先天性的；行为特征则是习惯使然，多为后天性的。常用的生理特征包括脱氧核糖核酸（DNA）、指纹、虹膜、人脸、手指静脉、视网膜、掌纹、耳郭、手形、手上的静脉血管和体味等；行为特征包括联机签名、击键打字、声波和步态等。与传统的身份鉴定技术相比，基于生物特征识别的身份鉴定技术具有以下优点：第一，终生不变或只有非常轻微的变化；第二，随身携带，不易被盗、丢失或遗忘；第三，防伪性好，难以伪造或模仿。

对于指纹、虹膜、人脸、手指静脉、掌纹、DNA 等人体的任何一个特征，两个人相同的概率极其微小。所以，可以唯一证明个人身份，满足个人身份的确定性和不可否认性。在这些特征中，终生不变，易于获取，应用广泛，全世界各个行业都接受的个人特征应首选指纹。基于生物识别技术的身份认证被认为是最安全的身份认证技术，将来能够被广泛地应用在物联网环境中。

1. 指纹识别

目前，在所有生物特征识别技术当中，指纹识别无论在硬件设备上还是软件算法上都是最成熟、开发最早、应用最广泛的。我国古代最早的指纹应用可追溯至秦朝。唐朝时，以"按指为书"为代表的指纹捺印已经在文书、契约等民用场合被广泛采用。自宋朝起，指纹开始被用作刑事诉讼的物证。虽然我国对指纹的应用历史比较悠久，但由于缺乏专门性的研究，未能将指纹识别技术上升为一门科学。

指纹识别技术从被发现时起，就被广泛地应用于契约等民用领域。由于人体指纹具有终身稳定性和唯一性，因此它很快就被用于刑事侦查，并被尊为"物证之首"。但早期的指纹识别采用的方法是人工比对，效率低、速度慢，不能满足现代社会的需要。20世纪60年代末，在美国，有人提出用计算机图像处理和模式识别方法进行指纹分析以代替人工比对，这就是自动指纹识别系统（简称 AFIS）。因为成本及对运行环境的特殊要求，开始时其应用主要限于刑侦领域。随着计算机图像处理和模式识别理论及大规模集成电路技术的不断发展与成熟，指纹自动识别系统的体积不断缩小，其价格也不断降低，因而它逐渐被应用于民用领域。20世纪80年代，个人计算机、光学扫描这两项技术的革新，使得它们作为录取指纹的工具成为现实，从而使指纹识别可以在其他领域中得以应用，如代替 IC 卡。20世纪90年代后期，低价位取像设备的引入及其飞速发展，以及可靠的比对算法的提出为个人身份识别应用的普及提供了支持。指纹自动识别技术已在警察司法活动和出入口控制、信息编码、银行信用卡、重要证件防伪等许多领域得到广泛使用。

指纹是手指末端正面皮肤上的呈有规则定向排列的纹线。每个人的指纹纹路在图案、断点和交叉点上各不相同，是唯一的，并且终生不变。人的指纹特征大致可以分为两类：总体特征和局部特征。

总体特征是用肉眼就可以直接观察到的纹路图案，如环型、弓型、螺旋型，即斗、簸箕、双箕斗。但仅仅靠这些基本的图案进行分类识别还远远不够。在实际应用中，常提取某人指纹的节点（指纹纹路中经常出现的中断、分叉或转折）这个局部特征信息，进行身份认证。指纹节点的信息特征多达 150 多种，但一些细节特征却极为罕见，常见的节点类型有六种：终结点（一条纹路在此终结）、分叉点（一条纹路在此分开成为两条或更多的纹路）、分歧点（两条平行的纹路在此分开）、孤立点（一条特别短的纹路，以至于成为一点）、环点（一条纹路分开成为两条后，立即合并成为一条，这样形成的一个小环）、短纹（一端较短但不至于成为一点的纹路）。其中，最典型和最常用的是终结点和分叉点。在自动指纹识别技术中，一般只检测这两种类型节点数量，并结合节点的位置、方向和所在区域纹路的曲率，得到唯一的指纹特征。指纹识别的准确率与输入指纹图像的质量有着非常重要的关系。噪声、不均匀接触等原因可能导致指纹图像获取时产生许多畸变，这样在分析指纹特征时，就会产生大量的可疑特征点，从而湮没真实特征点，所以应采用平滑、滤波、二值化、细化等图像处理方法来提高纹路的清晰度，同时删除被大量噪声破坏的区域。指纹识别主要包括指纹图像增强、特征提取、指纹分类和指纹匹配。

（1）指纹图像增强

指纹图像增强的目的是提高可恢复区域的脊信息清晰度，同时删除不可恢复区域，一般包括规格化、方向图估计、频率图估计、生成模板、滤波几个环节。其关键是利用脊的平行性设计合适的自适应方向滤波器和取得合适的阈值。

（2）特征提取

美国国家标准局提出用于指纹匹配细节的四种特征为脊终点、分叉点、复合特征（三分叉或交叉点）及未定义。但目前最常用细节特征的定义源自美国联邦调查局（FBI）提出的细节模型，它将指纹图像的最显著特征分为脊终点和分叉点，每个清晰指纹一般有 40 ～ 100 个这样的细节点。指纹特征的提取采用链码搜索法对指纹纹线进行搜索，自动指纹识别系统（AFIS）依赖于这些局部脊特征及关系来确定其身份。另外，指纹图像的预处理和特征提取也可采用基于脊线跟踪的方法。其基本思想是沿纹线方向自适应地追踪指纹脊线，在追踪过程中，局部增强指纹图像，最后得到一幅细化后的指纹脊线骨架图和附加在其上的细节点信息。由于该算法只在占全图比例很少的点上估算方向并滤波处理，计算量相对较少，在时间复杂度上具有一定的优势。

（3）指纹分类

常见的有基于神经网络的分类方法、基于奇异点的分类方法、基于脊线几何形状的分类方法、隐马尔可夫分类器的方法、基于指纹方向图分区和遗传算法的连续分类方法。

（4）指纹匹配

指纹匹配是指纹识别系统的核心步骤，匹配算法包括图匹配、结构匹配等，但最常用的方法是用 FBI 提出的细节模型来做细节匹配，即点模式匹配。点模式匹配问题是模式识别中的经典难题，研究者先后提出过很多算法，如松弛算法、模拟退火算法、遗传算法、基于 Hough 变换的算法等，在实践当中可以同时采用多种匹配方法以提高指纹识别系统的可靠性及识别率。

2. 虹膜识别

与指纹识别一样，虹膜识别也是以人的生物特征为基础，而虹膜也同样具有高度不可重复性。虹膜是眼球中包围瞳孔的部分，每一个虹膜都包含一个独一无二的基于像冠、水晶体、细丝、斑点、结构、凹点、射线、皱纹和条纹等特征的结构，这些特征组合起来形成一个极其复杂的锯齿状网络花纹。与指纹一样，每个人的虹膜特征都不相同，到目前为止，世界上还没有发现虹膜特征完全相同的案例，即便是同卵双胞胎，虹膜特征也大不相同，而同一个人左右眼的虹膜特征也有很大的差别。此外，虹膜具有高度稳定性，其细部结构在胎儿时期形成之后就终生不再发生改变，除了白内障等少数病理因素会影响虹膜外，即便用户接受眼角膜手术，其虹膜特征也与手术前完全相同。高度不可重复性和结构稳定性让虹膜作为身份识别的依据，事实上，它也许是最可靠、最不可伪造的身份识别技术。

基于虹膜的生物识别技术同指纹识别一样，主要由以下几个部分构成：虹膜图像获取、虹膜图像预处理、虹膜特征提取以及匹配与识别。

（1）虹膜图像获取

获取虹膜图像时，人眼不与电荷耦合器（CCD）、互补金属氧化物半导体（CMOS）等光学传感器直接接触，采用的是一种非侵犯式的采集技术。作为身份鉴别系统中的一项重要生物特征，虹膜识别凭借虹膜丰富的纹理信息及其稳定性、唯一性和非侵犯性，越来越受到学术界和工业界的重视。虹膜图像的获取是非常困难的一步。一方面，由于人眼本身就是一个镜头，许多无关的杂光会在人眼中成像，从而被摄入虹膜图像中；另一方面，因为虹膜直径只有十几毫米，不同人种的虹膜颜色有着很大的差别，如白种人的虹膜颜色浅，纹理显著，而黄种人的虹膜则多为深褐色，纹理非常不明显，所以在普通状态下，很难拍到可用的图像。

（2）虹膜图像预处理

虹膜图像的预处理包括对虹膜图像的定位、归一化和增强三个步骤。虹膜图像定位指的是去除采集到的眼睑、睫毛、眼白等，找出虹膜的圆心和半径。为了消除平移、旋转、缩放等几何变换对虹膜识别的影响，必须把原始虹膜图像调整到相同的尺寸和对应位置。虹膜的环形图案特征决定了虹膜图像可采用极坐标变换形式进行归一化。虹膜图像在采集过程中受到的不均匀光照会影响纹理分析的效果。一般采取直方图均衡化的方法进行图像增强，减少光照不均匀分布的影响。

（3）虹膜特征提取以及匹配与识别

虹膜的特征提取和匹配识别方法最早由英国剑桥大学的约翰·道格曼（John Daugman）博士提出，之后许多虹膜识别技术均是以此为基础展开。道格曼博士用 Gabor 滤波器对虹膜图像进行编码，基于任意一个虹膜特征码都与其他的不同虹膜生成的特征码统计不相关这一特性，比对两个虹膜特征码的 Hamming 距离就可实现虹膜识别。

随着虹膜识别技术研究和应用的进一步发展，虹膜识别系统的自动化程度越来越高，神经网络算法、模糊识别算法也逐步应用到虹膜识别中。进入 21 世纪后，随着外围硬件技术的不断进步，虹膜采集设备技术越来越成熟，虹膜识别算法所要求的计算能力也越来越不是问题。由于虹膜识别技术在采集、精确度等方面的独特优势，它必然会成为未来社会的主流生物认证技术。在未来的安全控制、海关进出口检验、电子商务等多种领域中，虹膜识别技术也必然会成为重点应用技术。如今这种趋势已经在全球各地的各种应用中逐渐显现。

3. 行为识别

目前，关于生物特征行为的识别方法研究比较多的是基于步态的身份识别技术。

步态识别是一种新兴的生物特征识别技术，旨在根据人们走路的姿势进行身份识别。步态特征是在远距离情况下唯一可提取的生物特征，早期的医学研究证明了步态具有唯一性，因此，可以通过对步态的分析进行人的身份识别。它与其他生物特征识别方法（如指纹、虹膜、人脸等）相比有其独特的特点。

（1）远距离性

传统的指纹和人脸识别只能在接触或近距离情况下才能感知，而步态特征可以在远距离情况下感知。

（2）侵犯性

在信息采集过程中，其他的生物特征识别技术需要在与用户的协同合作（如接触指纹仪、注视虹膜捕捉器等）下完成，交互性很强，而步态特征却能够在用户并不知情的情况下获取。

（3）难于隐藏和伪装

在安全监控当中，作案对象通常会采取一些措施（如戴上手套、眼镜和头盔等）来掩饰自己，以逃避监控系统的监视，此时，人脸和指纹等特征已不能发挥它们的作用。然而，人要行走，步态是难以隐藏和伪装的，否则，在安全监控中只会令其行为变得可疑，更容易引起注意。

（4）便于采集

传统的生物特征识别对所捕捉的图像质量要求较高，而步态特征受视频质量的影响较小，即使在低分辨率或图像模糊的情况下也可以获取。

有关步态识别的研究尚处于理论探索阶段，还没有应用于实际当中。但基于步态的身份识别技术具有广泛的应用前景，主要应用于智能监控，适于监控那些对安全敏感的场合，如银行、军事基地、国家重要安全部门、高级社区等。在这些敏感场合，出于管理和安全的需要，人们可采用步态识别方法，实时监控该区域内发生的事件，帮助人们更有效地进行人员身份鉴别，从而快速检测危险并提供不同人员不同的进入权限级别。因此，对于开发实时稳定的基于步态识别的智能身份认证系统具有重要的理论和实际意义。

四、物联网访问控制分析

访问控制是对用户合法使用资源的认证和控制。物联网应用系统是多用户、多任务的工作环境，这为非法使用系统资源打开了方便之门。所以，迫切要求人对计算机及其网络系统采取有效的安全防范措施，防止非法用户进入系统及合法用户非法使用系统资源，这就需要用到访问控制系统。

（一）访问控制的功能

访问控制应具备身份认证、授权、文件保护和审计等主要功能。

1. 认证

认证就是证实用户的身份。认证必须和标识符共同起作用。认证时首先需要输入账户名、用户标识或者注册标识，告诉主机是谁。账户名应该是秘密的，任何其他用户都不能拥有它。但是为了防止因账户名或用户标识泄露而出现的非法用户访问，还需要进一步用认证技术证实用户的合法身份。口令是一种简单易行的认证手段，但因为容易被猜出来而比较脆弱，容易被非法用户利用。生物技术是一种严格而有前景的认证方法，如指纹、视网膜、虹膜等，但因技术复杂，目前还没有被广泛采用。

2.授权

系统正确认证用户之后，会根据不同的用户标识分配不同的使用资源，这项任务被称为授权。授权的实现是靠访问控制完成的。访问控制是一项特殊的任务，它用标识符 ID 做关键字控制用户访问的程序和数据。访问控制主要用在关键节点、主机和服务器上，一般节点很少使用。但如果在一般节点上增加访问控制功能，则应该安装相应的授权软件。在实际应用中，通常需要从用户类型、应用资源及访问规则三个方面来明确用户的访问权限。

（1）用户类型

对于一个已经被系统识别和认证了的用户，还要对他的访问操作实施一定的限制。对于一个通用计算机系统来讲，用户范围很广，层次不同权限也不同。用户类型一般有系统管理员、一般用户、审计用户和非法用户。系统管理员的权限最高，可以对系统中的任何资源进行访问，并具有所有类型的访问操作权力。一般用户的访问操作要受到一定的限制。根据需要，系统管理员对这类用户分配不同的访问操作权力。审计用户负责对整个系统的安全控制和资源使用情况进行审计。非法用户则是被取消访问权力或者被拒绝访问系统的用户。

（2）应用资源

系统中的每个用户共同分享系统资源。系统内需要保护的是系统资源，因此，需要对被保护的资源定义一个访问控制包（Access Control Packet，ACP），访问控制包为每一个资源或资源组勾画出一个访问控制列表（Access Control List，ACL），它描述了哪个用户可以使用哪个资源及如何使用。

（3）访问规则

访问规则定义了若干条件，在这些条件下可准许访问一个资源。一般来讲，规则使用户和资源配对，并指定该用户可以在该资源上执行哪些操作，如只读、不允许执行或不许访问。这些规则由负责实施安全政策的系统管理人员根据最小特权原则确定，即在授予用户访问某种资源的权限时，只给他访问该资源的最小权限。比如，用户需要读权限时，则不应该授予读写权限。

3.文件保护

文件保护对该文件提供附加保护，使非授权用户不可读。一般采用对文件加密的附加保护方式。

4.审计

审计主要是记录用户的行为，以说明安全方案的有效性。审计是记录用户系统所进行的所有活动的过程，即记录用户违反安全规定使用系统的时间、日期及用户活动。因为可能收集的数据量非常大，所以良好的审计系统最低限度应具有容许进行筛选并报告审计记录的工具。此外，还应容许对审计记录做进一步的分析和处理。

（二）访问控制策略的实施

访问控制策略是物联网信息安全的核心策略之一，其任务是保证物联网信息不被非法使用及非法访问，为保证信息基础的安全性提供一个框架，提供管理和访问物联网资源的安全方法，规定各要素要遵守的规范及应负的责任，使物联网系统的安全具有可靠的依据。

1. 访问控制策略的基本原则

访问控制策略的制定与实施必须围绕主体、客体和安全控制规则集三者之间的关系展开。访问控制策略必须遵守三项基本原则。

（1）最小特权原则

最小特权原则指主体执行操作时，按照主体所需权力的最小化原则分配给主体权力。最小特权原则的优点是最大限度地限制了主体实施授权行为，可以避免来自突发事件、错误和未授权主体的危险。也就是为了达到一定的目的，主体必须执行一定的操作，但它只能做它被允许的。

（2）最小泄露原则

最小泄露原则指主体执行任务时，按照主体需要知道的信息最小化的原则分配给主体权力。

（3）多级安全策略

多级安全策略指主体和客体间的数据流向和权限控制按照安全级别的绝密、秘密、机密、限制和无级别五个级别划分。多级安全策略的优点是可避免敏感信息的扩散。对于具有安全级别的信息资源，只有安全级别比它高主体才能访问。

2. 访问控制策略的实现方式

访问控制的安全策略包括基于身份的安全策略和基于规则的安全策略。目前使用这两种安全策略建立的基础都是授权行为。

（1）基于身份的安全策略

基于身份的安全策略有两种基本的实现方法：访问能力表和访问控制列表。访问能力表提供了针对主体的访问控制结构；访问控制列表提供了客体的访问控制结构。在一个安全系统中，应该标注数据或资源的安全标记，代表用户进行活动的进程可以得到与其原发者相应的安全标记。

基于身份的安全策略与鉴别行为一致，其目的是过滤对数据或资源的访问，只有能通过认证的那些主体才有可能正常使用客体的资源。基于身份的策略包括基于个人的策略和基于组的策略。

①基于个人的策略。

基于个人的策略是指以用户为中心建立的一种策略，这种策略由一些列表组成，这些列表限定了针对特定的客体，哪些用户可以实现何种策略操作行为。

②基于组的策略。

基于组的策略是基于个人策略扩充，指一些用户被允许使用同样的访问控制规则访问同样的客体。

（2）基于规则的安全策略

基于规则的安全策略的实现方式为，由系统通过比较用户的安全级别和客体资源的安全级别来判断是否允许用户进行访问。

（三）访问控制的分类

访问控制可以限制用户对应用中关键资源的访问，防止非法用户进入系统及合法用户对系统资源的非法使用。传统的访问控制一般采用自主访问控制（Discretionary Access Control，DAC）、强制访问控制（Mandatory Access Control，MAC）和基于角色的访问控制（Role-Based Access Control，RBAC）技术。随着分布式应用环境的出现，又发展出基于属性的访问控制（Attribute-Based Access Control，ABAC）、基于任务的访问控制（Task-Based Access Control，TBAC）、基于对象访问控制（Object-Based Access Control OBAC）等多种访问控制技术。

1. 基于角色的访问控制

在基于角色的访问控制中，权限和角色相关，角色是实现访问控制策略的基本语义实体。用户（User）被当做相应角色（Role）的成员而获得角色的权限。

基于角色访问控制的核心思想是将权限同角色关联起来，而用户的授权则通过赋予其相应的角色完成，用户所能访问的权限由该用户所拥有的所有角色的权限集合的并集决定。角色可以有继承、限制等逻辑关系，并通过这些关系影响用户和权限的实际对应。在整个访问控制过程中，访问权限和角色相关联，角色再与用户相关联，实现了用户与访问权限的逻辑分离。可以把角色看成一个表达访问控制策略的语义结构，它可以表示承担特定工作的资格。

2. 基于属性的访问控制

基于属性的访问控制主要针对面向服务的体系结构和开放式网络环境。在这种环境中，要能够基于访问的上下文建立访问控制策略，处理主体和客体的异构性和变化性，基于角色的访问控制模型已不能适应这样的环境。基于属性的访问控制不能直接在主体和客体之间定义授权，而是把它们关联的属性作为授权决策基础，并利用属性表达式描述访问策略。它能够根据相关实体属性的变化，适时更新访问控制决策，从而提供一种更细粒度的、更加灵活的访问控制方法。

3. 基于任务的访问控制

基于任务的访问控制是一种采用动态授权且以任务为中心的主动安全模型。在授予用户访问权限时，不仅仅依赖主体、客体，还依赖主体当前执行的任务和任务的状态。当任务处于活动状态时，主体就拥有访问权限；一旦任务被挂起，主体拥有的访问权限就会被冻结；如果任务恢复执行，主体将重新拥有访问权限；任务处于终止状态时，主体拥有的权限马上被撤销。TBAC从任务的角度对权限进行动态管理，适合分布式环境和多点访问控制的信息处理控制，但是这种技术的模型比较复杂。

4. 基于对象的访问控制

基于对象的访问控制将访问控制列表与受控对象关联，并将访问控制选项设计为用户、组或角色及其对应权限的集合；同时允许对策略和规则进行重用、继承和派生操作。这对信息量大、信息内容更新变化频繁的应用系统非常有用，可减轻由于信息资源的派生、演化和重组带来的分配、设定角色权限等的工作量。

（四）访问控制的基本原则

访问控制机制是用来对资源访问加以限制的策略机制，这种策略使对资源的访问只限于那些被授权用户。因此，应该建立起申请、建立、发出和关闭用户授权的严格的制度，以及管理和监督用户操作的责任机制。

为了保证系统的安全，授权应该遵守访问控制的三个基本原则。

1. 最小特权原则

最小特权原则是系统安全中最基本的原则之一。所谓最小特权（Least Privilege），指的是在完成某种操作时所赋予网络中每个主体（用户或进程）的必不可少的特权。最小特权原则则是指，应限定网络中每个主体所必需的最小特权，保证因可能的事故、错误、网络部件的篡改等造成的损失最小。

最小特权原则使得用户所拥有的权力不能超过他执行工作时所需的权限。最小特权原则一方面给予主体"必不可少"的特权，这就保证了所有的主体都能在所赋予的特权之下完成所需要完成的任务或操作；另一方面，它只给予主体"必不可少"的特权，这就限制了每个主体所能进行的操作。

2. 多人负责原则

多人负责原则即授权分散化，对于关键的任务必须在功能上进行划分，由多人来共同承担，保证没有任何个人具有完成任务的全部授权或信息。如将责任做分解，使得没有一个人具有重要密钥的完全副本。

3. 职责分离原则

职责分离为保障安全的一个基本原则。职责分离是指将不同的责任分派给不同的人员以期达到互相牵制的目的，消除一个人执行两项不相容的工作的风险。比如，会计员、出纳员、审计员应由不同的人担任。计算机环境下也要做到职责分离，为避免出现安全方面的漏洞，有些许可不能同时被同一用户获得。

第二节　物联网信息安全技术应用

一、物联网系统安全设计

（一）物联网面向主题的安全模型

面向主题的物联网安全模型设计过程分为四个步骤：第一步，对物联网进行主题划分；第二步，分析主题的技术支持；第三步，物联网主题的安全属性需求分析；第四步，主题安全模型设计和实现。

1. 对物联网进行主题划分

互联网的网络安全是从技术的角度进行研究的，目的是解决已经存在于互联网中的安全问题，如常见的防火墙技术、入侵检测技术、数据加/解密技术、数字签名和身份认证技术等，都是从技术的细节去解决已经存在的网络安全问题的，也使得网络安全一直处于被动地位。面对新出现的病毒、蠕虫或者木马，已有的安全技术往往无法在第一时间对系统进行安全防护，必须经过安全专家的分析研究才能获得解决的方法。

面向主题的设计思想是将物联网进行系统化的抽象划分，在进行主题的划分中，首先应该避免的就是从技术的角度进行分类，如果以技术进行划分，则物联网的安全研究也必将走上面向技术的安全研究的套路；其次应该对物联网进行系统化的主题分类。相对互联网而言，物联网的结构更加复杂，所以，物联网的安全必须进行系统化、主题化的研究，否则，物联网的安全研究将处于一种混乱的状态。

在对物联网的定义和物联网的工作运行机制进行研究的基础上，物联网可划分为八个主题。

（1）通信

将物联网中各种物体设备进行连接的各种通信技术，它为物联网中物与物的信息传递提供技术支持。

（2）身份标识

在物联网中每个物体设备均需要的唯一的身份标识，如同人类的身份证一样。

（3）定位和跟踪

通过射频技术、无线网络和全球定位等技术对连接到物联网中的物体设备进行物理位置的确定和信息的动态跟踪。

（4）传输途径

在物联网中，各种物体设备间的信息传递都需要一定传输路径，主要指与物联网相

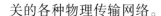

关的各种物理传输网络。

（5）通信设备

连接到物联网中的各种物体设备，物体间可以通过物联网进行通信，进行信息的传递和交互。

（6）感应器

在物联网中，能够随时随地获得物体设备的信息且需要遍布在各个角落。

（7）执行机构

在物联网中发送的命令信息，最终的执行体即为执行机构。

（8）存储

物联网中进行信息的存储。

2. 分析主题的技术支持

对物联网主题的安全属性要求的研究，为物联网主题的安全研究指明了方向。为了推动物联网快速、稳定地发展，在物联网主题的安全研究中，可以将互联网中安全防御技术应用到物联网中。所以，在对物联网主题的安全进行分析之前，需要分析目前的安全属性现状。

（1）通信

通信主题主要包括无线传输技术和有线传输技术，其中无线传输技术在物联网的体系机构中起到至关重要的作用，其涉及的技术主要包括 WLAN（无线局域网）、UWB（超宽带无线通信技术）及蓝牙等技术。

（2）身份标识

在物联网中，任何物体都有唯一的身份标识，可用于身份标识的技术主要有一维条码、二维条码、射频识别技术、生物特征和视频录像等等相关技术。

（3）定位和跟踪

定位跟踪是物联网的功能之一，其主要的技术支持包括射频识别、全球移动通信、全球定位和传感器等技术。

（4）传输途径

物联网的传输途径既包括互联网的主要传输网络以太网，还包括传感器网络，以及其他与物联网相连接的网络。

（5）通信设备

物联网实现了物与物间的直接连接，所以，物联网中的通信设备种类数目庞大。例如，手机、传感器、射频设备、电脑、卫星等都属于通信设备。

（6）感应器

感应器用来识别物联网中的各种物体，其主要的感应属性有音频、视频、温度、位置、距离等。

（7）执行机构

物联网中的各个物体涉及各个行业，因此，执行机构对信号的接收处理也千差万别。

（8）存储

存储主题主要记录和保存物联网中的各种信息，如分布式哈希表（DHT）储存。

3. 物联网主题的安全属性需求分析

对物联网的主题划分和相关技术的研究，为面向主题的物联网安全模型的设计研究打下了坚实的基础。物联网中的主题对安全属性的要求既有共同点又有差异性。因此，需要针对物联网各个主题的特征进行安全属性的需求分析研究。可分析研究信息安全的基本属性的基础上，被信息界称为"滴水不漏"的信息安全管理标准，将物联网主题的安全基本属性分为完整性、保密性、可用性、可审计性、可控性、不可否认性和可鉴别性，并将各种属性的安全级别分为三个等级，C 为初级要求，B 为中级要求，A 为高级要求。下面根据主题的特征，分析主题安全属性要求。

（1）通信

通信技术的特征，特别是无线传输的特性决定了通信主题最易受到外界的安全威胁，如窃听、伪装、流量分析、非授权访问、信息篡改、否认、拒绝服务等。

（2）身份标识

物联网中为了识别物体身份，对物体进行身份唯一标识，要求身份标识有很好的保密性，防止伪造、非法篡改等风险。

（3）定位和跟踪

物联网中的物体都有自己唯一的身份标识，因此可以根据物体的身份标识进行定位和跟踪。为了防止非法用户对物体进行非法跟踪和定位，物联网的定位和跟踪的主题安全属性需要具有较高的保密性与可用性。

（4）传输途径

物联网在传输途径中容易被窃听，因此，在安全属性要求中需要较高的完整性。

（5）通信设备

物联网中的通信设备都有相应的软件或者嵌入式系统的支持，因此，很容易被非法篡改。

（6）感应器

感应器作为物联网接收信号或刺激反应的设备，需要很高的完整性。

（7）执行机构

物联网中的执行机构涉及各个行业，所以，其安全属性要求主要涉及物联网应用层安全，如用户和设备的身份认证、访问权限控制等。

（8）储存

物联网中的信息存储同互联网一样，面临着信息泄露、篡改等威胁，因此，在物联网中的存储需要较高的完整性、保密性。

4. 主题安全模型设计与实现

物联网作为一个有机的整体，可分为感知层、网络层和应用层。分析和研究物联网各主题的安全性并不能保障整个物联网的安全性，还需要从整体的角度把各个主题串联起来，使其成为一个系统化的整体。因此，既需要将物联网的感知层、网络层和应用层相互隔离，又需要将各层系统化地联系起来。在物联网安全的构架中，三层体系结构又细化为了五层体系机构，在感知层和网络层间构架了隔离防护层，同样在网络层和应用层间也增加了相应的隔离防护层。这样当物联网出现安全威胁时，可以有效地防止安全威胁在层与层之间的渗透，同时可在层与层之间建立有机的联系，系统化地保障物联网的安全。因此，在设计面向主题的物联网安全模型时，要将网络安全模型 PDRR 引入到物联网的安全模型中。

（1）模型的内核

模型的核心部分就是以主题为中心的安全属性标准和要求，主题的安全属性需要依据主题自身的特点和需求进行研究设计。该部分是整个模型的关键所在，对主题的安全属性设计应遵从整体性、系统化的思想。

（2）模型的系统

物联网体系构架由感知层、网络层和应用层组成，在安全模型的设计中，这三个层既需要相互联系又需要相互独立。在物联网的安全模型设计中，在层与层间加上防护层的目的是，当某一层出现安全威胁时，通过隔离层的隔离作用，防止将安全威胁蔓延到其他层。同时层与层之间需要有协作的功能，作为一个有机整体，当某一层出现问题时，其他层需要提供相应的安全措施，让物联网作为一个有机整体进行安全防御。

（3）模型的防护层

物联网的安全不但需要自身的安全策略，还需要外界的防护，所以，将 PDRR 安全模型加入物联网的安全模型中，使物联网的安全成为一个流动的实体，其中的预防、检测、响应、恢复四部分功能是相辅相成的。模型的人为因素在一定程度上起到了至关重要的作用，因此，在面向主题的物联网的安全模型中，最外层是安全管理。

（二）物联网公共安全云计算平台系统

1. 物联网公共安全平台架构

（1）物联网公共安全平台的层次

结合目前业界统一的认定和当前流行的技术，初步把物联网公共安全平台设计为五个层次，分别为感知层、网络层、支撑层、服务层、应用层。

①感知层。

感知层主要针对最前端公安人员关注的重点领域和事物。它通过各种感知设备，如RFID、条形识别码、各种智能传感器、摄像头、门禁、票证、GPS 等，对道路、车辆、危险物品、重点人物、交通状况等重点感知领域进行实时管控，获取有用数据。

②网络层。

网络层主要用于前方感知数据的传输。为不重复建设，它最大限度地利用现有的网络条件，把公安专网、无线宽带专网、移动公网、有线政务专网、无线物联数据专网、因特网、卫星等通信方式进行了整合。

③支撑层。

支撑层基于云计算、云存储技术设计，实现分散资源的集中管理及集中资源的分散服务，支撑高效、海量数据的存储与处理；支撑软件系统部署在运行平台之上，实现各类感知资源的规范接入、整合、交换与存储，实现各类感知设备的基础信息管理，实现感知信息资源目录发布与同步，实现感知设备证书发布与认证，为感知设备的分建共享提供全面的支撑服务。

④服务层。

服务层基于拥有的丰富的数据资源和强大的计算能力（依托云计算平台），为构建一个功能丰富的平台提供了基础。它借鉴 SOA，即面向服务的架构思想，通过仿真引擎和推理引擎，把数据库、算法库、模型库、知识库紧密结合在一起，为应用层的实际业务应用软件提供了统一的服务接口，对数据进行了统一、高效的调用，也保证了服务的高可靠性，为整个公共安全平台的后续应用开发提供了可扩展性。

⑤应用层。

应用层主要用来承载用户实际使用的各种业务软件。例如，通过对警用物联网业务的详细分析及调用服务层提供的通用接口，设计出符合用户实际使用的业务软件。可将用户分为三类：第一类为相关技术人员，可以使用平台提供的各程序的服务接口和各设备的运行状态，保证整个平台的正常运行；第二类为基层民警，可以实时查看前端感知信息，并对设备进行控制；第三类为高端用户，在系统的智能分析的协助之下，对各警力和资源进行指挥和调度。

（2）标准和安全体系

标准规范和信息安全体系应贯穿整个物联网架构的设计，具体应包括以下方面：公共安全领域的传感器资源编码标准；数据共享交换的规范；共享数据管理标准，包括公共数据格式标准、公共数据存储方式标准、共享数据种类标准等；传感资源投入和建设的效益评价标准；新建设传感资源和网络的审批标准；物联网公共安全基础设施建设标准。

物联网本质上是一种大集成技术，涉及的关键技术种类繁多，标准冗杂，所以，物联网的关键和核心是实现大集成的软件和中间件，以及与之相关的数据交换、处理标准和相应的软件架构。

感知层是基于物理、化学、生物等技术发明的传感器，"标准"多成为专利，而网络层的有线和无线网络属于通用网络。有线长距离通信基于成熟的 IP 协议体系，有线短距离通信主要以十多种现场总线标准为主；无线长距离通信基于 GSM 和 CDMA 等技术，其 3G/4G/5G 网络标准也基本成熟，无线短距离通信针对不同的频段也有十多种标准。因此，建立新的物联网通信标准难度较大。

从以上分析可知，目前物联网标准的关键点和大有可为的部分集中在应用层。在上面的架构中，把应用层细分为了支撑层、服务层和应用层。其中，支撑层和服务层在各数据标准的融合中起关键作用，是整个物联网运行的关键所在。

2. 数据支撑层设计思路

支撑层主要用来对数据进行处理，为上层服务提供统一标准的安全数据。因为整个物联网公共安全平台涉及大量的实时感知数据，考虑到计算能力和成本问题，决定采用云的架构。首先，把网络层上传的数据进行规格化处理，并按照一定规则算法初步过滤一些无用信息，由云计算数据中心对数据进行存储和转发；其次，由各个计算节点对数据进行接入、编码、整合及交换；最后，形成数据目录，便于查询和使用。同时考虑到数据安全问题，还可以设计数据容灾中心进行应急处理。目前，根据公共安全系统的现状，采用云计算中主从式分布存储与数据中心相结合的云存储思路开展设计工作。采用分布式存储、统一管理的设计思路，将公共安全平台内部所有的存储数据进行统一调度，公安网内部的任何一台主机都可以是数据存储的子节点，从而在任何时间、网内任何地点都能实现完全的资源共享。采用计算偏向存储区域的云计算思路，将推理仿真等计算量较大的计算任务放置在存储区域较近的计算服务器平台上，可以减少网络带宽，在计算上采用服务器集群模式，采用虚拟化的形式（常见的中间件，如 VMware 等）实现计算任务的综合调度分配，可实现计算服务资源的最大利用率。

3. 基于云计算的数据支撑平台体系架构

物联网支撑平台是各类前端感知信息通过传输网络汇聚的平台，该平台实时处理前端感知设施传入的视频信息、数据信息及由应用服务平台下达的对感知设施的控制指令，主要实现信息接入、标准化处理、信息共享、信息存储及基础管理五大功能。

二、物联网安全技术应用

（一）物联网机房远程监控预警系统

1. 系统需求分析

在无人值守的机房环境中，急需解决如下问题。

第一，温控设备无法正常工作。一般坐落在野外的无人值守机房内的空调器均采用农用电网直接供电的方式，在出现供电异常后空调器停止工作，当供电恢复正常之后，也无法自动启动，必须人为干预才能开机工作。这就需要机房设置可以自行启动空调器的装置，最大限度地延长空调器的工作时间，提高温控效果。

第二，环境异常情况无法及时传递。无人值守机房基本没有环境报警系统，即使存在，也是单独工作的独立设备，无法保障环境异常情况及时有效地得以传递，从而会致使设备或系统发生问题。因此，将机房环境异常情况有效可靠地传递出去也是必须要解决的问题。

第三，无集中有效的监控预警系统。对于机房环境监控，目前还没有真正切实有效的系统来保障机房正常的工作环境。有些机房设置了机房环境监控系统，但系统结构相对单一，数据传输完全依赖于现有的高速公路通信系统。比如，机房设备出现了故障，导致通信系统出现问题，则环境监控就陷入瘫痪，无法正常发挥作用。

根据以上分析，无人值守的机房环境应当重点考虑以下三点。

第一，机房短暂停电又再次恢复供电，机房空调器需要及时干预并使其发挥作用。

第二，由于机房未能及时来电或者空调器本身发生故障，机房环境温度迅速升高（降低），超过设备工作温度阈值时，应能够及时向相关人员预警或告知。

第三，建立独立有效的监控预警系统，在高速公路通信系统出现问题时，能够保证有效地进行异常信息发送。

2. 系统架构设计

环境监测是物联网的一个重要应用领域，物联网自动、智能的特点非常适合环境信息的监测预警。

（1）系统架构

机房环境远程监控预警系统结构主要包括感知层、网络层、应用层三部分。在感知层，数据采集单元作为微系统传感节点，可以对机房温度信息、湿度信息等进行收集。数据信息的收集采取周期性汇报模式，通过3G、4G或者5G网络技术进行远程传输。网络层采用运营商的通信网络实现互联，进行数据传输，将来自感知层的信息上传。应用层主要由用户认证系统、设备管理系统和智能数据计算系统等组成，分别完成数据收集、传输、报警等功能，构建起面向机房环境监测的实际应用，如机房环境的实时监测、趋势预测、预警及应急联动等。

（2）系统功能

系统功能主要包括信息采集、远程控制、集中控制预警三大类。信息采集是指本系统通过内部数据采集单元采集并记录机房环境的信息，然后将之数字化并通过网络传送至集中管理平台系统。若机房增加其他检测传感器，如红外报警、烟雾报警等，也可以接入本系统的数据采集单元中，实现机房全方位的信息采集。远程控制是指当发现机房环境异常时，可以利用本系统控制相应的设备及时进行处置，如温度发生变化，则控制空调器或通风设施进行温度调整。另外，可以在机房增加其他控制设备，如消防设施或者监控设施、灯光等。在管理中心设置一套集中监控预警管理平台，可实时收集各机房的状态信息，并分析相关的信息内容，根据现场信息反映的情况，采取相应的控制和预警方案，集中统一管理各机房的工作环境。

（二）物联网门禁系统

门禁系统是进出管理系统的一个子系统，通常它采用刷卡、密码或人体生物特征识别等技术。在管理软件的控制下，门禁系统对人员或车辆出入口进行管理，让取得认可进出的人和车自由通行，而对那些不该出入的人则加以禁止。因此，在许多需要核对人车身份的处所中，门禁系统已成了不可缺少的配置项目。

1.门禁系统的应用要求

（1）可靠性

门禁系统以预防损失、犯罪为主要目的，所以，必须具有极高的可靠性。一个门禁系统在其运行的大多数时间内可能不会遇到警情，因而不需要报警，出现警情需要报警的概率一般是很小的。

（2）权威认证

门禁系统在系统设计、设备选取、调试、安装等环节上都严格执行国家或行业上的相关标准，以及公安部门有关安全技术防范的要求，产品须经过多项权威认证，并且有众多的典型用户，多年正常运行。

（3）安全性

门禁及安防系统是用来保护人员和财产安全的，因此，系统自身必须安全。这里所说的高安全性，一方面是指产品或系统的自然属性或准自然属性应该保证设备、系统运行的安全和操作者的安全。例如，设备和系统本身要能防高温、低温、湿热、烟雾、霉菌、雨淋，并能防辐射、防电磁干扰（电磁兼容性）、防冲击、防碰撞、防跌落等。设备和系统的运行安全包括防火、防雷击、防爆、防触电等。另一方面，门禁及安防系统还应具有防人为破坏的功能，如具有防破坏的保护壳体，以及具有防拆报警、防短路和断开等功能。

（4）功能性

随着人们对门禁系统各方面要求不断提高，门禁系统的应用范围越来越广泛。人们对门禁系统的应用不再局限于单一的出入口控制，还要求它不仅可以应用于智能大厦或智能社区的门禁控制、考勤管理、安防报警、停车场控制、电梯控制、楼宇自控等，而且可以应用于与其他系统的联动控制。

（5）扩展性

门禁系统应选择开放性的硬件平台，具有多种通信方式，为实现各种设备之间的互联和整合奠定良好的基础。另外，系统还应具备标准化和模块化的部件，有很大的灵活性和扩展性。

2.门禁系统的功能

（1）实时监控功能

系统管理人员可以通过计算机实时查看每个门区人员的进出情况、每个门区的状态（包括门的开关及各种非正常状态报警等），也可以在紧急状态下打开或关闭所有门区。

（2）出入记录查询功能

系统可储存所有的进出记录、状态记录，可以按不同的查询条件查询，配备相应考勤软件可实现考勤、门禁一卡通。

（3）异常报警功能

在异常情况下，可以通过门禁软件实现计算机报警或外加语音声光报警，如非法侵入、门超时未关等等。

（4）防尾随功能

在使用双向读卡的情况下，防止一卡多次重复使用，即一张有效卡刷卡进门后，该卡必须在同一门刷卡出门一次才可以重新刷卡进门，否则将被视为非法卡拒绝进入。

（5）双门互锁口

双门互锁也叫 AB 门，通常用于银行金库，它需要与门磁配合使用。当门磁检测到一扇门没有锁上时，另一扇门就无法正常打开。只有当一扇门正常锁住时，另一扇门才能正常打开，这样就隔离出一个安全的通道来，使犯罪分子无法进入，以达到阻碍、延缓犯罪行为的目的。

（6）胁迫码开门

当持卡者被人劫持时，为保证持卡者的生命安全，持卡者输入胁迫码后门能打开，但同时向控制中心报警，控制中心接到报警信号后就能采取相应的应急措施。胁迫码通常设为 4 位数。

（7）消防报警监控联动功能

在出现火警时，门禁系统可以自动打开所有电子锁，让里面的人随时逃生。监控联动通常是指监控系统自动将有人刷卡时（有效或者无效）的情况记录下来，同时将门禁系统出现警报时的情况记录下来。

（8）网络设置管理监控功能

大多数门禁系统只能用一台计算机管理，而技术先进的系统则可以在网络上任何一个授权的位置对整个系统进行设置监控查询管理，也可以通过网络进行异地设置管理监控查询。

（9）逻辑开门功能

简单地说，就是同一个门需要几个人同时刷卡（或其他方式）才能打开电控门锁。

3.门禁系统的分类

按进出识别方式，门禁系统可以分为以下几类。

（1）密码识别

通过检验输入密码是否正确来识别进出权限。这类产品又分为两类：普通型和乱序键盘型（键盘上的数字不固定，不定期自动变化）。

（2）卡片识别

通过读卡或读卡加密码方式来识别进出权限，按照卡片种类它又分为磁卡和射频卡。

（3）生物识别

通过检验人员的生物特征等方式来识别进出权限，有指纹型、掌形型、虹膜型、面部识别型、手指静脉识别型等。

（4）二维码识别

二维码门禁系统大多用于校园，其结合二维码的特点，给进入校园的学生、教师、后勤工作人员、学生家长等发送二维码有效凭证，这样家长在进入校园的时候只需轻松地在识读机器上扫一下二维码即可进出，便于对进出人员进行管理。作为校方，需要登记学生家长的手机号及家人的身份证，家长手机便会收到学校使用二维码校园门禁系统平台发送的含有二维码的短信。这种门禁系统同时支持身份证、手机进行验证，从而确保进出人员的安全。

4. 无线门禁系统的设计

（1）组成部分

由于传统的门禁系统在施工与维护上存在烦琐、费用高等问题，基于物联网的门禁系统开始出现，并最大限度地将门禁系统简化到了极致，尤其是无线的门禁系统。

它主要由平台与终端两部分组成。

①平台。

门禁云平台基于云部署，平台通过管理后台连接各社区网络，做业务数据的汇总及转发；通过前台门户，为物业管理者提供登录访问和管理操作服务。

②终端。

门禁系统的终端包括门口机和电信终端。门口机是安装在小区入口或楼宇入口的楼宇对讲及门禁终端，访客可以通过门口机呼叫业主或者住户，与之进行音频对讲，并接收远程指令开门。门口机融合门禁模块，可为业主或住户物业提供IC卡或手机刷卡开门。电信终端是中国电信或其他电信运营商的固定电话终端，用于接收来自门禁云平台的呼叫，实现远程对讲及开门；手机包括智能手机与普通手机，用于接收来自门禁云平台的呼叫，实现远程对讲及开门。

（2）关键技术

①手机远程控制门禁。

针对现有社区的楼宇对讲及门禁系统只能在本地内部网络实现语音视频对讲及控制门禁的问题，我们通过门禁平台与电信网相连，同时改造现有门禁系统中门口机的软件系统，增加双注册软件模块及触发的逻辑机制，在实现门口机呼叫房间室内机的同时无人应答时，将门口呼叫送往门禁平台，门禁平台后台管理系统将接通与室内机绑定的手机、固话或多媒体终端等设备，实现远程语音或视频对讲及辅助控制门禁的功能。

②基于RFID带抓拍功能的门口机。

传统基于RFID的门口机主要支持两种卡：ID卡（Identification Card，身份识别卡）与IC卡（Integrated Circuit Card，集成电路卡）。对于这两种卡，大多数门禁装置只读取其公共区的卡号数据，根本不具备卡数据的密钥认证、读写安全机制，因此，卡极容易被复制、盗刷，给出入居民带来了严重的安全隐患。同时，传统的基于RFID的门禁装置仅提供最基本的刷卡开门功能。因此，基于社区、出租屋实现创新管理，提高安全保障的需要，RFID门禁装置要求不仅可实现刷卡开门及记录存储，还能在开门时进行图片或视频的抓拍，存储带抓拍图片或视频的开门记录，以增强安全管理。

在原有刷RFID卡开门功能的基础上，扩展实现了以下功能：①门禁装置的红外感应模块感应到有人靠近门禁时，即启动抓拍，抓拍可以是一张图片，也可以是一段视频；

②门禁装置的读卡模块，在有人刷卡时，无论刷卡成功还是失败，都启动抓拍，抓拍可以是一张图片，也可以是一段视频；③门禁装置将红外感应抓拍的图片或视频以及刷卡时的刷卡记录与抓拍的图片或视频通过 IP 数据通信模块，上传到门禁管理平台，进行实时记录。

（3）安全性与可靠性

无线物联网门禁系统的安全与可靠主要体现在以下两个方面：无线数据通信的安全性保证和传输数据的稳定性保障。在无线数据通信的安全性保证方面，无线物联网门禁系统通过智能跳频技术确保信号能迅速避开干扰，同时通信过程中采用动态密钥和 AES 加密算法，哪怕是相同的一个指令，每一次在空中传输的通信包都不一样，让监听者无法截取。但是，对于无线技术来讲，大家能理解并接受数据包加密技术，而无线的抗干扰能力却是始终绕不开的话题。在传输数据的稳定性保障方面，针对这一问题，无线物联网门禁专门设计了脱机工作模式，这是一种确保在无线受干扰失效或者中心系统宕机后也能正常开门的工作模式。以无线门锁为例，在无线通信失败时，它等同于一把不联网的宾馆锁，仍然可以正常开关门（和联网时的开门权限一致），用户感觉不到脱机和联机的区别，唯一的区别是脱机时刷卡数据不是即时传到中心，而是暂存在锁上，在通信恢复正常后再自动上传。无线物联网是一个超低功耗产品，这样会使电池的寿命更长。

无线物联网门禁系统的通信速度达到了 2Mb/s，越快的通信速度就意味着信号在空中传输的时间越短，消耗的电量也越少，同时无线物联网门禁系统采用的锁具只在执行开关门动作时才消耗电量。无线物联网门禁系统可以直接替换现有的有线联网或非联网门禁系统。对于办公楼宇系统，应用无线物联网门禁能显著降低施工工作量，降低使用成本；对于宾馆系统，能提升门禁的智能化水平。但是任何新生事物出现在市场上都难免一些质疑声，如何打消用户对无线系统稳定性、可靠性、安全性的担忧是目前市场推广面临的最大难题。

三、EPCglobal 网络安全技术应用

EPCglobal 网络是实现自动即时识别和供应链信息共享的网络平台。EPCglobal 网络能提高供应链上贸易单元信息的透明度与可视性，使各机构组织更有效地运行。通过整合现有信息系统和技术，EPCglobal 网络将为全球供应链上的贸易单元提供即时、准确、自动的识别和跟踪。

（一）EPCglobal 物联网的网络架构

1. 信息采集系统

信息采集系统由产品电子标签、读写器、驻留有信息采集软件的上位机组成，主要完成产品的识别和 EPC 的采集与处理。

2.PML 信息服务器

PML（PhysicalMarkup Language）信息服务器由产品生产商建立并且维护，储存着

该生产商生产的所有商品的文件信息，根据事先规定的原则对产品进行编码，并利用标准的 PML 对产品的名称、生产厂家、生产日期、重量、体积、性能等详细信息进行描述，从而生成 PML 文件。一个典型的 PML 服务器包括四个部分。

（1）Web 服务器

它是 PML 信息服务中唯一直接与客户端交互的模块，位于整个 PML 信息服务的最前端，可以接收客户端的请求，并对其进行解析、验证，确认无误之后发送给 SOAP 引擎，同时将结果返回给客户端。

（2）SOAP 引擎

它是 PML 信息服务器上所有已部署服务的注册中心，可以对所有已部署的服务进行注册，为其提供相应组件的注册信息，将来自 Web 服务器的请求定位到相应的服务器处理程序中，并将处理结果返回给 Web 服务器。

（3）服务器处理程序

它是客户端请求服务的实现程序，包括实时路径更新程序、路径查询程序和原始信息查询程序等。

（4）数据存储单元

它用于 PML 信息服务器端数据的存储，主要用于客户端请求数据的存储，存储介质包括各种关系数据库或一些中间文件，如 PML 文件。

3.ONS

ONS 的作用是在各信息采集节点与 PML 信息服务器之间建立联系，实现从 EPC 到 PML 信息之间的映射。读写器识别 RFID 标签中的 EPC 编码，ONS 则为带有射频标签的物理对象定位网络服务。这些网络服务是一种基于 Internet 或者 VPN 专线的远程服务，可以提供和存储指定对象的相关信息。实体对象的网络服务通过该实体对象的 EPC 代码进行识别，ONS 帮助读写器或读写器信息处理软件定位这些服务。ONS 是一个分布式的系统架构，其体系结构主要由四部分组成。第一，映射信息。映射信息以记录的形式表达了 EPC 编码和 PML 信息服务器之间的一种映射，它分布式地存储在不同层次的 ONS 服务器里。第二，ONS 服务器。如果某个请求要求查询一个 EPC 对应的 PML 信息服务器的 IP 地址，则 ONS 服务器可以对此做出响应。每一台 ONS 服务器拥有一些 EPC 的授权映射信息和 EPC 的缓冲存储映射信息。第三，ONS 解析器。ONS 解析器负责 ONS 查询前的编码和查询语句格式化工作，它将需要查询的 EPC 转换为 EPC 域前缀名，再将 EPC 域前缀名与 EPC 域后缀名组合成一个完整的 EPC 域名，最后由 ONS 解析器发出对这个完整的 EPC 域名进行 ONS 查询的请求，获得 PML 信息服务器的网络定位。第四，ONS 本地缓存。ONS 本地缓存可以将经常查询和最近查询的"查询—应答"值保存于内，作为 ONS 查询的第一入口点，这样可减少对外查询的数量与 ONS 服务器的查询压力。

4.Savant 系统

Savant 系统在物联网中处于读写器和企业应用程序之间,相当于物联网的神经系统。

Savant 系统采用分布式结构和层次化组织管理数据流，具有数据搜集、过滤、整合与传递等功能。因此，它能将有用的信息传送到企业后端的应用系统或者其他 Savant 系统中。

（二）EPCglobal 网络安全

1.EPCglobal 网络的安全性分析

EPCglobal 网络的安全研究主要分为两大类：一类主要研究 RFID 的阅读器通信安全与 RFID 标签的安全；另一类主要研究 EPCglobal 网络安全。

在 RFID 的标签与阅读器研究方面，有学者设计出了一种 RFID 标签和读写器之间的双向认证协议，并且该协议可以在 EPCglobal 兼容的标签上使用。该协议可以提供前向安全（Forward Security），还提出了一种 P2P 发现服务的 EPC 数据访问方法，该方法比基于中央数据库的方法具有更好的可扩展性。

在 EPCglobal 的 1 类 2 代（Class-1Generation-2）RFID 标签中，标签的标识是以明文的形式进行传输的，很容易被追踪与克隆。通过对称和非对称密码加密的方法在廉价标签中可能不太可用。虽然一些针对第 2 代标签的轻量级的认证协议已经出现，但这些协议的消息流与第 2 代标签的消息流不同，因而存在的读写器可能不能读新的标签。相关研究提出了一种新的认证协议，被称为 Gen2+，该协议依照第 2 代标签的消息流，提供了向后兼容性。该协议使用了共享的假名（Pseudonym）和循环冗余校验（CRC）来获得读写器对标签的认证，并利用读存储命令来获得标签对读写器的认证。论证结果表明，Gen2+ 在跟踪和克隆攻击下更加安全。

在 EPCglobal 的 RFID 标签安全研究中对第 2 代标签的安全缺陷进行了分析，包括泄露、对完整性的破坏、拒绝服务攻击及克隆攻击等。广义上来说，泄露威胁指的是 RFID 标签信息保存在标签中和在传递给读写器的过程中被泄露。拒绝服务攻击就是当标签被访问时，被攻击者的读写器阻止了，即当一个读写器需要读标签信息时，被另一个攻击者的读写器阻止了这种访问。这种阻止可能是持续的，将会导致标签信息总是无法被读取。破坏完整性威胁是指非授权地对标签存储的信息或者传递给读写器的信息进行修改。克隆攻击就是指某个非法标签的敌对行为欺骗读写器，使读写器以为自己正在与某个设备进行正确的信息交换。在这种攻击中，仿真程序或硬件在一个克隆标签上运行，伪造了读写器期望的正常的操作流程。为应对这些威胁，可采用的方法包括使用会话来避免泄露，引入高密度（Dense）读写器条件来避免拒绝服务攻击，组合安全协议和空中接口、Ghost Read 及 Cover coding 方法来克服破坏完整性攻击。对于克隆攻击还没有好的防御方法。

针对供应链中可以检索的研究分析，给出了一种在基于 RFID 的供应链中进行检索和分析分布式的 EPC 事件数据的方法，组合这些数据可能导致商业机密的泄露。相关研究还给出了一个基于证书（License）的访问控制原型系统来保护商业方的隐私。该方法依照欧盟提出的隐私保护设计（Privacy-by-Design）原则，可以减少暴露的数据。

2.EPCglobal 网络中的数据清洗

因为读写器异常或者标签之间的相互干扰，有时采集到的 EPC 数据可能是不完整的或错误的，甚至出现多读和漏读的情况。漏读（Negative）是指当一个标签在一个阅读器阅读范围之内时，该阅读器没有读到该标签。多读（Positive）是指当一个标签不在一个阅读器阅读范围之内时，该阅读器仍然读到该标签。如果将源数据直接投入到实际应用中，得到的结果一般都没有应用价值，所以在对 RFID 源数据进行处理前，需要对数据进行清洗。Savant 要对读写器读取到的 EPC 数据进行处理，消除冗余数据，过滤掉无用信息，以便把有用信息传送给应用程序或者上级 Savant。

冗余数据的产生主要有以下两个原因：第一，在短期内同一台读写器对同一个数据进行重复上报，如在仓储管理中，对固定不动的货物重复上报，在进货、出货过程中，重复检测到相同的物品；第二，多台临近的读写器对相同数据都进行上报。读写器存在一定的漏检率，这和读写器天线的摆放位置、物品离读写器的远近、物品的质地都有关系。通常为了保证读取率，会在同一个地方摆放多台相邻的读写器，这样，多台读写器将监测到的物品上报时，就可能出现重复检测情况。

在很多情况下，用户希望得到某些特定货物的信息、新出现的货物信息、消失的货物信息或只是某些地方的读写器读到的货物信息。用户在使用数据时，希望最小化冗余，尽量得到靠近需求的准确数据。解决冗余信息的办法为设置各种过滤器进行处理。可用的过滤器有很多种，典型的过滤器有四种：产品过滤器、时间过滤器、EPC 过滤器和平滑过滤器。产品过滤器只发送与某一产品或制造商相关的产品信息，也就是说，过滤器只发送某一范围或方式的 EPC 数据；时间过滤器可以根据时间记录来过滤事件，如一个时间过滤可能只发送最近 10 分钟之内的事件；EPC 过滤器可以过滤符合某个规则的 EPC 数据；平滑过滤器可处理出错的情况，包括漏读和错读。

对于漏读的情况，需要通过标识之间的关联度（如同时被读到）找回漏掉的标识。基于监控对象动态聚簇概念的 RFID 数据清洗策略，通过有效的聚簇建模和高效的关联度维护来估算真实的小组，这里所谓的"小组"就是常常会同时读取的具有某种关联度的标签，然后在估算真实的小组基础上进行有效的清洗。因为引入了新的维度，在有小组参与的情况下，无论数据量的大小还是组变化的程度，与考虑时间维度的相关工作相比，该模型都可以有效地利用组间成员的关系提高清洗的准确性。

第五章 物联网技术在智能家居领域的应用

第一节 智能照明控制

一、智能照明控制系统的组成

智能照明控制系统主要应用于酒店、体育馆、医院、路灯照明等场所，也是智能家居的重要组成部分。智能照明控制是指用智能开关面板直接替换传统的电源开关，用遥控等多种智能控制方式实现对室内所有灯具的开启或关闭、亮度调节、全开、全关以及组合控制的形式，实现"会客""影院"等多种灯光情景效果，从而达到了智能照明的节能、环保、舒适、方便的功能。其中控制方式包括触摸面板、遥控器控制、智能手机控制、电话远程控制、定时控制、平板电脑网络控制等等。

智能照明控制系统主要由智能移动终端（智能手机或平板电脑等）、控制模块、环境光传感器与智能开关等组成。其中控制模块是一款功能精简的智能家居控制主机，安装完成相关软件后，它可轻松控制灯光、窗帘、电器等设备；环境光传感器可以感知室内光线情况，并告知控制模块自动调节室内亮度，降低照明电能消耗；智能开关包括调光面板、情景控制面板与随意贴面板，它们可手动或者利用受控制模块控制室内的灯光或不同灯具的组合。

二、智能照明控制所需产品及性能简介

（一）智能开关面板

智能开关面板采用高灵敏触摸按键，支持 App 远程控制、定时控制，单火取点 NSWA 技术，支持情景联动。手指触碰即可开关，装有触碰反馈，内置 LED 灯，面板装有 150 个以上的发光二极管的点阵，可以显示时间与天气。可以使用手机进行远程控制开 / 关灯，可通过手机设置定时照明开关，面板内置距离传感器，当面板不使用的时候，面板指示灯灭，节约能源。当有人靠近时会自动亮起指示灯。面板会定时更新显示的空气质量指数，将灯光的实时状态进行反馈。当手指触碰面板的时候，会有震动反馈，支持语音控制，采用上接线方式。

（二）智能调光面板

智能调光面板也是采用高灵敏电容触摸屏，内置发光二极管点阵列，可以显示连接灯光的状态，手指在控制界面滑动控制灯光的亮度。可以使用特定 App 进行远程控制，也可以制定亮度变化周期进行定时控制。支持语音控制。采用上接线方式。

（三）智能情景面板

智能情景面板支持多路情景的调节，可以通过特定 App 进行编辑（包括添加、删除和修改）。内置发光二极管点阵列，面板表面可显示时间和定制图案。高灵敏电容式触摸屏，手指轻轻点动即可选择。面板内置距离传感器，当面板不使用的时候，面板指示灯灭，节约能源。当有人靠近时会自动亮起指示灯。面板会定时更新显示的空气质量指数，将灯光的实时状态进行反馈。当手指触碰面板的时候，会有震动反馈。支持语音控制。采用上接线方式。

在智能情景面板中有一种叫触控情景面板或智能触控面板，它采用 OLED 显示。可以根据实际的需求配置不同的场景模式，提供多种场景选择。也可根据用户自身需要和习惯，配置相应的场景。如海尔智慧家居中智能触控面板采用高端豪华外观设计，能智能调节空调、灯光、新风，搭配多种不同类型负载，实现场景控制，互联互通。用户可以通过任何移动终端，即使远在千里之外也可随心调控设备，从而达到不同的身心享受。

（四）智能网关

智能网关具备智能家居控制中心及无线路由器两大功能，一方面负责整个家庭的安防报警、灯光照明控制、家电控制、能源管控、环境监控、家庭娱乐等信息的采集与处理，通过无线方式与智能交互终端等产品进行数据交互。另一方面它还具备无线路由器功能，是家庭网络和外界网络沟通的桥梁，为通向互联网的大门。

（五）LED 变色灯

LED 变色灯是一种新型灯泡，它的外形与一般乳白色白炽灯泡相同。它由电容降压式稳压电源、LED 控制器及红（R）、绿（G）、蓝（B）三基色 LED 发光二极管阵

列组成。电源接通后，经电容降压、二极管整流、稳压后输出 15V 直流电压供 LED 控制器和三基色 LED 阵列。LED 控制器能自动按一定的时间间隔发出高低电平，控制三基色 LED 发光二极管的导通（点亮）与关闭（熄灭）。经三基色混合原理，便会自动循环地发出青、黄、绿、紫、蓝、红、白色光。

LED 变色灯适用于家庭生日派对、节日聚会、过节过年，给节日添加欢乐气氛，也可用于娱乐场所及作为广告灯等。该变色灯泡的特点为：节能（功率约 1W）、寿命长、使用方便、价格便宜。

三、家庭智能照明系统设计

（一）家庭照明设计的基本要求

智能家庭照明设计的基本要求是实现智能化管理与控制，另外则是节能与环保。其中智能化操作系统的照明必须满足：一是可以实现人性化、智能化一键操作，集成可视管理。可控管理，节省人力；二是必须实现能源节能与环保。

家庭智能照明应具有以下功能。

1. 集中控制和多点操作

在任何一个地方的终端均可控制不同地方的灯；或者是在不同地方的终端可以控制同一盏灯。

2. 软启动

开灯时，灯光由暗渐渐变亮。关灯时，灯光由亮渐渐变暗，避免亮度的突然变化刺激人眼，给人眼一个缓冲，保护眼睛。而且避免大电流和高温的突变对发光器件的冲击，保护灯泡，延长使用寿命。

3. 灯光明暗能调节

无论是在会客、看电视、听音乐，还是与家人在一起或者独自思考时，均能调节不同灯光的亮度，创造舒适、宁静、和谐、温馨的气氛。

4. 全开全关和记忆

整个照明系统的灯可以实现一键全开和一键全关的功能。当入睡或者离家时，可以按一下全关按键，全部的照明设备将全部关闭。能记忆前一次开灯时所设置的亮度，下次开灯时自动恢复。

5. 定时控制

通过日程管理程序，可以对灯光实现定时开关。例如，在每天早晨 7 点钟，会将卧室的灯光缓缓开启到一个合适亮度；在深夜，自动关闭全部的灯光照明。

6. 情景设置

通过软件编程，可按一个键控制一组灯，实现多路灯光情景的设置与转换，或者实现灯光和电器的组合情景，如回家模式、离家模式、会客模式、就餐模式、影院模式、起夜模式等。

7. 遥控及远程控制

用一个遥控器或通过手机、平板电脑便可遥控或远程控制所有的灯具。

8. 语音控制

用户只要通过语音指令，便可控制所有的灯具，或开启所需要的情景模式。

（二）家庭照明的灯光设计

家庭照明系统一般分为客厅、卧室、餐厅、厨房、书房、卫生间等，在智能家居设计的过程中，智能照明系统根据各个房间的要求进行灯光设计和控制，实现理想效果。

家庭照明的灯光设计主要实现对家庭内外的灯光进行各种智能控制与管理，具体地说主要实现灯光单控、双控、多控，全部及局部区域灯光全开、全关等；不同房间、不同生活区域的一键式情景控制功能。

1. 客厅

客厅是全家人休闲娱乐和会客聚会的重要场所，因此客厅照明设计的主基调应当是明亮、实用和美观，以满足各种场合的使用需求。

客厅照明在光源设计上应当有主光源和副光源。主光源一般指吊灯、吸顶灯，起到基础照明作用。在客厅安装组合吊灯，不仅外观奢华大气，而且可以调节照度，深受人们的喜爱；副光源是指壁灯、台灯、落地灯等，起辅助照明作用。随着光源艺术进入百姓之家，副光源的使用频率越来越频繁。有些壁灯起着装饰墙角、壁画的作用，使这一角落别有洞天，雅趣无穷。落地灯的灯罩是室内装饰的关键，颜色应当考究，最好与沙发等客厅主色调保持一致。设置在书桌或茶几上的台灯，对照度的要求比较高，光源位置应该高一些，扩宽光线的投洒面。会客用的茶几台灯，照度则可以比较低，可选用桶形半透明灯罩，使光线均匀地洒向会客区，营造气氛温馨、乐融融的会客氛围。

2. 卧室

卧室照明既需要满足睡觉时柔和、轻松、宁静、浪漫的环境要求，又要满足装扮、着装以及睡前阅读的需求。各种卧室照明需求的微妙组合，要求精妙的卧室照明设计为其提供照明平衡。

卧室是休息睡觉的房间，要求有较好的私密性。光线应该柔和，避免眩光和杂散光，以帮助主人进入睡眠状态。卧室照明的出发点是以基础照明为主要光源，配以装饰照明和重点照明来烘托空间气氛。一般可用一盏吸顶灯作为主光源，安置在天棚中间；设置壁灯、小型射灯、发光灯槽或者筒灯等作为装饰照明或者重点照明，以降低室内光线的明暗反差。

如果主人有在床上看书的习惯，建议在床头安放一个可调光型的台灯，灯具内安装节能灯或冷光卤素光源，可避免阅读的视觉疲劳。床头台灯可提供集中柔和的光线，既为听音乐、养神定气营造柔和的灯光环境，又可满足休闲阅读的照明需求。

阅读的间隙需要休息和放松，可通过射灯去突出一件艺术品，如根雕、玻璃樽等等。

3. 餐厅

餐厅的照明，要求色调柔和、宁静，有足够的亮度，不但使家人能够清楚地看到食物，而且要与餐桌、椅子、餐具的色彩相匹配，形成视觉上的美感。照明设计能够影响餐厅的整体效果，在灯具的选择上，以温馨、浪漫为基调，餐吊灯、壁灯应该是餐厅中的首选灯具。

由于小户型的家居环境越来越多，很多家庭没有独立的餐厅，仅仅将客厅的一部分作为就餐区。在这种情况下，将光线集中在餐桌上而不是均匀地照明整个区域，可以增加亲切感，拉近主人与客人的距离。常规方案是将单个灯具悬挂在餐桌上方。对于较大的桌子而言，应当使用两三个功率小且相互匹配的灯具，才能满足就餐环境的需要。调光器在餐厅照明中大有用武之地，其能根据餐厅的需要适时调节照度，或者在非就餐时间只照亮桌脚，也是客厅"风景"的一部分。

4. 厨房

厨房作为工作室的一种，需要无阴影的常规照明。厨房照明既要实用又要美观、明亮、清新，以给人整洁之感。厨房灯光需要分成两个层次：一个是整个厨房的基本照明，另一个是对洗涤、备餐、操作区域的重点照明。

基本照明照亮整个区域，可采用功率在 25 ～ 40w 之间的吸顶灯或吊灯，尤其是装一个嵌入式吸顶灯具，或防水防尘防油烟的吸顶灯，这样能提供高效节能的基本照明。

厨房的灯具应以功能性为主，外形大方简约，并且便于打扫清洁。灯具材料应选用不易氧化和不易生锈的材质，或表面有保护层的灯具为佳。选择经济美观、装饰性强、经久耐用的厨卫灯，既能创造明亮的环境，又可使食物的自然色彩得到真实再现，创造明亮舒适的厨房操作环境。

为了厨房照明更完善，方便烹饪操作，可以在厨房中安装一个由不同的灯具和光源组成的多层次的照明系统，也可以在橱柜上方安装个照明装置用于间接照明，比如小射灯，照在橱柜的上部，不仅美观大方、不会刺眼，而且还方便取盘放碟。

5. 书房

书房，顾名思义，是读书写字的居室，也是陶冶情操、修身养性处所。从人的视觉需求和书房照明的要求来看，书房灯具的选择首先要以保护视力为基准。除了人的生理健康和用眼卫生等因素外，必须使灯具的主要照射面与非主要照射面的照度比为 10 : 1 左右，这样才适合书房的视觉要求。另外，照度需要达到 150Lx 以上，才能满足书写照明的需要。

随着计算机走入千家万户，显示屏需要良好的照明环境，要保证有足够的光线照亮键盘区，以避免屏幕上形成对比强光对眼睛造成刺激，最好打较弱的光线在屏幕上。台灯具有照度高、光源深藏、视觉舒适、移动灵活等特点，在计算机工作区域配置一盏精巧的台灯，能够获得理想的效果。

6.卫生间

白天，卫生间应整洁、清新、明亮，晚上，则需要轻松、娴静和亲密。由于卫生间是水与电共存的特殊场所，要求灯具具备防水防尘的特点。

卫生间的淋浴、坐厕等功能区域，照明应以柔和光线为主，照度要求不高，但光线需均匀。由于此区域用水频率很高，光源本身还要有防水、散热和不易积水的结构。一般来说，在5平方米的空间里要用60w的光源进行照明，灯具的显色指数要求不高，白炽灯、荧光灯、气体灯都可以。相对来讲，墙面光源比较适合浴室空间环境，这样可以减少顶光源带来的阴影效应。

第二节　家庭安防报警

一、家庭安防报警系统的组成

智能安防报警是智能家居系统中必不可少的功能，是指为家庭设备与成员的安全而安装的安全防范与报警系统，它包括智能移动终端（智能手机或者平板电脑等）、控制主机（智能网关）、红外探头、网络摄像机、可燃气体探测器、烟雾探测器、门磁、窗磁、玻璃破碎探测器、视频服务器、紧急按键、门禁和可视对讲等。一套完善的智能家居安防报警系统可确保每一个用户的生命及财产的安全。

（一）家庭安防报警系统的功能

家庭安防报警系统主要有以下功能。

1.远程实时监控功能

用户使用监控客户端软件，可以通过互联网实时观看远程的监控视频。监控客户端软件可以安装在计算机和智能手机上。

2.紧急求助呼叫功能

安装在老人室内的报警控制器具有紧急呼叫功能，小区物业管理中心可以对住户的紧急求助信号做出回应和救助，最大程度保障住户的生命安全。

3.远程报警与远程撤设防功能

家庭无线视频监控系统的无线摄像机，能够监视15米范围内的图像，并且在第一时间内将报警信息发送到用户的手机和客户端软件上。用户使用计算机或手机客户端软件，可远程方便地对监控场所进行设防和撤防管理。

4.预设报警功能

智能安防报警系统可预设报警电话号码，比如110、120、119等进行报警，并与小区实现联网。另外，还可通过预设发警报到住户的手机或指定电话上。

5. 报警及联动功能

通过安装在家中的门磁、窗磁，监测非法入侵，主人和小区警卫可通过安装在住户室内的报警控制器在小区管理中心得到信号从而快速接警处理。同时，报警联动控制可在室内发出报警信号，系统向外发出报警信息的同时，自动打开室内的照明灯光系统、启动蜂鸣器和报警灯等，这样可以给非法入侵者警告，从而达到吓退入侵者的目的。

6. 网络存储图像功能

家庭无线视频监控系统能够通过网络保存监控视频。在无警或撤防状态下，可按设定时间间隔定时在网络硬盘上保存监控场所视频。在发生报警情况之下，能连续在网络硬盘上保存图像，直到解除报警为止。用户随时可以通过客户端软件查看监控录像回放。

7. 具备夜视、云台等控制功能

选择带有红外夜视功能的无线摄像机，在无光线的环境下也能正常摄像。如果使用360°旋转云台，还可以使监控范围大为扩展，避免监控死角，使一个摄像机达到多个摄像机的使用效果。

家庭安防系统主要通过智能主机与各种探测设备配合，实现对各个防区报警信号及时收集与处理，通过本地声光报警器以及电话或短信报警，向用户预设的电话或短信号码循环语音或短信报警，直到用户接警系统撤防为止。用户可根据报警情况，及时通过网络摄像头确认现场情况或者亲自处理，以确认偷盗等紧急事情发生与否。

（二）视频监控子系统的组成

家庭视频监控子系统主要实现视频监控与安防看护，包括家庭内部情况的监视和远程实时监控。该子系统由红外高清网络摄像头、监视器、存储设备、网络接入设备、报警接口模块等组成，由于家庭计算机的普及应用和宽带的广泛使用，目前广泛采用了"网络摄像头＋网络保留＋网络传输＋短信或者手机报警"方式。

（三）防火防盗子系统的组成

家庭防火防盗子系统由各种前端传感器、探测器、控制主机等组成。前端传感器、探测器主要有红外感应探测器、门窗磁探测器、可燃气体传感器、烟雾传感器、玻璃破碎探测器、幕帘探测器、二氧化碳传感器等。假如电线短路发生火灾，当火苗烟雾刚刚出现时，烟雾传感器就会探测到，即发出警报声，提醒室内人员，并自动通过电话对外报警，以便得到迅速及时的处理，免遭重大损失；如果煤气发生泄露，可燃气体传感器马上发出警报声，并自动启动排风扇，开启智能窗户／窗帘，避免室内人员发生不测，同时通过电话线将警情自动报告给指定电话；如有歹徒企图打开门窗，就会触发门磁感应器，这时，智能主机通过电话线将警情报告给多个指定电话，或通过无线网络将警情通知主人的手机，户主得到报警信息后，可迅速采取应对措施，保障财产与生命安全。

二、家庭安防报警所需产品及性能简介

（一）智能猫眼

智能猫眼是一种替代传统猫眼的家居安防产品，是安装在防盗门上可以 24 小时自动拍照、感应监控的智能可视猫眼。通过液晶屏显示，无论老人或者小孩都可以清晰地看清门外的情况。同时还可以对来访者进行自动拍照留档，以便业主外出归来时查看来访记录。当有访客到来时，如果家里有人，可直接通过室内显示屏与访客视频对话；如果出门在外，访客按响门铃时，通过智能猫眼搭配的手机 App 把自动推送消息，打开 App 即可与访客实现实时视频对话。

智能猫眼与可视门铃最本质的区别就是：设备是否通过联网，且实现远程实时掌控，让户主不论身在何方，都能通过手机随时随地获知家门外一切信息。

（二）智能门锁

智能门锁是一款将创新的识别技术（包括计算机网络技术、内置软件卡、网络报警、锁体的机械设计）与电子技术（包括集成电路设计、大量的电子元器件）相结合的智能化产品。目前在智能门锁尤其是家用智能门锁中，指纹识别已经成为标配。智能指纹锁是在指纹锁的基础上，加入物联网功能，实现 App 操控。其集合了互联科技、人工智能、生物智能等高新技术，是中国智能家居领域最具科技含量的产品类目之一。智能指纹锁是智能家居入口，也是智能家居安防系统的核心组成部分。通过云端安全技术，实时反馈门锁状态和家庭安全状况，实现智能指纹锁定、远程报警、可视对讲等功能。智能指纹门锁具有指纹、密码、机械钥匙、手机遥控四种开门方式。

指纹识别传感器又称指纹采集器是智能指纹锁中的核心器件之一，它的好坏直接影响指纹锁的安全性。目前指纹识别传感器根据采集原理的不同，一般分为光学指纹识别传感器与半导体指纹识别传感器两种，其中半导体指纹识别传感器又分为电容半导体指纹识别传感器和射频式半导体指纹识别传感器。因为价格的原因，在家用智能指纹门锁中，光学式识别方案应用的更为普遍，占到 70% 以上。业界普遍在追寻更为安全的生物识别方案，如人脸、虹膜等，但由于技术方案的成熟度和价格原因，很难在智能门锁上大规模应用。倒是有一种与指纹识别有点类似的技术方案，有望成为指纹识别的升级替代，那就是指静脉识别。

指静脉方案的原理是采用波长 700 ~ 1100nm 的红外光照射手指，手指内部静脉血管里的血红蛋白会吸收部分红外光，从而绘制出指静脉的图像，然后将图像数字化，并做特征提取，与已经记录的指静脉图像比对，完成识别过程。

智能门锁可以说是指静脉识别最佳的应用场景。尤其它和光学式指纹识别在原理和结构上的相似性，使得指静脉识别方案可以很平滑地替换掉光学指纹识别方案，指静脉技术对于智能门锁的安全性会有显著的提升。

（三）智能摄像头

智能摄像头是智能家居的重要组成部分，是一种融入人工智能技术的网络摄像头。

它通过云端大数据与物联网，利用智能手机可远程监控家里的实时动态，还可与控制主机进行安防联动，当监测到非法侵入时会报警，并将消息推送给手机。

（四）可燃气体传感器

家居生活中最常见的可燃气体是天然气，及时可靠地检测到空气中的可燃性气体是智能家居必不可少的功能。

目前的可燃性气体传感器主要有催化型和半导体型两种。催化型可燃气体探测器利用难熔金属（如铂丝）加热后的电阻变化来测定可燃气体浓度。当可燃气体进入探测器时，在铂丝表面引起氧化反应（无焰燃烧），其产生的热量使铂丝的温度升高，并改变铂丝电阻率和输出电压大小，从而测量出可燃气体浓度。半导体型探测器是利用灵敏度较高的气敏半导体器件工作的，当遇到可燃气体时，半导体电阻下降，下降值与可燃气体浓度有对应关系。通过测量下降的电阻值，即可以计算出可燃气体浓度。

（五）烟雾传感器

烟雾传感器（烟雾报警器）是一种将空气中的烟雾浓度转换成有一定对应关系的输出信号的装置，主要用于及时监测家庭火灾的发生，尤其是在火灾初期、人

不易察觉到的时候进行报警。烟雾传感器分为光电式和离子式两种。

光电式烟雾传感器由光源、光电器件和电子开关组成，内部安装有红外对管，无烟时红外接收管接收不到红外发射管发出的红外光，当烟尘进入内部时，通过折射、反射作用接收管接收到红外光，智能报警电路就会判断是否超过阈值，如果超过就会发出警报。

离子式烟雾传感器有一个电离室，离子室所用人造放射元素镅241（Am241），强度约0.8微居里左右，正常状态下处于电场的平衡状态，当有烟尘进入电离室，电离产生的正、负离子，干扰了带电粒子的正常运动，在电场的作用下各自向正负电极移动，破坏了内外电离室之间的平衡，电流、电压就会有所改变。离子式烟雾传感器就是通过相当于烟敏电阻的电离室引起的电压变化来感知烟雾粒子微电流变化装置，宏观表现为电离室的等效电阻增加引起电离室两端的电压增大，由此来确定空气中的烟雾状况。

在烟雾传感器的基础上再增加一些放大、音箱电路，就可制作成烟雾报警器。由此可见烟雾报警器是由检测烟雾的感应传感器和声音响亮电子扬声器两部分组成，一旦发生火灾危险，便可以及时警醒人们。

（六）人体红外探测器

人体都有恒定的体温，一般在37℃，所以会发出 $10\mu m$ 左右的特定波长红外线。人体红外探测器就是靠探测人体发射的 $10\mu m$ 左右红外线而进行工作的。探测器收集人体发射的 $10\mu m$ 左右的红外线通过菲涅尔透镜聚集到红外感应源上。红外传感器通常采用热释电元件，这种元件在接收了红外辐射温度发生变化时就

会向外释放电荷，检测处理之后产生报警。

这种探测器是以探测人体辐射为目标的，所以辐射敏感元件对波长为 $10\mu m$ 左右

的红外辐射必须非常敏感。为了对人体的红外辐射敏感，在它的辐射照面通常覆盖有特殊的滤光片，使环境的干扰得到明显的控制。人体红外探测器，其传感器包含两个互相串联或并联的热释电元件。而且制成的两个电极化方向正好相反，环境背景辐射对两个热释电元件几乎具有相同的作用，使其产生的释电效应相互抵消，于是探测器无信号输出。一旦有人进入探测区域内，人体红外辐射通过菲涅尔透镜而聚焦，从而被热释电元件接收，但是两片热释电元件接收到的热量不同，热释电也不同，不能抵消，经过信号处理而报警。

（七）无线门磁探测器

无线门磁探测器是一种在智能家居中安全防范及智能门窗控制中经常使用的无线电子设备，它自身并不能发出报警声音，只能发送某种编码的报警信号给控制主机。控制主机接收到报警信号后，与控制主机相连的报警器才能发出报警声音。无线门磁探测器工作很可靠、体积小巧，尤其是通过无线的方式工作，使得安装和使用非常方便、灵活。

无线门磁探测器的面板正面右侧有两只LED指示灯。当上方的LED灯快速闪烁一下时，门磁发送报警信号给控制主机，背面用合适硬物轻顶即可取下底壳，可用于固定无线门磁探测器。

无线门磁探测器是用来探测门、窗、抽屉等是否被非法打开或移动，它是由无线发射模块和磁块两部分组成，在无线发射模块两个箭头处有一个"钢簧管"的元器件，当磁体与钢簧管的距离保持在1.5cm内时，钢簧管处于断开状态，一旦磁体与钢簧管分离的距离超过1.5cm时，钢簧管就会闭合，造成了短路，报警指示灯亮的同时向控制主机发射报警信号。控制主机收到报警信号后会采取相关措施。

无线门磁探测器采用进口磁感应器件，探测距离远、灵敏度高，性能稳定可靠，抗干扰能力强，体积小巧，安装简单，可与多款主机配合使用。

（八）玻璃破碎探测器

玻璃破碎探测器是利用压电陶瓷片的压电效应（压电陶瓷片在外力作用下产生扭曲、变形时将会在其表面产生电荷）制成。它对高频的玻璃破碎声音（10～15 kHz）进行有效检验，而对10kHz以下的声音信号（如说话、走路声）有较强的抑制作用。玻璃破碎声发射频率的高低、强度的大小同玻璃厚度、面积有关。

玻璃破碎探测器按照工作原理的不同大致分为两大类：一类是声控型的单技术玻璃破碎探测器，它实际上是一种具有选频作用（频宽10～15 kHz）的具有特殊用途（可将玻璃破碎时产生的高频信号驱除）的声控报警探测器；另一类是双技术玻璃破碎探测器，其中包括声控—震动型和次声波—玻璃破碎高频声响型。

声控—震动型是将声控与震动探测两种技术组合在一起，只有同时探测到玻璃破碎时发出的高频声音信号和敲击玻璃引起的震动，才输出报警信号。

次声波—玻璃破碎高频声响型是将次声波探测技术和玻璃破碎高频声响探测技术组合到一起，只有同时探测敲击玻璃和玻璃破碎时发出的高频声响信号和引起次声波信号才触发报警。

玻璃破碎探测器的作用是探测家里或单位的窗户玻璃是否被人破坏，如果有人为破坏玻璃而非法入侵室内，则会发出报警声，为家居安防探测器之一。

（九）紧急求助按键

家庭紧急求助系统是指主人在家中遇到突发情况或紧急情况时，能简单、便捷地进行求助的终端设施，在各卧室和客厅处分别安装一个紧急按键，有紧急情况时能很容易报警，家中的老人在急切需要帮助时也可以通过这个按键寻求救助。

家居紧急按键与控制主机可采用有线或无线连接，一般应当安装在卧室和客厅较隐蔽且很容易触摸到的地方。

遇到紧急情况按一下按键就发送无线信号给主机报警求救。

（十）燃气切断阀

燃气切断阀与家用燃气泄漏报警器及控制主机配合工作，可以实现家用燃气检测、报警与自动关闭功能，提高家庭的安全性。燃气切断阀的管径有几种，适配不同的天然气管道，安装方便。无须更改燃气管道原设计配置，用户可自行安装，带自动、手动转换离合器。

（十一）双鉴探测器与三鉴探测器

为了克服单一技术探测器的缺陷，通常将两种不同技术原理的探测器整合在一起，只有当两种探测技术的传感器都探测到人体移动时才报警的探测器称为双鉴探测器。市面上常见的双鉴探测器以微波＋被动红外居多，另外还有红外＋空气压力探测器和音频＋空气压力的探测器等产品。

为了进一步提高探测器的性能，在双鉴探测器的基础之上又增加了微处理器技术的探测器称为三鉴探测器。

三、家庭安防报警系统的设计

（一）家庭视频监控设计

家庭视频监控系统是在家庭内重要的区域和场所安装智能摄像头，如在家庭主要路口、停车场出入口、停车场内以及室内视角死区等，进行密集式 24 小时不间断监控，视频资料可以进行本地存储，也可以供用户通过网络实时查看。

家庭视频监控系统可随时随地实现远程实时视频监视，并实现多种方式的报警联动功能。如主人平时上班或临时出差，利用视频监控系统可以及时观察居家现场情况，如果家里还有留守的老人、小孩，还可以及时了解其日常生活、游戏以及生病等情况，对突发事件还可以远程协助处理，让用户更放心地工作。

家庭视频监控系统主要解决两个方面的问题：一是家庭内部情况监视，包括视频和音频等；二是远程的实时监控，目前主要是通过电信运营商提供的 ADSL 宽带网络实现。

在视频监控方面，可在家中客厅及阳台上安装几台智能摄像头，监视范围可以调整，使整个画面能监视进出门的人员、客厅的大部分区域、阳台及周边的活动情况。智能摄像头内置了云台，可以水平方向、垂直方向转动，这样很大程度上增加了摄像头的监视范围。

实现远程视频监控方面，可在家中客厅安装一台智能网关与智能路由器，智能摄像头利用 WiFi 无线网络，接入家里的路由器，通过路由器接入电信运营商的 ADSL 宽带网络，将视频传输到公共网，实现了远程监控。

（二）家庭室内防盗设计

家庭防盗报警系统按区域不同一般分成两部分，即住宅周界防盗和住宅室内防盗。住宅周界防盗是指在住宅的门、窗上安装门磁开关；住宅室内防盗是指在主要通道、重要的房间内安装红外探测器。当家中有人时，住宅周界的防盗报警设备（门磁开关）设防，住宅室内的防盗报警设备（红外探测器）撤防。当家人出门之后，住宅周界的防盗报警设备（门磁开关）和住宅室内的防盗报警设备（红外探测器）均设防。当有非法侵入时，智能控制主机将通过手机、短信报警等方式通知家人及小区物业保卫部门。

在进行家庭室内防盗设计时，要注意以下三点。

第一，根据房间布置情况确定需要防范的范围。两个阳台和大门处于最容易受到入侵的位置，其次就是厨房、卫生间的窗户，最后就是主卧室和卧室。

第二，确定防区和每个防区的防范方式及设备。在弄清楚容易受到入侵的位置和区域后，应该根据用户的周边环境、小区保安措施、家庭环境等因素以及用户的经济情况决定设防的点数和安装的设备。

第三，将家用智能摄像头与防盗报警联动，自动抓拍图片和自动录像，并及时拨打报警电话，及时向预设手机发送短信息等。

（三）家庭室内防火设计

家庭发生火灾一般有以下几种原因。

1. 电器、电线引发的火灾

电器、电线引发的火灾包括电器本身质量问题引发的火灾；线路老化、裸露、接头松动、私拉乱接所引起的火灾；用电不慎引起家庭的火灾和电取暖不慎引起的火灾等。

2. 液化气使用不慎引发的火灾

当液化气罐离炉灶太近且和炉灶无隔离物时还有可能引燃液化气罐罐口，还有液化气泄漏所引发的燃烧或爆炸。

3. 吸烟不慎引发的火灾

在床上、沙发上吸烟时，人在烟未灭之前睡着，则容易使烟头落在床上或沙发上，最终导致火灾及人员伤亡，尤其是酒醉后吸烟更易引发火灾。

针对上述家庭火灾原因，家庭室内防火一般用可燃气体传感器与烟雾传感器。客厅或卧室内一般可安装一只烟雾传感器，厨房除安装烟雾传感器外还应安装可以燃气体传感器和燃气切断阀。

厨房安置可燃气体传感器时，应符合下列规定。

①使用天然气的用户应选择甲烷传感器，使用液化气的用户应选择丙烷传感器，使用煤制气的用户应选择一氧化碳传感器。

②连接燃气灶具的软管及接头在橱柜内部时，传感器宜设置在橱柜内部。

③甲烷探测器应设置在厨房顶部，丙烷探测器应设置在厨房下部，一氧化碳探测器可设置在厨房下部，也可设置在其他部位。

④可燃气体传感器不宜设置在灶具正上方。

⑤宜采用具有联动功能，可自动关断燃气的可燃气体传感器。

⑥联动的燃气切断阀宜为用户可以自己复位的切断阀，并且应具有胶管脱落自动保护功能。

第三节　家庭环境监控

一、家庭环境监控系统的组成

智能家居为用户提供了一种新的生活方式，提供了一个舒适温馨、高效、安全的高品位生活环境，进一步优化了住户的生活质量，把一个被动静止的居住环境提升为一个有一定智慧协助能力的生活帮手。这些都离不开环境监控系统在智能家居中的重要作用。随着新技术的不断出现，智能家居环境监控系统必将有更大的突破，给人们带来更多更好的舒适体验。

从目前智能家居的发展和未来趋势来看，智能家居环境监控系统主要包括以下几个方面。

室内温、湿度的监控。通过一体化温、湿度传感器采集室内温、湿度，为空调、散热器等改变室内环境温、湿度的设备提供控制依据。

室内空气质量的监控。通过空气质量传感器、无线 PM2.5 探测器等采集室内空气的污染信息，为空气净化器、电动开窗器等提供依据，进行自动换气或者去污染控制。

窗外气候的监测。通过太阳辐射传感器、室外风速探测器、雨滴传感器等采集室外气候信息，为电动窗帘、电动开窗器等控制提供依据。

室外噪声的监测。通过无线噪声传感器等采集室外噪声信息，为电动开窗器或背景音乐的控制提供依据。

另外智能家居环境还包括前面介绍的灯光控制、安防监控系统等等。

一个完整家庭环境监控系统主要由环境信息采集、环境信息分析及控制和执行机构组成。

二、家庭环境监控所需产品及性能简介

（一）温、湿度一体化传感器

温、湿度一体传感器是指能将温度量和湿度量转换成容易被测量处理的电信号的设备或装置。市场上的温、湿度一体传感器一般是测量温度量和相对湿度量。智能家居中的无线温、湿度传感器可以实时回传不同房间内的温、湿度值，然后根据需求来打开或关闭各类电器设备，如空调、加湿器等。温、湿度一体传感器和智能家居主机配合工作，实现远程网络监控居室内温、湿度值，甚至可以将温、湿度参数进行无线联动智能控制，比如某个房间温度太高了，将空调开至制冷模式实现降温自动化控制。

（二）空气质量控制器

空气质量控制器用于探测环境温、湿度以及空气中某些特定气体的浓度，如二氧化碳、有害气体等，并将信号无线传输到移动智能终端，提醒用户进行环境控制操作，也可自主联动相关传感器，开启或关闭门窗、空调、加湿器等，为用户营造出了一个良好的生活环境。

控制器实时数字显示室内挥发性有机物（Volatile Organic Compounds，VOC）浓度和温、湿度数值，让用户可以随时掌控室内空气环境质量。用户也可以根据个人要求自行手动设定 VOC 浓度及温、湿度报警参数，控制器可以根据用户设定的参数智能运行新风设备，使室内空气质量及环境更贴合用户特定要求。

监测对象为 VOCs 浓度：0 ～ 99.9ppm；室内空气中的甲醛、苯、氨气、氢气、酒精、一氧化碳、甲烷、丙烷、苯乙烯、丙二醇、酚、甲苯、乙苯、二甲苯等有机挥发气体，香烟、木材、纸张燃烧烟雾等。

室内温度为 0 ～ 50℃，室内相对湿度为 5% ～ 90%RH。

其功能及特点是：内置原装进口高灵敏度半导体空气质量传感器；实时数字显示室内 VOCs 浓度；实时显示室内温度；实时显示室内湿度；可以根据 VOC 浓度、温度、湿度自动调节新风系统运行状态；三种工作模式（自动、排风、定时）可供选择；风机转速三档（低速、中速、高速）调节，手动停止；可手动设置空气质量中 VOC 浓度及温、湿度报警点；三色背光显示当前空气质量级别；声音报警提示功能；时间和星期显示功能；风机控制三种方式可选择，适应单速、双速、三速风机。

（三）空气卫士 3.0

纳乐空气卫士 3.0 是一款在空气卫士 2.0 的基础上保留空气质量检测等功能，去除室内小空间空气净化功能的智慧家庭终端设备。空气卫士 3.0 的功能不仅能实时检测室内的甲醛、PM2.5 等空气质量，同时可检测室内温度、湿度及显示检测数值、电池电量、WiFi 指示。

纳乐空气卫士 3.0 采用攀藤/Plantower PMS 3003 型激光 PM2.5 传感器和甲醛传感器，感应灵敏、测量准确。实现 PM2.5 和甲醛数据动态显示，并采用立体式空气循环系统，进风式测试方式，随时获知当前环境 PM2.5 和甲醛精准数值。

内置温度、湿度传感器，实时检测并显示室内的温、湿度。温度的测量范围是 –9 ~ 70%，精度 ±1.5℃，分辨率 1℃；湿度测量范围是 0 ~ 100%RH，精度 ±10%RH，分辨率 1%RH。

内置 WiFi 模块，可以进行远程的操作与监控，也可通过 WiFi 进行无线升级。

（四）无线漏水传感器

无线漏水传感器利用液体导电原理，用电极探测是否有水存在，再用传感器转换成干接点输出。当探头浸水高度约 1mm 时，即发出报警信号。在普通家庭中，该产品可以放置在厨房或卫生间特定位置，监测用水量较大区域的渗水、漏水情况，用于节约水资源以及避免渗水、漏水可能带来的危险。在工业当中，这款产品可以放置在机房、图书馆或者输水管道附近，监测是否有渗水、漏水情况的发生。

另外，无线漏水传感器能够联动智能家居系统的其他设备，对监测的渗水、漏水进行自行处理，如能及时关闭自来水阀门等。还可以放置在窗台用于监测是否下雨，通过报警的形式提醒用户关窗，或者通过联动的窗磁、开窗器等，自动进行关窗处理。

（五）无线环境光探测器

无线环境光探测器是基于 ZigBee/SmartRoom 协议的新型产品，通过移动智能终端实时监测周围环境光强度，也可联动相关智能设备（如窗帘等），带来方便舒适生活。

（六）无线噪声探测器

无线噪声探测器结合物联网技术、云技术、移动互联网技术、太阳能技术，每天24 小时实时监测范围内的噪声数据，为用户改善居住环境提供参考。

无线噪声探测器的通信方式为无线 ZigBee，通信距离为 100 米（可视距离），电源采用太阳能。

（七）空气净化器

空气净化器又称空气清洁器、空气清新机、净化器等，是指能够吸附、分解或者转化各种空气污染物（一般包括 PM2.5、粉尘、花粉、异味、甲醛之类的装修污染、细菌、过敏源等），有效提高空气清洁度的产品。在智能居家、医疗卫生、工业领域均有应用，家用空气净化器最主要的功能是去除空气中的颗粒物，包括过敏源、室内的 PM2.5 等，同时还可以解决由于装修或其他原因导致的室内、地下空间、车内挥发性有机物空气污染问题等。由于相对封闭的空间中空气污染物的释放有持久性和不确定性的特点，因此使用空气净化器净化室内空气是国际公认的改善室内空气质量的方法之一。

空气净化器中有多种不同的技术和介质，使它能够向用户提供清洁和安全的空气。常用的空气净化技术有：吸附技术、负（正）离子技术、催化技术、光触媒技术、超结构光矿化技术、HEPA 高效过滤技术、静电集尘技术等。材料技术主要有：光触媒、活性炭、合成纤维、HEAP 高效材料、负离子发生器等。现有空气净化器多采用复合型，即同时采用了多种净化技术和材料介质。

（八）电动开窗器

电动开窗器的作用是用于打开和关闭窗户。其可根据使用要求，在传感器的作用下或在控制主机的控制下，实现遥控、烟控、温控、风控、雨控等自动打开和关闭窗户。适用于高位窗户或单靠人力触及不到的窗户；或窗户太重，开启和关闭费力，手动开关使用不便；或楼层有消防联动通风要求的消防排烟窗；或有气象开／关窗要求的窗户，如仓库下雨时需自动关闭的窗户；或对室内有恒温要求的窗户，如蔬菜或花卉温室的窗户；或对室内空气需及时定时通风换气的窗户；或绿色、智能、节能现代高层建筑，如幕墙窗户等。

电动开窗器因机械驱动方式不同，一般分为电动链式开窗器、电动螺杆式开窗器和电动推杆式开窗器。

1. 链式开窗器

LT 系列电动链条开窗器使用双层链条，整体设计安全可靠。传动部件均以金属制造，保证了产品的耐用性能。

2. 推杆式开窗器

电动推杆式开窗器由驱动电动机、减速齿轮、螺杆、螺母、导套、推杆、滑座、弹簧、外壳及涡轮、微动控制开关等组成，是一种把电动机的旋转运动转变为推杆的直线往复运动的电力驱动装置。

3. 螺杆式开窗器

电动螺杆式开窗器结构紧凑，适用于下悬窗、上悬窗、侧悬窗、屋顶窗和采光顶的电动开启和关闭。LG 型螺杆式开窗器圆管外径为 40mm，中间推杆外径为 18mm，还有前固定支架、后固定支架等。

（九）风雨传感器

风雨传感器可以自动感知空气中的风速和雨量。当感知到下雨或者是风速过大时会联动推窗器关窗，智能晾衣架能顺利缩回收衣服，不再担心衣服被淋湿。整个过程自动运行，不打扰用户正常工作起居。如紫光物联智能家居风雨传感器能够实时监测室外刮风、下雨，并通过全屋智能家居系统，联动智能窗帘、窗户等设备，避免刮风下雨时雨水和脏物刮进室内。

三、家庭环境监控系统的设计

家庭环境监控系统是智能家居中的一个子系统，其包括室内温、湿度监控，室内空气质量监控，窗外气候监测和室外噪声监测等多个方面。如何搭建家庭环境监控系统要根据本地的外部居住环境的好坏，来设计好室内环境监控系统。如地处空气污染严重的地区，就应以室内空气质量监控为主；如地处常年气温偏低又潮湿的地区，就应以室内温、湿度监控为主；如地处繁华闹市地区，就应以室外噪声监测为主；如地处常年气候多变的地区，就应以室外气候监测为主。总而言之，搭建家庭环境监控系统应以适用性和稳定性为主。下面以三室两厅住宅的室内空气质量监控为例，介绍了如何搭建家庭环境监控系统。

目前室内环境空气中以化学性污染最为严重，主要有毒有害气体是甲醛、苯以及苯系物等挥发性有机气体及氨气、氡气等。

室内环境污染物浓度检测点也就是安装空气质量传感器的数量，应按房间面积大小来确定。当室内房间面积 $< 50m^2$ 时，可安装一台空气质量传感器；当室内房间面积 $50m^2 \sim 100m^2$ 时，应安装两台空气质量传感器；当室内房间面积 $> 100m^2$ 时，应安装三至五台空气质量传感器。空气质量传感器的安装位置应距内墙面不小于 0.5m，距楼地面高度 0.8m ～ 1.5m，还要分布均匀，避开通风道与通风口。

室内空气质量的监控主要由室内空气质量传感器、控制主机与执行机构组成，传感器的功能是 24h 监测室内空气质量，并通过无线 ZigBee 网络传输给控制主机。控制主机根据传感器对室内空气污染的来源及程度，发出相应的指令，控制显示器、报警器、空气净化器及电动开窗器等。本例住宅面积约 $120m^2$，设计安装四台空气卫士 3.0、四台温、湿度传感器和四台空气净化器，分别安装在三间卧室和客厅；一台控制主机、显示器、报警器，安装在客厅。

第六章 物联网技术在工业领域的应用

第一节 工业物联网概述

一、工业物联网的逻辑结构体系

（一）一般意义上的物联网逻辑结构

物联网在技术逻辑结构上，可以分为三层：感知层、网络层、应用层。

①感知层由各种传感器以及传感器网关构成，比如二氧化碳浓度传感器、温度传感器、湿度传感器、二维码标签、RFID 标签和读写器、摄像头、GPS（Global Position System）等感知终端。感知层的作用相当于人的眼耳鼻喉和皮肤等升级末梢，其是物联网获识别物体，采集信息的来源，其主要功能是识别物体，采集信息。

②网络层由各种私有网络、互联网、有线和无线通信网、网络管理系统和云计算平台等组成，相当于人的神经中枢和大脑，负责传递和处理感知层获取的信息。

③应用层是物联网和用户（包括人、组织和其他系统）的接口，其与行业需求结合，实现物联网的智能应用。

（二）工业物联网的技术逻辑结构

工业物联网作为物联网的一个特殊领域，具有以仪器仪表和专用网络为基础构件向不同的方向不断延伸的内部架构,其自身技术因此也带有不同于一般物联网技术的特点。

1. 嵌入式

嵌入式是工业物联网最主要的一个技术特点,是把"无感知物体"转变为"智能物体"的关键技术,该特性使物体具备根据外部环境变化进行反应的能力。

嵌入式智能技术的特点是将硬件和软件相结合,利用了嵌入式微处理器的低功耗、体积小、集成度高,以及嵌入式软件的高效率、高可靠性等优点,综合人工智能技术,推动工业物联网中智能环境的实现。

嵌入式系统涵盖嵌入式硬件和软件两大部分。硬件由嵌入式处理器、存储器与外固设备、现场总线组成。硬件的嵌入是指工业物联网通过在工业设备终端嵌入形形色色的智能传感器而获取数据和采集数据。这些传感器包括温度传感器、压力传感器、速度传感器、光敏传感器等。

软件包括操作系统、文件系统、图形用户接口等。软件的嵌入,也就是工业物联网的固件技术。固件是担任着一个工业物联网最基础最底层工作的软件。固件就是硬件设备的灵魂,决定着工业设备的功能及性能。

2. 高度异构

广义工业领域的数据,具备高度异构的特点,尤其是工业实时数据,相互间结构差异非常大,这一点与传统物联网中的数据有着明显的差异。在工业物联网中,某一个企业 / 行业的应用系统中,某一个企业 / 行业的应用系统中,往往包含了各种领域的数据,例如温度、pH 酸碱度、浓度、材料物理尺寸、原来配比乃至企业的管理数据、运营数据等。而且每个参与的数据库计算机体系结构异构,这些数据库分别运行在大型机、小型机、工作站、PC 或嵌入式系统中。各个数据库系统的基础操作系统也异构,有 Unix、Windows NT、Linux 等不同的操作系统。数据管理系统(DatabaseManagement System,DMBS)本身的异构,有的是同为关系型数据库系统的 Oracle(甲骨文)服务器、SQL(Structured Query Language,结构化查询语言)服务器等,也可以是不同数据模型的数据库,如关系、模式、层次、网络、面向对象,函数型数据库共同组成一个异构数据库系统。这些数据的类型和结构完全不同,体现出工业物联网数据高度异构的特性。

另外,基于工业物联网广义工业概念的特点,工业物联网中实时数据、媒体数据和关系型数据共存,专用网络和公用网络并存,造成了整体结构充满各种异构性的特点。简而言之,工业物联网中企业、行业、领域及位置的不同而造成更高度异构特性。

3. 大数据

工业物联网与传统物联网相比,由于其涵盖的范围涉及跨企业、跨行业、跨领域的特点,使其所包含的数据量要远远大于传统的物联网应用,越来越多的业务部门均需要操作海量数据,如规划部门的规划数据,水利部门的水文、水利数据,气象部门的气象数据,这些部门处理的数据量通常都非常大,使工业物联网所包含的数据量要远远大于传统的物联网应用。它包括各种空间数据、报表统计数据、文字、声音、图像、超文本等各种环境和文化数据信息。另外,目前的企业数据多为类型复杂的非结构化数据,海量数据主要是结构性数据，是从存储的角度去考虑问题，而大数据除了包括数据存储外，还包括商务智能和数据分析。

随着网络技术的发展，特别是国际互联网（Internet）和企业内网（Intranet）技术的飞快发展，使得非结构化、类型复杂数据的数量日趋增大。有调查发现，复杂数据中有 85% 的数据属于广泛存在于社交网络、物联网、电子商务等之中的非结构化数据。这些非结构化数据的产生往往伴随着社交网络、移动计算和传感器等新的渠道和技术的不断涌现和应用。

4. 更高的安全要求

基于工业物联网的定义及其广义工业的概念，使其与传统物联网相比，有着更高安全性的要求。

与传统物联网的应用相比，工业物联网的应用领域，企业往往有着更高的技术要求、运营风险及利益回报，这些特点决定了工业物联网在安全性上有着比传统物联网更高的要求，即安全体系架构、网络安全技术、智能化设备的潜在风险、隐私保护、安全管理及保证措施上，有着比传统物联网更高的标准。从微观层面，安全性涉及企业的商业机密、商业利益；宏观上，安全性则涉及国家机密及技术安全。

二、工业物联网与工业自动化的区别

工业物联网与以工业自动化为代表的先进制造技术有着根本上的区别。总的来说，工业自动化是面向企业内部生产的技术应用，而工业物联网是面向企业单元 / 类企业单元间的互通互联的服务应用。相比之下，工业物联网具有如下特点。

（一）更广泛的互联互通

工业自动化是工业生产中的先进制造技术的一种，是提高生产效率、降低人力消耗、科学规划生产和管理的一种手段和途径。工业自动化的互联互通，是指生产设备以及生产技术人员间的互联互通，是工厂 / 企业内部的网络体系。工业自动化通过数据采集和反馈、生产工序的设计和调整以及简单的数据分析，来达到自动化生产的目的。

工业物联网有着比工业自动化远为宽泛的互联互通。目前中国的工业自动化大多是局域网内实现的，如电力、石油、铁路、煤炭等领域。虽然局域网保密性好，且便于数据信息的安全性管理，但是随着监控管理范围的扩大，局域网难以提供信息资源的及时有效传输以及整合利用。工业物联网能够依托公众网络资源实现局域网与广域网的完美衔接，在保证信息安全的前提下，提高资源整合和利用能力。从物理地域来说，工业物联网能够跨企业、跨区域；从规模角度来说，工业物联网能够跨行业、跨领域。也就是说，在广义工业的概念下，工业物联网是全社会联动的信息载体体系，从局域网延伸到广域网，使得企业能实现更广泛的互联互通，这和工业自动化有着根本的区别。

（二）更全面的智能服务

工业自动化是初级的工业智能技术，其目的为以解放人力资源，提高生产效率。工业自动化通过对某一项或几项工业生产过程的分析，引入适当的传感系统、执行系统及人机交互系统，完成初级工业智能化的进程。工业自动化关注的为实际生产过程，是以"生产车间"为构架基础的技术体系。

工业物联网与工业自动化相比，有着更为全面的智能服务。除了在工业数据获取及执行控制方面与工业自动化有交集之外，工业物联网主要涉及企业/行业/公共事业的管理、运营、统筹、规划、决策等诸多方面。工业物联网与工业自动化相比，工业物联网以构建"智慧"工业为目标，因此有着更为全面和高级的智能服务。传统意义上的工业智能，是指工业领域中获取正确信息的能力；而工业物联网所倡导的智慧工业，则具备了主动索取正确信息的能力，在信息的协调和融合上，有着更高要求。

（三）信息共享的实现

工业自动化产生是面向企业生产环节的技术，因此，工业自动化并不涉及信息共享的概念。

工业物联网的初衷，正是将各个孤立的企业单元，通过一个或几个主题因素，通过物联网技术联结起来，实现信息的互联互通。所以，信息共享是工业物联网的一个基本特征，这也是工业物联网和工业自动化之间最大的区别所在。

综上所述，工业物联网与工业自动化有着本质上的区别。后者为前者技术体系中工业数据获取及控制执行的一种手段和方法，是前者感知层的一项技术体系。工业自动化面向企业内部，而工业物联网面向企业/类企业之间的信息沟通和智慧应用。从两者之间的对比分析中，可以进一步认清工业物联网的概念与确切含义。

（四）更经济更便捷

工业物联网将广泛应用云计算和云存储实现数据有效处理。通过云计算技术，网络服务提供者可以在数秒之内，处理数以千万计甚至亿计的信息，达到和"超级计算机"同样强大的网络服务。云存储的概念与云计算类似，通过集群应用、网格技术或分布式文件系统等功能，将网络中大量各种不同类型的存储设备通过应用软件集合起来协同工作，共同对外提供数据存储和业务访问功能的一个系统。

工业物联网把智能终端采集到的数据传输到互联网上，通过云储存、云计算，实现工业传感网与互联网的巧妙链接。因而，对工业企业而言，不仅节省了大量局域网的建设费用，并且使得数据传输上了互联网的高速公路。所以，更经济、更便捷、更可靠、更安全的数据传输是工业物联网又一特点。

三、工业物联网的构建原则

工业物联网的构建应依照以下几个原则进行。

（一）信息集成原则

由于网络信息资源的激增、资源的种类越来越丰富，数据库和信息资源检索系统越来越多，检索方式、检索手段各式各样。这形成了数据冗余、相互关联程度低，大量的信息孤岛出现，同时用户的检索负担也日益加重。因此，需要有一种手段把这些信息集中、整序、关联起来，把检索系统集成起来，使用户知道到哪里可以找到所需要的信息，怎样去查找这些信息，如何筛选检索结果。因此，需要信息集成（Information Integration），即将工业物联网中各子系统和用户的信息采用统一标准、规范和编码，实现全系统信息共享，为工业物联网应用层提供基础数据通信平台，进而使企业在不同应用系统之间实现数据共享，即实现数据在不同数据格式和存储方式之间的转换，对来源不同、形态不一、内容不等的信息资源进行系统分析、辨清正误、消除冗余、合并同类，进而产生具有统一数据形式的有价值信息。

（二）寄生原则

工业物联网产业依附于现有产业。工业物联网是集感知技术、信息传输技术和信息处理技术的网络，从而提供各种基于"物"的行业应用，因此，工业物联网产业并不是完全新型的产业，它依附于现有的产业。工业物联网涉及各行各业的应用，是综合性强、辐射面广的庞大产业体系。从产业属性上，工业物联网产业总体可以分为服务业和制造业两大范畴，工业物联网服务业主要包括物联网网络服务业、存储与计算服务业、软件开发与集成服务业以及物联网应用服务业。工业物联网制造业以感知端设备制造业为主，可细分为传感器产业、RFID 产业、嵌入式系统产业以及仪器仪表与测量控制产业等。传感器产业、RFID 产业、嵌入式系统产业、仪器仪表产业、软件服务业等作为传统产业早就存在，并且很多工业领域、工业企业已经建立了局域网，工业物联网的兴起为这些产业带来了新的发展机遇，使这些产业围绕工业物联网应用重新聚集，成为工业物联网产业的重要组成部分。因此，工业物联网的建设是以现有的互联网通信网络以及工业领域的局域网为基础，不改变、不重建现有的网络通信基础设施，通过网关、协议转换技术等将局域网与互联网相连，组成工业物联网信息传输基础网络。所以，工业物联网的构建寄生并依附于现有产业与网络。

现阶段的工业物联网业务可以与现有业务通过目前的网络实现混载，也可以直接跨越混载阶段，采用新增接入层节点和汇聚层逻辑数据区分相结合的方式实现工业物联网业务区分承载的阶段，随着工业物联网业务的爆炸式发展，物联网业务承载进入独立承载阶段，新建接入层实现物理上的独立，在汇聚层进行逻辑子网划分实现虚拟上的独立，因为物联网是一张寄生网。

（三）安全核心原则

工业是物联网应用的重要领域。具有环境感知能力的各类终端、基于泛在技术的计算模式，移动通信等不断融入工业生产的各个环节，可大幅提高制造效率，改善产品质量，降低产品成本和资源消耗，将传统工业提升到智能工业的新阶段。在工业领域，物联网的发展和应用最终可以落实在信息化层面，物联网将信息化贯穿到生产环节中的各个方面，使信息化更加深化和扩大，其大规模应用将有效促进工业化和信息化"两化融合"，成为经济转型、产业升级、技术进步、经济发展的重要推动力。同时，物联网在工业领域实施过程中，不仅要面临不同协议之间数据处理问题，还需要面对当控制网络与信息网络连接后所面临的网络安全问题。

首先，网络安全涉及企业机密，而不同行业的物联网信息安全有自己的特点和重点。如石油、石化、电力、钢铁、煤矿等连续生产行业监控，对连续生产的安全性和可靠性，以及信息安全有着极高要求。

其次，随着工业物联网在重要工业领域中的应用。如石油、石化、冶金、电力、煤矿等，其安全问题已经上升到了国家层面，事关国家信息安全。尤其是在美国的"棱镜门"事件之后，网络安全的重要性进一步提升。

因此，工业领域的信息安全比商业领域的更为重要，所以需要重构满足工业物联网应用需求的安全体系，侧重于安全策略的重建。

（四）兼容原则

物联网通过一个真正具有可互操作性和兼容性的全球物联网架构将亿万的物体和东西通过电子连接起来，从而实现机器和机器之间的通信。

随着工业物联网应用不断深入，跨系统、跨平台、跨地域之间的信息交互、异构系统之间的协同和信息共享会逐步增多，因此需要建立通用客户端概念和信息交换标准，实现信息交流、监控与管理。而目前中国工业物联网编码标识方面存在的突出问题就是各应用编码标识不统一，方案互不兼容，无法实现跨行业、跨平台、规模化的物联网应用。

在现有各种应用系统基础之上，提出具有兼容性的解决方案，既能让现有各种编码系统继续发挥作用，又能充分考虑新的应用需求，制定统一的编码标识体系。应整合各种工业物联网的应用，实现多功能、多领域的兼容性的工业物联网编码标识技术，以支撑各个行业的工业物联网应用，推动中国工业制造的发展。

第二节　工业物联网关键技术

一、工业物联网关键技术分析

工业物联网为了满足工业应用的各种复杂需求，工业无线网络应支持星型结构、Mesh 结构、Mesh+ 星型结构等多种网络拓扑，并具有足够的安全性与冗余性，要求现场设备、路由、网关、网络管理器和安全管理器都能冗余。为了扩大网络覆盖面积，在工业无线网络的网络结构中引入骨干网，骨干网是一个高速的网络，可以减小数据时延。所有现场设备通过骨干路由器 BR 接入骨干网，终端设备和现场路由器组成的网络为工业无线网络 DLL 子网。DLL 子网节点往往是资源受限的微型嵌入式设备，通常于高温、潮湿、振动、腐蚀、强电磁干扰以及开放环境下工作，要求严格按时序工作，在规定的时间对事件及时产生响应，否则将产生严重的灾难性事故。

由于商用无线技术无法满足工业应用的需求，必须在继承商用无线技术长处的基础上，解决精确时间同步、确定性调度、自适应跳信道、冗余路径自愈、轻量级安全通信等关键技术难题，并在工业物联网通信协议中加以实现。

物理层主要负责启动和终止无线射频收发器、能量探测、链路质量指示，选择信道，检测空闲信道以及通过物理媒介收发数据。

数据链路层是保障工业无线网络通信性能的核心层，包括了精确时间同步、时隙通信、确定性调度、数据重传、信道跳频机制等关键技术。精确时间同步确保了时分多址（Time DivisionMultiple Access，TDMA）接入方式的可靠性与稳定性。数据重传、确定性调度、时隙通信等可避免恶劣工业环境中数据报文的丢失、误传、不确定延迟等带来的灾难性后果。信道跳频机制解决与其他网络的兼容、共存与抗干扰问题。

网络层的关键技术主要有寻址、路由、分段重组等。寻址规定了网络中设备地址的分配和使用方法，标识一个设备区别于其他设备。路由确定了设备进行数据通信时的路径选择，是网络可靠运行的基础之一。分段重组解决了长字节报文在 IEEE 802.15.4 底层封装包的传输问题。

工业无线网络应用层（Application Layer，AL）包括用户应用进程（User Application Process，UAP）和应用子层（Application Sub Layer，ASL）两部分。用户应用进程主要通过传感器采集物理世界的数据信息，产生并发布报警功能；应用子层主要提供数据传输服务和管理服务。而数据传输服务为用户应用进程和设备管理应用进程提供端到端的透明数据通信服务，支持 C/S（Client/Server）、P/S（Publisher/Subscriber）、R/S（Report source/Sink）通信模式数据传输。

二、工业无线网络的精确时间同步方法

（一）工业无线网络的时间同步方法

现有的 ISA100.11a、WIA-PA、无线 HART 等主流工业无线通信技术，在时间同步问题上主要采用两种时间同步方法：信标帧时间同步和命令帧时间同步。这两种方法分别满足不同的精度需求，并相互补充。其中，信标帧时间同步是基于广播的单向时间同步，而命令帧时间同步是信标帧时间同步基础上的二次同步，可以让整个网络的同步精度达到更高的要求。

1. 信标帧时间同步方法

为了减少由时间同步带来的能量开销，在采用 IEEE 802.15.4 物理层的工业无线网络中，可利用信标帧来完成时间同步。

网关设备周期性广播时间同步信标帧给它的邻居路由设备，并且将信标发送时间 T_1 装载到信标帧的指定字段；现场路由设备在接收信标帧时产生帧首定界符（Start Frame Delimiter，SFD）中断，记录本地的信标接收时间 T_2；路由设备

通过发送和接收得到的时间戳计算本设备时钟与标准时钟时间偏差 $\theta=|T_1-T_2|$，补偿本地时钟，这样就实现了与时间源设备的同步。同样，在星型网络中，路由设备周期

性地广播信标帧，星型网络中的节点设备同样接收信标帧完成同步，这样网络中的所有设备都可以与自己的时间源同步，最终完成全网时间同步。

2. 命令帧时间同步方法

为了满足不同工业应用对精度的要求，使时间同步的精度达到毫秒（ms）甚至几十微秒（μs）级，工业无线网络还可使用专门的时间同步命令帧进行二次同步。时间同步命令帧可以由网关设备和路由设备周期性地发送。网关设备利用簇间通信段发送时间同步命令帧，实现网状网络的时间同步。路由设备利用簇内通信时段发送时间同步命令帧，实现星型网络的时间同步。

在时间同步命令帧的具体设计上，可采用以下两种命令帧同步方式。

（1）周期广播同步

如果网络中信标帧同步的精度误差较大，或者网络本身时间同步精度要求较高，那么时间源设备应该周期性地发送时间同步命令帧来满足应用的需要。这种情况和信标帧同步类似。

（2）点到点按需同步

设备可以根据自身的需要向时间源申请时间同步命令帧，以便实现更高的时间同步精度。这种情况与第一种情况有很大差别，并不是广播同步而是点到点的同步。其思想是：首先设备会向时间源节点发出装载发送时间戳 T_1 的同步请求，时间源节点接收到请求后，会记录接收到的请求时间 T_2，并解析请求中的时间信息。时间源节点在 T_3 时刻发送时间同步命令帧给设备，需同步设备在 T_4 时刻接收到命令帧。需同步节点设备计算时间偏差 θ 值，时间偏差值和同步帧传输时间为：

$$\theta = \frac{(T_1 - T_2) - (T_4 - T_3)}{2}, d = \frac{(T_2 - T_1) + (T_4 - T_3)}{2}$$

最后，申请同步设备根据计算的时间偏差补偿自己的本地时钟。

在实际的工业应用中，对于不同的应用场景往往会有不同的应用需求。在各种工业无线网络标准中，虽然定义了两种时间同步机制，但是并没有对具体的时间同步算法进行详细说明，这些都需要厂商自己来解决。

（二）时间同步的芯片解决方案

"渝芯一号"的时间同步全部由硬件完成，用户只需通过设置寄存器，就能自动完成时间同步的调整。

硬件时间同步解决方案中，时间同步和国际原子时钟（International AtomicTime，TAI）的维护完全由硬件完成，软件不参与时间同步处理，具有时间同步精度高、内存开销小、同步可靠性高等优点。

（三）冗余时间源时间同步方法

在大规模千点级的工业无线传感器网络中，由于动态变化的网络环境、无线网络介质等的开放性等特点，设备易受到干扰，为保证设备在失去与时间源正常通信时仍能够正常工作，应该给每个路由设备配置备选的时间源（冗余时间源），以满足工业应用确定性与可靠性的要求。

路由设备作为冗余时间源的一个必要条件是它的同步能力或者同步精度高于其他普通路由器，为此，需要设计一种冗余时间源的选取方法。首先，在网络形成前，路由设备通过接收的广播信标时间消息计算出自己的频率漂移 f 和时间偏差 θ；路由设备入网时向网关声明自己的同步能力（频率漂移 f、晶振 ppm）；网关根据设备入网时声明的同步能力和该设备邻居路由器节点的信息为每个路由器配置备选时间源，备选时间源信息可以通过网关的入网响应通告给每个路由设备；每个路由设备都应该维护一个自己的时间源邻居表，该表中记录了其首选时间源的信息，同时也包含了邻居路由器节点的时间源信息，这些信息应包括邻居路由设备发送信标帧的时刻（时隙）、是否有能力成为它的备选时间源等。当路由器失去与首选时钟源的联系时，应从该表中选择出备选时间源并完成通信，直到再次收到首选时钟源的信息。

设备根据如下依据来判断何时才应与冗余时间源进行通信获取时间信息：设备如果在最大同步周期内没有收到首选时钟源的时钟更新信息，就应该主动选择备选时钟源进行通信。最大同步周期是设备在未收到时钟信息更新的状态下仍能够正常工作的最长时间，如果超过这个时间设备仍未能收到时钟更新，那么设备可能与时间源的时间偏差过大而导致无法正常通信。设备的最大同步周期可以根据标准中的参数来确定，在最长的超帧周期内路由设备之间的同步误差不应该超过基本时隙的 10%，因此可以确定最大的同步周期为 $T=t/\text{ppm}$，其中 t 为一个基本时隙的 10%，一般是 1ms；ppm 是设备的晶振漂移。

（四）时间同步精度测试结果

对于大规模千点级的工业无线网络，时间同步的精度要求至关重要。为了使精度达到毫秒级甚至几十微秒，对时间同步算法进行优化，并对其精度进行详细测试，测试结果表明同步精度能够达到 $30\mu s$ 左右。

在测试过程当中，引入第三方测试设备，其广播数据报文给被测设备，该数据报文对被测设备起到同时触发接收的作用。编写测试代码，时间源周期性广播时间同步信标帧完成同步，被测设备同时触发接收中断并记录接收时间，通过串口打印助手输出 50min 内的采样观测值。

三、基于确定性调度的工业无线网络 Mesh 路由

（一）确定性路由协议分析

工业无线网络由大量资源受限的无线通信节点组成，其路由协议需要满足一些特殊要求：①支持资源高度受限的无线节点，节省节点有限的处理能力；②支持变化的环境（链路可能因为节点能耗问题不稳定，节点可能掉线）；③支持较小最大传输单

元（MaximumTransmission Unit，MTU）（有限缓存），从而使得现有路由协议（路由信息协议（Routing Information Protocol，RIP）、开放式最短路径优先协议（Open Shortest Path First，OSPF）等）不再适用于工业无线网络。

无线网络的工业应用不同于其他应用，影响了工业服务水平的参数众多。为了满足工业应用的需求，工业无线网络一般采用 Mesh 拓扑结构，从而提高通信的可靠性和网络的可扩展能力。不同应用等级、不同类型的应用对 Mesh 路由协议的处理能力提出了挑战。一般来说，链路层采用确定性调度技术，原有路由协议（Ad-hoc On-Demand Distance Vector，AODV）无线自组网按需平面距离矢量路由协议及其他路由协议等，将会因为以下因素变得不再适用。

①节点必须在调度实体规定的时隙、信道与规定的邻居节点通信，因此影响数据多跳传输路径上的传输时间不再是传输时延，而是调度等待时间（调度时间，也可以用时隙偏移衡量）。

②传输路径和逆向传输路径因为邻居节点相互发送数据的时隙、信道不同，造成传输路径和逆向使输路径的调度时间（时隙偏移）总和、信道质量等参数变得不同。

因此设计基于确定性调度的路由协议，保证数据经过多跳节点转发后仍满足用户提出的确定性时间限制，提高工业无线网络的确定性是非常必要的。

（二）基于时隙偏移和信道质量的路由协议设计

多数路由算法只考虑影响网络通信的一种情况作为算法的评价准则，如一些研究中只考虑信道质量，而另外一部分算法中只将链路中的通信延时作为寻求最优路径的准则。在实际中，通信链路的信道较差时会造成数据通信的丢包现象。由于数据在空中采用电磁波的方式传播，速率极快，在无线使传输过程中所造成的端到端延时可以忽略不计，因此通信延时主要与确定性调度所产生的时隙偏移有关。另外，若所选的最优路径上的一些节点负载过大，能量损耗过快，降低了其电池的寿命，也会导致整个网络不稳定。因此，综合考虑确定性调度技术和跳信道技术对路径选择的影响，将确定性调度分配的节点间的时隙偏移和跳信道过程的信道质量作为路由算法的选路标准，旨在选取延时最小、信道质量最佳的路径来进行数据通信。

时隙偏移：确定性调度是在满足时间同步的条件下，将超帧中相应的时隙分配给网络中各个节点用于其数据通信。源节点可以在确定性调度所分配的时隙中有序地发送数据；同时，对应的目的节点也在预定的时隙上有序地接收源节点发送过来数据报文。所有的终端设备均要按照调度实体分配的时隙收发数据。

信道质量：工业无线网络工作于全球通用免费的 2.4GHz ISM（Industrial ScientificMedical）频段，有 16 条信道（11 ~ 26）可以选择。在此频段上，还有其他无线网络共存，如 IEEE 802.11、ZigBee、蓝牙和无线射频识别（Radio Fre-quency Identification，RFID）等网络。工业无线网络采用跳信道技术避免工作在相同频段上的设备相互干扰，以减少设备在每一条信道工作的时间，从而减少了其他设备对网络本身的干扰，也降低对其他无线设备的影响。但由于路径中时隙所对应的每条信道都存在被干扰的可能性，链路上每一跳采用不同的信道也会影响路由做出路径选择。

五、基于时隙通信的自适应跳信道方法

（一）自适应跳信道方式

自适应跳信道技术是短距离无线通信网中一种主要的抗干扰技术。当前主流工业无线网络标准的物理层和媒体访问控制层均兼容 IEEE802.15.4 标准，工作频段采用的是 2.4GHz 的 ISM 频段，有 16 个信道可以使用。为提高工业无线网络与其他同频段网络的抗干扰能力，改善其系统性能，减小系统共频段的干扰，达到各系统共存的目的，工业无线网络的信道序列可由网络管理者预先指定，同时可采用如下 3 种跳信道方式。

①自适应频率切换（Adaptive Frequency Switching，AFS）。在超帧结构中，信标阶段、竞争接入阶段和非竞争接入阶段在不同的超帧周期根据信道质量按照跳信道序列更换信道。

②自适应跳频（Adaptive Frequency Hopping，AFH）。根据超帧每个时隙所在信道的信道质量进行信道切换，信道质量通过丢包率进行评估，超过一定的阈值则认为该信道是差的信道，将该信道从信道列表中屏蔽，并广播全网；当该信道状态恢复好的状态时就将其恢复，然后通知网络中的设备进行解除。非活动期的簇内通信段采用 AFH 跳频机制。

③时隙跳频（Timeslot Hopping，TH）。时隙跳频主要应用于超帧的非活动期的 Mesh 网络通信过程，按照预先设定的跳信道序列，每次新的时隙到来就按照序列切换信道，不管信道的质量是好或差。

（二）自适应跳信道系统设计

自适应跳信道系统需要能够在跳信道通信过程中自适应地选择好的信道，实时屏蔽被干扰的信道，拒绝使用曾经用过但传输不成功信道，从而提高跳信道通信中接收信号的质量。自适应跳信道通信的主要过程一般分为通信链路建立、信道信息采集和通信保持三个阶段。在通信链路建立阶段，首先必须建立同步，在保证通信双方时钟同步、帧同步的基础上，确保双方跳信道序列的同步。在信道信息采集阶段，现场设备对信道的丢包率、重传次数以及链路质量等信息进行采集统计，将信道信息发送给系统管理器，系统管理器根据信道质量评估准则确定被干扰的信道，并把被干扰的信道通过黑名单技术通知对方，使网络的设备同时删除被干扰的全部信道，跳信道序列保持一致，并在确定的时刻同时进入自适应跳信道通信阶段。在通信保持阶段，因为信道条件的变化（如现场设备位置的变化或干扰环境的改变等），系统管理器的信道质量评估单元会将变化的检测结果通过广播方式通知网络设备，及时屏蔽跳信道序列中被干扰的信道，并保证通信的设备跳信道序列保持一致。

根据上述要求，自适应跳信道系统结构：现场设备周期性发送本设备的信道质量状况给网络的系统管理器，系统管理器的信道质量评估单元监测现场设备所有信道的质量

状况，并根据可靠的信道质量评估算法及接收信号的质量判定信道的好坏，从而选出可用的信道，根据评估结果更新信道黑名单信息，并把黑名单信息通过广播通知现场设备，现场设备收到数据包后，根据黑名单信息修改本设备的跳信道列表，然后按照新的信道列表进行跳信道发送/接收数据。

（三）信道评估机制

1. 信道序列选取

2.4GHz 频段上划分了 16 个信道，采用 IEEE 802.15.4 物理层和 MAC 层规范中规定的直接序列扩频（Direct Sequence Spread Spectrum，DSSS），设备可工作于某个选定的信道（11 ~ 26）。

16 个信道可以分成两种：专用信道和一般信道。专用信道主要用于设备的入网、簇内管理、重传，这些信道受干扰的概率比较小，所以可选信道 15、20、25、26 为专用信道。其余的信道作为一般信道，用于一般数据的发送与接收。为了提高网络的抗干扰性，16 条信道可以按照如下规则组合成不同的跳信道

当一个信道被使用后，它的下一跳信道要与该信道保持 3 个信道以上的间隔。某一信道受到干扰时，下一跳选用的信道应该保证不会再在这个干扰的范围内。16 个工作信道可分为 4 组：11、12、13、14 为一组；16、17、18、19 为一组；21、22、23、24 为一组；最后 15、20、25、26 信道为一组。选取跳信道序列可以按以下步骤操作：从每组中的第一个信道依次选取，接着从每组的第二个信道依次选取，按照此规则选择相应的信道。生成的跳信道序列为 11、16、21、15、12、17、22、20、13、18、23、25、14、19、24、26。从选择好的跳信道序列可以看出，任何相邻的两个信道都不会被 IEE 802.11b 的某一信道同时覆盖。比如，工业无线网络中的 11 信道受到了 IEEE 802.11b 信道 1 的干扰，如果系统采用的是时隙跳信道模式，那么设备在下一跳选用的信道 16 将不会受到 IEEE802.11b 信道 1 的干扰。

当网络中包含几个子网设备的时候，同一子网的设备应该选择同一个跳信道序列，不同子网之间的设备应该选择不同的跳信道序列。同一时刻，不同子网之间的设备保证在不同的信道上工作，从而避免了设备之间的相互干扰。比如，不同子网之间的两个设备都采用时隙跳信道模式进行通信，设备 1 的跳信道序列为 16、21、15、12、17、22、20、13、18、23、25、14、19、24、26、11，而设备 2 选择的跳信道序列为 12、17、22、20、13、18、23、25、14、19、24、26、11、16、21、15。工业无线网络中的两个设备的跳信道序列都按照规则 1 来选取，从而减小了来自 IEEE 802.11b 网络的干扰，而且在同一时隙，两个设备工作的信道均不相同，因此有效地避免了子网之间的相互干扰，整体上提高了工业无线网络的抗干扰性能。

2. 信道评估算法

信道质量评估技术用于测量无线网络中当前正被使用的信道的状况或质量。根据跳频信道的实时接收信号，用信道质量判决准则周期性地分析判断信道的质量，从而判定

该跳信道频点是否受到干扰和能否进行正常通信。信道质量评估方法以丢包率、链路品质信息（Link Quality Indicator，LQI）、重发次数等为评估参数，按照一定的信道评估算法对信道进行评估，并划分信道质量的等级，实现从跳信道序列中去除被干扰的坏信道，使收发双方在无干扰的频率集上同步跳信道，通信的过程当中根据干扰情况随时更新跳信道序列。

更新信道序列有两种方法：①将全部可使用的信道分成两组，一组定义为使用信道序列，另一组为备用信道序列，当使用信道序列中出现被干扰的坏信道时，则随机地从备用信道序列中选出一个可以使用的信道来替代该坏信道，这种替代可以一直进行下去，直至备用信道序列中没有可以使用的信道；②不分使用和备用信道序列，所有信道组成一个跳信道序列，当发现被干扰的坏信道时，可以选择当前信道中的下一个好信道来加以替代。两种方法的主要区别是：前者频谱利用率较低，跳频频谱的均匀性相对较好，适用于可使用的信道个数较多的情况；后者频谱利用率较高，但是可能导致跳频频谱的均匀性变差，比较适用于可使用的跳信道频率数较少的情况。

3. 信道评估时间

信道评估时间的长短会直接影响工业无线系统的安全性和实时性。系统在受到干扰的时候信道评估时间太长，可能导致重要数据信息丢失，而信道评估时间太短又造成不必要的能源浪费，因此信道评估的时间尤为重要。

工业无线网络采用确定性调度技术，由于在每个信道上发送数据包的次数各不相同，系统管理器设置了信道评估门限值（Pthr），当设备在某一信道上发送数据包的个数达到 Pthr 时，开始进行信道评估。因此，网络的信道评估时间与系统的调度（链路的配置）、超帧周期、跳信道模式、跳信道序列以及 Pthr 相关。

若网络的跳信道序列为 19、12、20、24、16、23、18、25、14、21、11、15、22、17、13、26，超帧周期为 100 个时隙，超帧偏移为 1 的时隙上配置一条发送链路，设备工作在时隙跳信道模式，根据信道使用率计算方法可以推出超帧每个时隙的信道偏移和信道使用个数，时隙 1 使用的信道为 12、23、21、17。因此，设备评估信道时只需要统计这 4 条信道上的评估参数，其他信道没有被使用，则不需要进行评估。当设备增加新的时隙链路时，如在超帧偏移为 5 的时隙上配置另一条发送链路，同理可计算出该链路使用的信道为 23、21、17、12。信道的使用频率比原来提高了一倍，所以网络的信道评估时间不应该采用统一的时间周期，而应该根据具体信道使用频率来决定。

4. 信道评估参数

工业无线网络中有多个管理对象属性表，如超帧对象属性表、链路对象属性表和信道对象属性表等。系统管理器可以对整个网络的通信资源进行配置、管理、增加或者删除等操作。

网络中的每一个设备需要定期对工作的信道进行质量评估，可以根据丢包率、接收信道强度指示（Received Signal Strength Indication，RSSI）、LQI、重传次数等信道评估参数，检测出每一条信道的质量状况，把评估结果存储在信道状况报告表中，然后周期性地将信道状况报告表发送给系统管理器。

5. 黑名单技术

工业无线网络通过黑名单技术来管理网络频谱资源的使用。黑名单技术实现流程：系统管理器首先查询设备管理应用进程（DeviceManagement Application Process，DMAP），判断是否收到设备的信道质量状况报告，如接收到设备的信道质量状况报告，则按照信道评估方法对信道进行评估，判断信道是好信道还是坏信道。如果信道是坏信道，则修改黑名单信息，并发送信标帧通知网络的设备；设备收到信标帧之后，解析黑名单子域，如果与本设备的黑名单属性信息不相同，则立即更新。

6. 对比分析

工业无线网络工作在固定信道的情况下，当被其他同频段干扰后，网络丢包率为20% ~ 40%，LOI 平均值为 100 ~ 102.5；当采用了自适应跳信道技术之后，网关通过信道评估把通信质量差的信道列入黑名单，并发送信标帧通知网络的设备，设备在跳信道序列中将被干扰的信道屏蔽，网络数据通信的丢包率在 10% 之下，LQI 平均值约为107。在被干扰情况下采用固定信道与跳信道机制的丢包率和平均链路质量的对比如图3-18 所示，由对比结果可以得出在工业无线网络中使用自适应跳信道技术可以有效地提高网络的抗干扰性能，减小丢包率，提高网络吞吐量，从而保证整个网络通信的可靠性。

（四）基于时隙通信的自适应跳信道实现方法

工业无线网络标准定义了超帧属性、链路属性、信道属性等管理对象的数据结构，数据链路层访问的时候直接调用相应的表属性元素进行读、写、添加、删除、查找等操作，用链接队列的形式来实现每个属性结构体的存储。

当设备处于空闲状态时，根据信道的评估时间周期性地统计信道质量评估参数（如丢包率和 LQI 等），将统计结果保存到信道状况报告表中，然后发送给系统管理器。

系统在实施跳信道功能时，需要确定网络的跳信道模式和跳信道序列，根据超帧结构计算当前时隙所使用的信道，然后根据跳信道序列更改当前的物理信道。同一个子网中的设备一般使用相同的超帧、跳信道序列，这样才能保证在某个时隙跳到相同的信道上进行通信。实现跳信道功能主要涉及链路表、超帧表和信道表，首先查询链路表，获取当前时隙优先级最高的链路，再根据该链路信息中的超帧 ID 确定该超帧使用的跳信道序列。

基于时隙通信的自适应跳信道实现流程：首先根据超帧属性判断跳信道的类型，然后计算出当前时隙的信道偏移，在跳信道序列中选择对应的信道，查询黑名单信息，确认该信道是否可用，如果不能用，则选择下一个信道，信道选好之后，设置硬件的寄存器，更改通信信道。

（五）自适应跳信道的芯片实现方案

在复杂的工业环境中，使用软件实现自适应跳信道机制有很多缺陷。比如，自适应跳信道机制需要精确的时间同步，如果时间同步不精确就会导致跳信道序列的错序，无法正常进行接收；同时代码量大，维护工作比较困难；而且信道评估需要花费一定的时间，从而影响信道的切换。渝芯一号采用硬件实现跳信道机制，把网络的跳信道序列写入调度表中，硬件判断新时隙是否到来，如果到来就按照调度表中该时隙对应的信道进行切换，在该信道上完成规定的工作。信道的评估、选取和切换完全由硬件来完成，测试表明，硬件实现跳信道机制不仅提高了无线网络通信的成功率和无线网络通信的实时性与可靠性，而且增强了系统的抗干扰能力，同时减小了 CPU 处理软件的负担。

六、工业无线网络的冗余路径建立方法

（一）冗余机制

工业无线网络时常出现某些设备因环境、软件或者硬件等原因而引起的故障，这些问题都有可能对工业现场带来毁灭性的灾难，因此，工业网络需采用防错容错机制使设备间能够可靠、安全、无误、实时地通信。为了提高网络的可靠性，工业无线网络中允许存在冗余的网关设备和冗余的路由设备分别作为网关设备和路由设备的热备份。工业无线网络的冗余系统包括冗余设备、冗余网关、冗余路由器协议栈以及上层监控系统。

参照工业无线网络的实际需求，冗余设计采用 1 ：1 冗余接入方案，即主设备处在工作状态，接收无线设备节点的采样数据，冗余设备处于监听状态，具体完成冗余网关冗余路由切换过程、工作流程、设备状态监测以及协议栈相关层的软件设计和实现。

工业无线网络中同时存在主网关和冗余网关，冗余网关是主网关的热备份，二者具有相同的属性配置。主路由和冗余路由同时在网，二者具有相同的属性配置，当处于工作状态的路由节点能量过低或者出现故障而无法继续正常工作时，冗余路由将被激活，代替主路由实现完全相同的功能。

冗余设备主要通过 Keep-alive 命令帧来判断主设备是否在网，此外由于工业无线网络采用分层时间同步，所有子设备会周期性接收到父设备的信标帧，因此，通过监听主设备的信标帧来判断主设备是否在网，不仅可以节省网络资源，而且能提升设备切换效率，使开发维护更加便捷。工业无线网络中主设备的优先级高于冗余设备，当主设备不能正常工作时就激活冗余设备，一旦主设备恢复了工作，冗余设备立刻变成热备份状态。

（二）冗余网络通信协议栈

设备切换以及路由设备状态检测在协议栈的数据链路层实现。

设备切换模块指冗余网络中的网关与路由，替代主网关、主路由，在 DLL 中实现。设备状态检测指冗余网关检测个域网（Personal Area Network，PAN）内路由在网情况，并向上位机报告，在 MAC 层中实现。

协议栈运行起始完成初始化，进入应用层状态机，按照状态机状态执行相应的程序；跳出应用层状态机后就逐层往下进入各层的状态机，直至物理层状态机 phyFSM；然后逐层返回，在各层主状态机的运行过程中，会调用其他相关状态机，如 macRxFSM（MAC

层接收状态机），dlslRxFSM（数据链路层接收状态机）等。

冗余网关的切换以及冗余路由的切换主要在 dlslFSM 和 MAC 层中的 mac-RxFSM 中实现。下面将具体说明这两个状态机中涉及相关任务。

冗余设备执行程序进入 dlsIFSM 中，首先判断新时隙是否到来（NewTsFlag==1）。如果到了，就更新超帧指针和时隙偏移，然后搜索新时隙配置的链路。如果是发送链路（WinKindLink==1），则根据状态机的状态处理相应帧的发送；如果是接收链路（WinKindLink==2），就处理相关帧的接收。如果是广播信标帧链路（WinKindLink==3），就判断冗余网关 / 冗余路由的冗余开关是否打开，如果打开，则需要激活冗余设备，广播信标帧并且代替主设备工作；如果没有打开则继续处于监听状态，然后等待下一个新时隙的到来。

冗余网络通信协议运行至 macRxFSM 之后，首先判断接收缓存是否非空，如果是则取出接收到的包，解析 MAC 帧头，判断帧类型：如是数据帧则往上递交给 dlslRxFSM 处理，数据帧会逐层往上直到应用层；如果是确认帧，则直接释放；如果是命令帧则转交给 macFSM 处理；如果是信标帧，则冗余网关和冗余路由会作出相应的处理。

（三）冗余网关流程设计

冗余网关和主网关同时存在于冗余网络中，有完全相同的属性配置，担当网络管理者和安全管理者的角色，负责将各个簇头转发过来的采样数据接入上层网络以及周期性的广播信标帧维护网络。冗余网关除了替代主网关完成相同的功能外，还向上位机发送路由设备在网络态指令，报告在网络由设备情况。

1. 冗余网关切换流程

冗余网关在网络中持续监听主网关的信标帧，如果监听到，则只需向上位机发送主网关在网指令，如果在一定时间内没有监听到，则打开冗余开关标识位，激活冗余网关代替主网关，同时向上位机发送冗余网关在网指令。另外冗余网关也持续监听在网路由的信标帧，通过解析接收的信标帧获得在网路由的详细情况，从而向上位机报告在网路由情况。

冗余网关打开后，初始化物理层、MAC 层、数据链路层、网络层、应用层，打开射频收发，开始监听主网关的信标帧。macRxFSM 接收及解析所有接收到的帧。当 MAC 层接收缓存非空时，表明冗余网关接收到了 PAN 内的帧，然后解析 MAC 层帧头判断帧类型。如果是信标帧，而且源地址是网关的 16 位短地址，表示接收到了主网关的信标帧，就向上位机发送主网关在网指令。如果规定时间之内未收到主网关信标帧，就打开冗余网关发送信标帧，并且上传冗余网关在网指令，同时监测在网路由情况，上传在网路由指令。

2. 冗余网关上传指令过程

冗余网关通过解析信标帧 MAC 层帧头（MAC Header，MHR）中的源地址域（Source Address，SrcAddr）子域来收集在网路由的情况，并通过解析信标帧中超帧描述子域

（SuperframeSpec）的冗余（Redundant）标识位来判断接收到的信标帧是主设备或是路由设备广播的，从而向上位机发送设备于网指令。

（四）冗余路由工作流程

冗余路由是主路由的热备份，与主路由充当一样的角色，完成完全相同的功能，包括广播信标帧、维护和组建星型网、转发簇成员节点的数据等。

冗余路由和主路由具有完全相同的属性配置以及相同的通信资源配置，这样就保证了冗余路由替换了主路由之后能够立刻代替主路由完成相同的功能。主路由处于工作状态时，冗余路由持续监听主路由的信标帧，在一定时间内没有收到主路由的信标帧就激活，接替主路由工作，代替主路由广播信标帧、转发数据。

通过在工业无线网络中部署冗余网关和冗余路由设备，可以避免由于关键设备失效引起的网络故障及网络瘫痪，能够整体提升网络的实时性与可靠性。

七、基于轻量级加密算法的安全通信方法

工业无线网络安全机制通过通信安全与数据安全有机地结合，协同保障整个网络端到端的安全。

（一）轻量级加密技术

轻量级加密技术是解决资源与开销矛盾的有效方法，同时加密算法的硬件实现是实现低开销的有效途径。

1. 轻量级加密算法模式和等级

为提高轻量级加密算法在物联网感知层的通用性，下面采用加密技术分级的方法，以实现不同安全需求下同种算法普适性。

在现有的对称加密算法中，主要有 5 种加密处理模式：电子密码本（Electronic Code Book，ECB）模式、分组链接（Cipher Block Chaining，CBC）模式、加密反馈（Cipher Feed Back，CFB）模式、输出反馈（Output Feed Back，OFB）模式和计数器（Counter，CTR）模式。其中分组链接模式一般用于完整性校验，计数器模式一般用于数据加密。

针对网络通信数据保密性的需要，对上下行数据、普通节点与骨干节点之间的数据、骨干节点之间的数据、管理者与骨干节点之间的数据实行不同的安全等级。其总体设计需求为：下行数据的安全等级应高于上行数据，骨干节点之间以及管理者与骨干节点之间数据的安全等级应该高于普通节点与骨干节点之间数据的安全等级。

通过对加密算法的分级，以及对不同应用、网络中不同数据进行分类，能够更为有效地利用资源，达到了低开销的目的。

2. 基于加密参量表的轻量级动态加密方法

由于物联网感知层数据包分片重组技术的使用以及互通体系的需求，增加了物联网感知层所提供的服务种类以及报文数量，从而对节点的动态密钥更新提出了需求，即使用不同的密钥对分片报文进行加密，以达到增强保密性的目的。基于加密参量表的动态

加密方法在不需要频繁更新密钥的情况下，通过使用不同的加密参量提供报文加密的随机性，从而代替动态更新方法在物联网感知层中的使用，其具体的方法如下。

启动安全通信时，通信双方除了保存一个对偶密钥（该密钥可更新）用于数据加密，还需要保存一个加密参量表。在通信过程中，发起者在表中随机选取加密参量参与加密过程。也就是说，在使用相同密钥和相同数据的情况下，由于选取的加密参量不同，生成的密文和完整性校验码不同。

轻量级加密算法的输入项为密钥和明文信息，但是在不同的加密模式中，以 CCM（Counter with CBC-MAC）为例，包括随机值、有效载荷和附加鉴别数据。其中附加鉴别数据通过输入变换共同生成加密运算和鉴别运算的参量，加密参量表中保存的参量用于构造加密算法附加鉴别数据。因为网络的异构性以及应用场景的区别，加密参量表中的单位参量长度以及参量表大小可根据安全等级以及节点类型进行选择，例如，全功能设备（Full Function Device，FFD）参量表大于简化功能设备（Reduced Function Device，RFD），缺省情况下加密参量表结构为 4×4，单位参量长度为 8 位。

本方法不需要频繁地更新对偶密钥或者保存大量密钥完成密钥的动态使用，以改变数据加密过程中的参量来加强数据加密过程中的随机性，在保证端到端数据传输安全的同时，实现了动态密钥管理的低开销性。

（二）工业无线网络密钥管理

1. 密钥管理架构

安全管理的核心是安全密钥管理，因为密钥管理是保障整个网络安全的前提，其目标是合理使用安全密钥，为设备之间建立了共享的加密密钥，同时保证任何未授权的设备不能得到关于密钥的任何信息。密钥管理包括密钥分发和密钥更新。密钥分发由协议栈来实现，在设备入网后由安全管理者进行分发。密钥更新由上位机发起，对密钥更新周期到期或受到安全威胁的设备进行更新。

在集中式管理模式下，工业无线网络安全管理者对网络中所有的对称密钥进行管理，安全密钥管理机制包括了密钥的产生、分配、更新、撤销等安全服务。工业无线网络使用了以下对称加密密钥。

配置密钥（Provision Key，PK）：建立于设备预配置期间，由工业无线网络安全管理者分配，用于生成加入密钥。

加入密钥（Join Key，JK）：设备加入网络时使用的密钥，在加入网络之前由配置密钥、待加入网络的设备 D 及单调随机序列共同生成，用于鉴别设备的身份。

密钥加密密钥（Key Encryption Key，KEK）：设备加入网络以后，根据密钥协商协议产生的共享于设备和安全管理者之间的秘密密钥，用于在分发传送密钥时加密保护新密钥。

数据加密密钥（Data Encryption Key，DEK）：设备加入网络之后，由工业无线网络安全管理者分配，提供数据传输过程中各层数据帧的保密性和完整性校验。工业无线网络使用的数据加密密钥包括数据链路层加密密钥、应用层加密密钥。

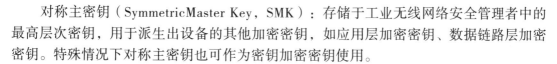

对称主密钥（SymmetricMaster Key，SMK）：存储于工业无线网络安全管理者中的最高层次密钥，用于派生出设备的其他加密密钥，如应用层加密密钥、数据链路层加密密钥。特殊情况下对称主密钥也可作为密钥加密密钥使用。

2.密钥分发

工业无线网络中所有密钥都是由安全管理者统一产生分发的。网络无线设备在安装于现场之前，应该根据实际需求向现场设备装载初始密钥即为配置密钥，该配置密钥可通过安全管理者直接下载在新设备内，或者通过手持等移动设备进行分发。设备在加入网络之前，需要利用配置密钥生成加入密钥。当设备上线时，加入密钥通过某种不可逆的摘要算法在安全管理者和设备之间提供认证消息，确保设备的网络认证。

设备安全入网后，安全管理者把为设备分发通信密钥，包括密钥加密密钥、数据加密密钥，此时簇首中的安全管理代理负责转发簇内设备的密钥加密密钥和数据加密密钥。安全管理者通过秘密密钥产生（Secret KeyGeneration，SKG）协议为设备产生共享的对称主密钥，通信密钥的建立基于对称主密钥，安全管理者可以利用对称主密钥派生设备的通信密钥。

3.密钥更新

当需要更新设备密钥时，安全管理者根据实际应用环境的安全强度要求升级安全密钥策略，同时利用主密钥派生新的密钥值，并且采用设备的密钥加密密钥，对新密钥进行保护后传送给相应设备。设备接收到密钥信息后，使用自己的密钥加密密钥将其解密，从而更新密钥信息。网络自动更新密钥的周期由用户决定，推荐为 24 小时。

4.密钥撤销

在设备正常的密钥更新之后，安全管理者将撤销所有过期的密钥。当设备发现密钥的安全受到威胁、密钥已经泄露等情况时，就要及时通知安全管理者将该密钥撤销。安全管理者也可以根据工业无线网络受威胁的情况，在密钥未过期之前强制撤销设备中的某个密钥。撤销通知应包括密钥、撤销的日期时间、撤销的原因等。在密钥撤销之前，安全管理者应及时为该设备更新密钥。

安全管理者把执行整个工业无线网络的密钥管理功能，包括获取密钥请求 / 响应、更新密钥请求 / 响应等。

第三节　工业物联网技术的创新应用与发展

一、工业物联网技术创新应用

（一）工业物联网技术具体应用

1.打造安全工业环境

为顺应工业物联网技术的应用要求，要匹配对应的元件和物联网控制模块，保证相关工作都能顺利落实，提升联结装置的应用效率。在企业工厂内安装危险源感知测试装置，建立工业现场分布式信息系统，从而保证信息收集和统一汇总的规范性。并且，借助系统就能实时监控工业现场的可燃性气体、粉尘浓度等参数，以保证综合分析管控的规范性。例如，若是现场出现危险，借助声光控制元件、PC以及移动终端，就能及时完成信息汇总分析，从而在一定程度上减少现场事故的危害。

另外，在建立分布式监测点预警机制的过程中，能对工业现场环境予以实时监督和管理，若是预测工业现场区域可能会出现危险或者是安全隐患，就会借助声光短信及时通知相关抢修人员，保证智能物联网技术并行环境当中能有效利用自动控制模块，对现场的气源和通风设备予以智能化启停。

2.落实预测性维护

为了保证设备管理工作的基本水平，减少故障问题对其综合应用产生的影响，要打造更加合理且可靠性、稳定性高的预测性维护项目管理模块，以保证相关工作都能顺利开展。健康状态监测系统基于现场无线网络通过OPC协议传送的现场设备运行状态数据分析及预警，为设备技术人员提供实时在线数据支持及分析，从而提高整个塑料部设备可用率及可靠性。该系统包括装置和工业平台构建的相关信息，保证设备的健康管理预测性维护系统的合理性。利用旋转机械故障诊断和往复式机械故障诊断、模拟状态分析诊断、振动与噪声分析诊断等模块，就能更好地提升设备管理效率，减少设备故障问题对工业物联网技术产生的影响。

①边缘计算模块。主要是提取故障特征值，并且配合机械物理信号预处理实现综合管理，同时也能实现设备数据时域分析和设备数据小波分析，保证计算结果能为物联网实时性应用管理提供保障。

②信号采集与信息数据处理模块主要是应用对应的元件完成信息的集中管理。

③传感器匹配模块可适配不可厂家的振动、温度、压力等传感器，从而减少了投资，保障系统的兼容性。

④专家库和故障识别模块要结合状态识别和专家系统建立故障问题的集中分析，并且有效维持工业物联网技术应用的规范性，打造了更加完整的信息管控平台。与此同时，配合机械设备自回归模型实现实时监督。

⑤网络传输主要是建立工业通讯单元、网络安全监管单元以及网络发布管理单元。

⑥云服务模块使用云存储技术实现大数据的预测维护分析以及设备的健康管理。

3. "软件十机器" 工业模式

在工业物联网技术体系中，能真正意义上实现柔性制造线的管理，借助对应的关键系统就能替代超过 60% 的人力作业，配合加工中心、自动化物流技术以及信息控制软件技术等维持综合管理的效果。

与此同时，实现 "机器人 + 视觉" 处理系统，也能为工业物联网技术方案中建立物流自动化产品管理机制提供保障。

4. 数据可视化模式

对于工业物联网技术发展工作而言，建立完整的数据分析和信息交互平台，能为工业企业领导层做出更加合理高效地决策提供保障，打造精准管理模式，配合实时性 OEE 以及 MES 等单元，打造完整的可视化控制平台，优化技术应用效果。

第一，生产管理。主要是对设备在线进度以及对应的派工、排程等环节予以分析，建构完整的资源管理机制，维持综合管控效果。并且能建立上下线回报单元和过程数量汇总单元，及时管理进度。

第二，系统资源管理。要匹配资源应用率的分析与管控工序，及时进行设备预测维护和系统资源实时性监督等。

第三，建构生产数据云端整合分析模式，确保智慧预测的规范性。例如，厂务能源管理、设备自动化、设备监视诊断和效益优化、MES 整合、机台监诊和预防保养等，共同实现生产应用管理结构。

第四，建立智慧工厂模式。①实现端对端集成处理，配合产品全生命周期，维持独立产业链，一般呈现出网状结构，应用和实现存在一定的难度；②实现横向集成处理，从企业所在的产业链入手，确保能更好地维系企业——供应商——经销商——客户的产业链条，维持数字化产业链应用效果；③实现纵向集成，从企业边界入手，打造了更加合理的智能化处理模式，维持数字化企业和智能化工业发展的平衡。

（二）工业物联网技术发展目标

伴随着物联网技术的不断发展和进步，工业物联网应用模式也将实现多元发展目标，建构更加合理且高效地应用体系，从而提升了经济效益。

1. 生产过程工艺优化

将物联网技术全面应用在工业体系中，不仅能对常规化运营予以管理，还能将其应用在生产过程中，匹配数据监测模块、数据采集和生产过程监测模块，维持更加合理的资源应用结构。提升人力资源利用率的同时，还能减少生产过程中资源的浪费，为成本优化提供保障。生产过程中，借助物联网技术进行全方位监督管理，可以保证生产过程更加优化。

2. 制造业供应链智能化管理

在工业物联网技术中融合大数据挖掘技术，能更好地掌握相关产品的基础信息，配合物联网信息管理模式，有效制定预测分析方案，预测商品价格的市场走向以及市场供应要求，保证客户满意度得以提升。工业物联网技术的推广，能为制造业供应链体系的全面发展提供支持。

3. 环保监测

工业发展和环保管理工作一直受到广泛关注，借助物联网技术能建构完整的产业链管理结构，将物联网技术和环保设备予以实时互联，就能对企业生产产生的有害物质以及排放量等予以实时性监测分析，减少环境污染问题造成负面影响。

二、工业物联网技术创新发展策略

工业物联网技术的全面推广和应用具有非常重要的时代意义和价值，要着重发挥各个模块的应用优势，共同引领工业向智能化、现代化、数字化发展，在科研技术和管理水平全面进步的同时，实现经济效益、环保效益、社会效益的共赢。

（一）在人工智能技术的广泛使用

人工智能的飞速发展，更赋予工业物联网全新的发展方向，明确分野自动化及智动化的差异，包括机器视觉、深度学习等利用算法分析为主的人工智能技术，已成为工业物联网未来发展的全新趋势，不仅让自动化与机器人的技术更为精准、制造业也开始进入如无人工厂等全新的科技领域。

（二）在工业大数据平台的广泛使用

工业大数据分析平台是利用大数据技术开发搭建的信息一体化平台，从而为企业提供完善的服务。将产品数据作为核心内容进行分析，让数据在传统的工业范围中得到极大的拓展和充分的利用。以产品创新为例：通过对数据的深入分析和挖掘，能够帮助企业精准把握客户的需求，为产品创新做出贡献。总的来说，工业大数据分析平台的应用价值主要可以提高行业、企业生产效率，提升产品质量；降低生产成本，实现节能降耗；加快工业企业产品创新速度，有助于实现大规模定制生产；加快实现工厂的智能化管理、生产。

（三）全面推动新型工业模式的发展

物联网不仅能够实现设备的互联，还能够通过优化产品类型、维护客户关系为企业服务，推动新的工业模式的产生和发展。消费者可通过在智能终端输入需求数据，制定自己需要的专属商品，从而实现商品的社会化大规模定制。同时，消费者还可以通过工业智联网技术对商品的原材料、零件生产、拼装运输等流程进行回溯，保证生产过程的透明化，使商品的质量和可信度得到了有效保证。相对于设备和资产信息而言，当前工业企业在生产过程中掌握的客户和产品的数据相对匮乏，所以企业在未来生产中想要开发更具吸引力的产品或提升现有客户关系，还需要收集更多关于客户和产品的数据和信息，以业务发展和效率的提升为企业的发展诉求，工业企业物联网未来需要更加的关注客户和产品。

随着科技的发展，工业物联网技术将会融合大数据、互联网、传感器以及人工技能等多项技术，使工厂发展逐步迈向智能化和数字化，从而降低了企业的生产能耗、提高效能利用率。大规模地开发工业物联网是社会发展的必然趋势，随着智能制造人机交互与协同、智能工厂、工业大数据等技术的发展，工业物联网技术将在智能制造领域发挥更重要的作用，我国的制造业也会在世界制造业版图中占据有利位置。

（四）未来工业物联网发展对策

①技术层面。近年来，国内在网络架构、传感器、M2M等方面取得了一定的技术突破。但仍需要进一步强化工业物联网基础通用标准的建设，注重国家标准与国际标准的衔接，加强行业间的交流与合作。推进窄带物联网的技术研究，加大高端传感器、新兴短距离技术芯片的研发投入，以及建立信任的物联网体系架构，规范隐私管控。

②市场层面。中国移动互联网发展迅速，已经成为全球移动互联网最大的市场。通过开放接口的方式连接工业物联网设备，使工业物联网依托移动互联网应用的入口优势，建设中国特色工业物联网。同时，鼓励行业龙头企业加大技术研发力度，推动商业模式和服务模式等方面的创新。

③应用层面。在工业制造领域，工业物联网在生产过程的工程优化、产品设备监控管理和工业安全生产管理等环节得到广泛应用。以培育多形式的工业物联网资源共享平台为切入点，加大产业研发和测试，促进资源流动与整合配置。

④政策层面。建设科学的产业发展整体规划并调整企业的财税支持方式，发挥财政税收政策调节作用，引导工业物联网产业健康持续发展。同时，改善物联网企业的融资环境，鼓励工业物联网企业、银行和保险公司三方合作，降低物联网企业的融资风险。

鼓励设立物联网发展创投基金，由物联网龙头企业和投资公司提供资金，委托专业机构运营管理，为有潜力的物联网企业提供及时资金支持等。

第七章 物联网技术在其它领域的应用

第一节 智能电网与物流

一、智慧地球与智慧城市

（一）智慧地球

智能技术正应用到生活的各个方面，比如智慧的医疗、智慧的交通、智慧的电力、智慧的食品、智慧的货币、智慧的零售业、智慧的基础设施甚至智慧的城市，这使地球正变得越来越智能化。

智慧地球的目标是让世界运转的更加智能化，使个人、企业、组织、政府、自然和社会之间的互动效率更高，其核心是以一种更加智慧的方法，通过利用新一代信息技术来改变相互交互的方式，以便提高交互的明确性、效率、灵活性和响应速度。

物联网是智慧地球发展的基石。构建智慧地球，将物联网和互联网进行融合，不是简单的将实物与互联网进行连接，不是简单的"鼠标"与"水泥"的数字化和信息化，而是需要进行更高层次的整合，需要"更透彻的感知，更全面的互联互通，更深入的智能化"。

①物联网带来更透彻的感知。这是超越传统传感器的一个更为广泛概念。具体来说，是指随时随地利用任何可感知信息的设备或系统。通过使用这些设备或系统，从人的血

压到公司财务数据或城市交通状况等任何信息，都可被快速获取进行分析，以便于立即制定应对措施和进行长期规划。

②物联网带来更全面的互通互联。即通过各种形式的高速、高宽带的通信网络，将个人、电子设备、组织和政府信息系统中收集和存储的分散信息连接起来，进行交互和多方共享，从而更好地对环境和业务状况进行实时监控，从全局的角度分析形势并实时解决问题，从而彻底改变整个世界的运作方式。

③物联网带来更深入的智能化。即深入分析收集到的数据，以获取更加新颖、系统、全面的洞察力来解决特定的问题。这要求使用先进技术（如数据挖掘和分析工具、科学模型和功能强大的运算系统），通过分析、汇总和计算，整合跨地域、跨行业和跨部门的数据和信息，并将特定的知识应用到特定行业、场景和解决方案中，以更好地支持决策和行动。

④物联网使地球变得更加智慧。IBM 提出的"智慧地球"关注新锐洞察、智能运作、动态构架和绿色节能这四个关键问题。物联网可提高人类的洞察力，让人们知道如何利用从众多资源中获取的大量实时信息来做出明智的选择；物联网能提高人类的运作能力，让人们知道如何动态地满足人类灵活的生活和工作需求；物联网能提高人类的及时响应，让人们知道如何构建一个低成本、智能和安全的动态基础设施；物联网能提高人类的生活环境，让人们知道如何针对能源和环境可持续发展的要求，提高效率、高效节能，使生活更加节能和环保。

物联网不仅是传感器、手机、家居等物品与互联网的融合，而是更高层次的整合，能带来"更透彻的感知，更全面的互联互通，更深入的智能化"。物联网将使地球变得更加智慧。

建设物联网需要三大基石：

①标识物体，包括通过 RFID、传感器将物体的信息实时反映出来；

②传输的通道，比如电信网；

③高效的、动态的、可大规模扩展的资源计算处理能力，例如云计算。

物联网通过将 RFID 技术、传感器技术、纳米技术等新技术充分运用在各行各业之中，将各种物体允分连接，并通过无线等网络将采集到的各种实时动态信息送达计算机处理中心，进行汇总、分析和处理，从而构建智慧地球。在物联网中，商业系统和社会系统将与物理系统融合起来，形成新的智慧的全面系统，地球将达到"智慧"运行的状态，这将提高资源利用率和生产力水平，改善人与自然的关系。

（二）智慧城市

21 世纪初，IBM 提出了"智慧的城市"愿景，并研究出由关系到城市主要功能的不同类型的网络：基础设施和环境六个核心系统组成：组织 / 人、业务 / 政务、交通、通信、水和能源。这些系统不是零散的，而是以一种协作的方式相互衔接。而城市本身，则是由这些系统所组成的宏观系统。

智慧城市是智慧地球的体现形式，为借助新一代的物联网、云计算、决策分析优化等信息技术，将人、商业、运输、通信、水和能源等城市运行的各个核心系统整合起来，实现更透彻的感知、更全面的互联互通、更深入的智能化，从而实现以下目标：

①灵活：能够实时了解城市发生的突发事件，并且能适当即时地部署资源以做出响应；

②便捷：远程访问"一站式"政府服务，在线支付账单，进行交易；

③安全：更好地进行监控，更有效地预防犯罪和开展调查；

④更有吸引力：通过收集并分析数据和智能信息来更好地规划业务基础架构和公共服务，从而创造更有竞争力的商业环境吸引投资者；

⑤生活质量更高：越少的交通拥堵意味着越少的污染；降低交通拥堵和服务排队所浪费的时间意味着市民可以更好地均衡工作和生活；更少的污染和更完善的社会服务意味着市民可以拥有更健康快乐的生活；

⑥广泛参与合作：实现政府不同部门之间常规事务的整合以及与其他私营机构的协作，提高政府工作的透明度和效率。

智慧城市就是运用信息和通信技术手段感测、分析、整合城市运行核心系统的各项关键信息，通过物联网、云计算等感知、获取、传输、处理于一体的信息技术在城市基础设施以及政治、经济、文化、社会等各个领域的深入应用，从而对包括民生、环保、公共安全、城市服务、工商业活动在内的各种需求做出智能响应。其实质是利用先进的信息技术，实现城市智慧式管理和运行，进而为城市中的人创造更美好的生活，促进城市的和谐、可持续成长。

建设智慧城市在实现城市可持续发展、引领信息技术应用、提升城市综合竞争力等方面具有重要意义。由于智慧城市综合采用了包括射频传感技术、物联网技术、云计算技术、下一代通信技术在内的新一代信息技术，所以能够有效地化解"城市病"问题。这些技术的应用能够使城市变得更易于被感知，城市资源更易于被充分整合，在此基础上实现对城市的精细化和智能化管理，从而减少资源消耗，降低环境污染，解决交通拥堵，消除安全隐患，最终实现城市的可持续发展。

智慧城市正是在充分整合、挖掘、利用信息技术与信息资源的基础上，汇聚人类的智慧，赋予物体以智能，从而实现对城市各领域的精确化管理，实现对城市资源的集约化利用，提升居民的生活水平和生活便利性。

信息资源在当今社会发展中具有重要作用。一方面，智慧城市的建设将极大地带动包括物联网、云计算、下一代互联网以及新一代信息技术在内的战略性新兴产业的发展；另一方面，智慧城市的建设对医疗、交通、物流、金融、通信、教育、能源、环保等领域的发展也具有明显的带动作用，对我国扩大内需、调整结构、转变经济发展方式的促进作用同样显而易见。因此，建设智慧城市对我国综合竞争力全面提高具有重要的战略意义。

随着人类社会的不断发展，未来城市将承载越来越多的人口。目前，我国正处于城镇化加速发展的时期，部分地区"城市病"问题日益严峻。为解决城市发展难题，实现城市可持续发展，建设智慧城市已成为当今世界城市发展不可逆转历史潮流。

二、智能电网

智能电网是物联网在电力领域的一种应用，具体体现了物联网"带来更透彻的感知"的理念。智能电网就是电网的智能化，其是以集成的、高速双向通信网络为基础，通过先进的传感技术、测量技术、设备技术、控制方法、决策支持系统，实现电网可靠、安全、经济、高效、环保的运行。智能电网通过在用户终端安装智能电表，来感知电网的运行情况，然后通过各种不同发电形式的接入，以信息化、数字化、自动化、互动化为特征，实现电网优化高效的运行。

智能电网就是电网的智能化，它是建立在集成的、高速双向通信网络的基础上，通过先进的传感和测量技术、先进的设备技术、先进的控制方法以及先进的决策支持系统技术的应用，实现电网可靠、安全、经济、高效、环境友好和使用安全的目标，达到电网和用户互惠互利的目的。智能电网主要特征包括自愈、激励和抵御攻击，提供满足用户需求的电能质量，容许各种不同发电形式接入，启动电力市场以及资产的优化高效运行。

（一）电力系统概述

电力系统是由发电、输电、变电、配电与用电等环节组成的电能生产、消费系统。自然界中的能源主要有煤、石油、天然气、水能、风能、太阳能、海洋能、潮汐能、地热能、核能等。传统的电力系统是将煤、天然气或燃油通过发电设备，转换成电能，再经过输电、变电、配电的过程供应给各种用户。

电力网络是电力系统中除了发电设备与用电设备之外的部分，主要是指输电、变电、配电三个环节。电力网络将分布在不同地理位置的发电厂与用户连成一体，把集中生产的电能送到分散的不同用户。

从世界经济发展的角度看，电力系统的发展程度与技术水平是一个国家国民经济发展水平的重要标志。进入 21 世纪，能源需求不断增加，全球资源环境的压力日益增大，而节能减排的呼声也越来越高，电力行业面临着前所未有挑战。"智能电网"的建设成为各国政府大力推动的工作。

智能电网并非是一堆先进技术的展示，也不是一种着眼于局部的解决方案。智能电网是以先进的计算机、电子设备和高级元器件等为基础，通过引入通信、自动控制和其他信息技术，实现对电力网络的改造，达到电力网络更加经济、可靠、安全、环保的目标。为了准确理解智能电网，需要站在全局性的角度观察问题，综合考虑智能电网的 4 个维度，即绩效目标、性能特征、技术支撑和功能实现。

智能电网的性能特征界定了它不同于其他形式电网建设方案的关键点，体现了电网的智能性和容载能力，也是实现上述绩效目标的内在要求。

①自愈性——稳定可靠。自愈为实现电网安全可靠运行的主要功能，指无需或仅需少量人为干预，实现电力网络中存在问题元器件的隔离或使其恢复正常运行，最小化或避免用户的供电中断。通过进行连续的评估自测，智能电网可以检测、分析、响应甚至恢复电力元件或局部网络的异常运行。

②交互性——电力用户。电网运行中与用户设备和行为进行交互，将其视为电力系统的完整组成部分之一，可以促使电力用户发挥积极作用，实现电力运行与环境保护等多方面的收益。

③协调性——电力市场。与批发电力市场甚至是零售电力市场实现无缝衔接；有效的市场设计可以提高电力系统的规划、运行和可靠性管理水平；电力系统管理能力的提升促进电力市场竞争效率的提高。

④安全性——抵御攻击。无论是物理系统还是计算机遭到外部攻击，智能电网均能有效抵御由此造成的对电力系统本身的攻击伤害以及对其他领域形成的伤害；一旦发生中断，也能很快恢复运行。

⑤兼容性——发电资源。传统电力网络主要是面向远端集中式发电的，通过在电源互联领域引入类似于计算机中"即插即用"技术，尤其是分布式发电资源，电网可以容纳包含集中式发电在内的多种不同类型发电，甚至是储能装置。

⑥高效性——资产优化。引入最先进的 IT 和监控技术优化设备和资源的使用效益，可以提高单个资产的利用效率，从整体上实现网络运行和扩容的优化，降低它的运行维护成本和投资。

⑦优质性——电能质量。在数字化、高科技占主导的经济模式之下，电力用户的电能质量能够得到有效保障，实现电能质量的差别定价。

⑧集成性——信息系统。实现包括监视、控制、维护、能量管理（EMS）、配电管理（DMS）、市场运营（MOS）、ERP 等和其他各类信息系统之间的综合集成，并实现在此基础上的业务集成。

智能电网建设包括以下两个基本的内容：

①智能电网将能源资源开发、转换、蓄能、输电、配电、供电、售电、服务，以及与能源终端用户的各种电气设备、用能设施，通过数字化和网络通信系统互联起来，使用智能控制技术使整个系统得到优化；

②智能电网能够充分利用各种能源资源，重点是天然气、风力、太阳能、水力等可再生能源、核能，以及其他各种能源资源，依靠分布式能源系统、蓄能系统的优化组合，实现精确供能，将能源利用率与能源供应安全提高到一个新的水平，使环境污染与温室气体排放降低到一个可接受的程度，使用户成本和效益达到一种合理的状态。

要实现智能电网的目标，必须利用先进的感知技术、网络通信技术、信息处理技术，实现对电力网络智能识别、定位、跟踪、监控和管理，所以物联网技术在推进智能电网的研究与建设中将起到重要的作用。

（二）智能电网的技术支撑

1. 建立稳固、灵活的电网结构

我国能源分布与生产力布局极不平衡，为缓解这一现象所带来的不利影响，我国开展实施了直流联网工程、特高压联网工程、点对点或点对网送电等工程的建设，加快能源的流动。如何进一步优化特高压和各级电网规划成为亟待解决的关键问题。随着电网规模的扩大、互联电网的形成，电网的安全稳定性问题日益突出，也相应地提高了对主网架结构的规划设计要求。只有灵活的电网结构才能应对自然灾害和社会灾害等突发灾害性事件对电网安全的影响。

2.实现标准、开放、集成的通信系统

智能电网的发展对网络安全提出了更高的要求，智能电网需要具有实时监视环境和分析当前系统状态的能力：既包括对已发生的扰动做出响应的能力，也包括识别故障早期征兆的预测能力，其监测范围将大范围扩展、全方位覆盖，为电网运行、综合管理等提供外延的应用支撑，而不仅局限于对电网装备的监测。

3.配备高级的电力电子设备

电力电子设备可以实现电能质量的改善与控制，为用户提供电能质量，满足其特定需求的电力，同时它们也是能量转换系统的关键部分，所以电力电子技术在发电、输电、配电和用电的全过程中都发挥着重要作用。现代电力系统应用的电力电子装置几乎全部使用了全控型大功率电力电子器件、各种新型的高性能多电平大功率变流器和 DSP 全数字控制技术，包括智能电子装置、静止同步补偿器、可控硅并联电抗器、多功能固态开关、动态电压恢复器、有源滤波器、故障电流限制器以及高压直流输电所用装置和配网用的柔性输电系统装置等。

4.智能调度技术和防护系统

智能调度是智能电网建设中的重要环节，调度的智能化是对现有调度控制中心功能的重大扩展，智能电网调度技术是支持系统全面提升调度系统驾驭大电网和进行资源优化配置的能力、科学决策管理能力、纵深风险防御能力、灵活高效调控能力和公平友好市场调配能力的技术基础，是智能调度研究与建设的核心。调度智能化最终目标是建立一个基于广域同步信息的网络保护和紧急控制一体化的新理论与新技术，协调电力系统元件保护和控制、紧急控制系统、区域稳定控制系统、解列控制系统和恢复控制系统等具有多道安全防线的综合防御体系。智能化调度的核心是在线实时决策指挥，目标是防治灾变，避免大面积连锁故障的发生。

5.高级配电自动化

高级的配电自动化将包含系统的监视与控制、配电系统管理功能及与用户的交互，实现高度的自动化。为此，高级的配电自动化需要更复杂的控制系统。

①系统全部元件必须在一个开放式的通信体系结构内并具有协同工作能力；

②使用传感器、通信系统和分布式的计算主体，对电力交换系统的扰动快速做出反应，以使其影响最小化；

③使用经由分布式计算的局部分布式控制。

6.高级读表体系和需求的管理智能

智能电网的核心在于构建具备智能判断与自适应调节能力的多种能源统一。分布式管理的智能化网络系统，可以对电网与用户用电信息进行实时监控和采集，并且采用最

经济与最安全的输配电方式将电能输送给终端用户，实现对电能的最优配置与利用，提高电网运营的可靠性和能源利用效率。因此电网的智能化首先需要电力供应机构精确得知用户的用电规律，从而对需求和供应有一个更好的平衡。

目前国外推动智能电网建设，一般以构建高级量测体系为切入点。同时，高级读表体系为电力系统提供了系统范围的可观性。它不但可以使用户能够实时参与电力市场，而且能够实现对诸如远程监测、分时电价和用户侧管理等快速准确的系统响应，构建智能化的用户管理与服务体系，实现电力企业与用户之间基本的双向互动管理与服务功能以及营销管理的现代化运行。随着技术的发展，将来的智能电表还可能作为互联网路由器，推动电力部门以其终端用户为基础，进行通信、运行宽带业务或传播电视信号的整合。

（三）智能电网与物联网

1. 物联网在智能电网中的应用

物联网在智能电网中的作用可以归结为以下几点。

（1）环境感知深入化

随着物联网应用的深入，未来智能电网中从发电厂、输变电、配电到用电全过程，电气设备中可以使用各种传感器，对从电能生产、传输、配送到用户使用的内外部环境进行实时的监控，从而快速地识别环境变化对电网的影响；通过监控各种电力设备的参数，可以及时、准确地实现对从输配电到用电的全面在线的监控，实时获取电力设备的运行信息，及时发现可能出现的故障，快速管理故障点，提高系统安全性；利用网络通信技术，汇集电力设备、输电线路、外部环境的实时数据，通过对信息的智能处理，既提高了设备的自适应能力，又实现了智能电网的自愈能力。

（2）信息交互全面化

物联网技术可以将电力生产、输配电管理、用户等系统各方参与者有机地联结起来，通过网络实现对电网系统中各个环节数据的自动感知、采集、汇聚、传输、存储，全面的信息交互为数据的智能处理提供条件。

（3）信息处理智能化

基于物联网技术组建的智能电网系统，处理的信息包括从电能生产、配电调度、安全监控到用户计量计费全过程的数据，这些数据集中反映了从发电厂、输变电、配电到用电全过程状态，管理人员为了实现对电网系统资源的优化配置，可以通过数据挖掘与智能信息处理算法，从大量的数据中提取对电力生产、电力市场智慧处理有用的信息，达到了提高能源的利用率、节能减排的目的。

2. 物联网应用示例

（1）输变电线路检测与监控

在现代电网系统当中，输电线路状态的在线自动监测是物联网在智能电网中的一个重要应用。传统的高压输电线检测与维护是由人工完成的。人工方式在高压、高空作业中存在的缺点包括难度大、繁重、危险、不及时和不可靠。在输电网大发展的形势之下，输电线路更加复杂，覆盖的范围更加广泛，人工检测方式已经不能够满足很多线路分布在山区、河流等各种复杂的地形中的要求。

可以选择和使用各种传感器，包括温度、湿度、振动、倾斜、距离、应力、红外、视频传感器等，它们可以被用于检测高压输电线路与杆塔的气象条件、覆冰、振动、导线温度与弧垂、输电线路风偏、杆塔倾斜，甚至是人为的破坏。传感器将实时感知的信息传送到地面固定或移动的手持接收装置。接收装置将接收到的感知信息与通过 GPS 系统得到的位置信息汇聚之后，通过移动通信网或其他通信方式，传送到测控中心。测控中心通过对各个位置感知的环境信息、机械状态信息、运行状态信息，进行综合分析与处理，对输电线路、杆塔与设备信息进行实时监控和预警诊断，对故障快速定位与维修，提高输电线路、杆塔与设备的自动检测、维护和安全水平。

（2）变电站状态监控

为了把发电厂发出的电能输送到较远的地方，必须升高电压变为高压电，经过高压输电线路进行远距离传输之后，到用户附近再按需要把电压降低，这种升降电压的工作依靠变电站来完成。城市、农村周边都会有各种规模的变电站。按规模大小不同，可称为变电所、配电室等。变电站的主要设备是开关和变压器，变电站的工作人员需要经常对变电站的线路与设备进行检测与维修。传统的检测与维护方法工作量大，巡检周期长，维护工作主要依赖于工作人员的工作经验，无法及时地掌握整个变电站各个设备与部件的运行状态。

在建设智能电网的同时，可以对原有的传统变电站与数字化变电站进行升级和改造。智能变电站应该具备自动、互联与智能的特征。其经过智能化改造后可以实现无人值守。传感器可以应用于智能变电站的多种设备之中，感知和测量各种物理参数。在智能变电站中使用传感器测量的对象包括负荷电流、红外热成像、风速、温度、湿度、局部放电、旋转设备振动、油中水含量、溶解气体分析、液体泄漏、低油位，以及架空电缆结冰、摇摆与倾斜等。通过使用各种基于多种传感器的感知与测量设备，管理人员可以及时采集、分析智能变电站的环境、重要设备、线路的运行状态，实时掌握变电站运行状态，预测可能存在的安全隐患，及时采取预防与处置措施。

（3）配用电管理

配用电管理的核心设备是智能电表。智能电表是嵌入式电能表的统称，它具有自动计量计费、数据传输、过载断电、用电管理等功能。传统的电表，抄表员要每月定期到用户家中读出用电的度数，然后按照电价计算出用户应缴纳的费用。这种传统电表已经逐步被数字电表所取代了。使用电子电表之后，用户预先到银行或者代理点去缴费，工作人员将用户购买的电量用机器写到他的 IC 卡上。用户回到家中，将 IC 卡插到数字电表中，数字电表就存入了用户购买的电量，在用完之前会提示用户及时续费。这种数字电表比起传统电表有了进步，但是仍然不能适应智能电网的需要。现在通过互联网实现远程管理，支付更加方便和快捷。

家庭用户的 220V 交流电通过智能电表接入家中，可以远程进行通信和控制。智能电表可以记录不同时间的家庭用电数据。家庭用电数据可以通过手工完成远距离数据终端抄表，或者经由移动通信网、电话交换网、互联网、有线电视网中的任何一种网络，接入电力公司网络之中，传送到数据库服务器中。电力公司数据库存储有不同时间的家庭用电数据，可以根据分时用电的价格计算出用户应缴的费用，而用户可以直接通过网上银行支付或通过手机支付。同时，网络公司关于停电或其他服务的通知也可以通过智能电表传送给家庭网络的主机。这样就可实现从供电、用电、计量、计费与收费全过程的自动服务与管理。

智能电网的建设要使用数以亿计的各种类型的传感器，实时感知、采集、传输、存储、处理与控制，同时涉及实现电力传输的电网与信息传输的通信网络的基础设施建设，从电能生产到最终用户用电设备的环境、设备运行状态、安全的海量数据，物联网与云计算技术能够为智能电网的建设、运行与管理提供重要的技术支持。同时，智能电网也必将成为物联网最有基础、要求最明确、需求最迫切的一类应用。

智能电网对社会发展的作用越大、重要性越高，受关注的程度也就越高。智能电网面临的信息安全形势越发严峻，近年来发生的对电网信息系统攻击的情况就明显地反映出这一点。智能电网信息安全技术的研究将会伴随着智能电网技术的发展同步展开。

三、智能物流

（一）智能物流概述

智能物流（Intelligent Logistics System，ILS），简单地来说就是物联网在物流领域的应用，它是指在物联网的广泛应用的基础上利用先进的信息管理、信息处理技术、信息采集技术、信息流通等技术，完成将货物从供应者向需求者移动的整个过程，其中包括仓储、运输、装卸搬运、包装、流通加工、信息处理等多项基本活动。它是一种为需方提供最佳的服务，为供方提供最大化利润，同时消耗最少的社会和自然资源，争取以最少的投入来获得最大的效益的整体智能社会物流管理体系。智能物流是为物流信息化的发展目标以及现代物流业发展的新方向。

物流随商品生产的出现而出现，也随商品生产的发展而发展。物联网的发展离不开物流行业。早期的物联网叫传感网，而物流业最早就开始有效应用传感网技术，比如RFID在汽车上的应用，都属于基础的物联网应用。

从物联网的应用领域分析，可以看出一般物联网运用主要集中在物流和生产领域。智能物流打造了集信息展现、电子商务、仓储管理、物流配载、金融质押、海关保税等功能为一体的物流信息服务平台。其以功能集成、效能综合为主要开发理念，以电子商务、网上交易为主要交易形式，建立了高标准、高品位的综合信息服务平台，并为金融质押、海关保税等功能预留了接口，还可为物流客户及管理人员提供一站式综合信息服务。

由RFID及移动手持设备等软硬件设备和技术组成物联网后，基于感知的货物数据便可建立全球范围内货物的状态监控系统，提供全面的跨境贸易信息、货物信息和物流信息跟踪，帮助国内制造商、进出口商、货代等贸易参与方随时随地掌握货物及航运信息，提高国际贸易风险的控制能力。实践证明，物流与物联网关系十分密切，通过物联网建设，企业不但可以实现物流的顺利运行，市民生活和城市交通也将会获得很大的改善。

RFID 技术大规模应用于物流领域。物流领域包括商品零售供应链、工业和军事物流。

工业物流管理主要包括航空行李、航材、钢铁、酒类、烟草等领域的物流管理及海关通关车辆（集装箱）的监管。我国已成为世界制造大国，大中型企业的信息化管理水平不仅是改变传统产业的锐利武器，还是企业集聚优势、提高自身竞争力、融入经济全球化的战略选择，而 RFID 技术正是提高企业物流信息化管理水平的重要手段。

"物联网"给 RFID 产业带来很大的市场空间。但是，我国 RFID 产品在物流领域的应用市场并不理想，据统计，RFID 系统成本的 60% ~ 70% 在"标签"，价格因素是制约它在物流市场大规模应用的"瓶颈"。价格高难以形成规模市场；反过来，没有规模市场又难以降低产品成本，这是矛盾对立的。有专家认为，价格的底线是"标签"的价格应小于所安装"物品"价格的 1%。对于车辆或武器装备，这个底线不是门槛，但是对于物流中的普通"商品"，它就是面临解决的重要问题。

（二）智能物流的建设存在的问题及解决措施

作为物联网的一种重要应用形式，智能物流的建设离不开网络信息的链接，但当今信息技术不断发展的同时也面临着网络安全问题，而且在竞争日益激烈的今天，面对各种大量的消费需求与客户订单，怎样能使物流业更加智能化和人性化，更加满足人们的需求，并能在最优化的条件下实现效益最大化，这些都是要考虑的问题。

1.实施智能物流的成本开发高

实现智能物流 RFID 技术开发的成本对于建设智能物流道路来说是一个重要的问题，虽然 RFID 技术有很多优势，但很多人会对 RFID 应用有疑问，那就是 RFID 成本问题。物联网技术的应用成本包括接收设备、系统集成、计算机通信、数据处理平台等综合系统的建设等。这对低利润率的物流产业来说可谓代价高昂。在我国，RFID 的推广与发达国家相比依然有很大差距，要实现智能物流的道路还有很大发展空间。

2.难以形成统一的业界标准

物联网是一个多设备、多网络、多应用、互联互通、互相融合的网络，相关的接口、通信协议都需要有统一标准来引导。从整体看，各行业应用特点及用户需求各不相同，国内目前尚未形成统一的物联网技术标准规范，这成为影响物联网发展的一个重要问题。标准的研究一是要有权威性、二是要有应用性、要被行业接受，还要与国际标准体系接轨和融合。

就目前而言，欧美国家基本实现了物流工具和设施的统一标准，如托盘采用 1000mm×1200mm 标准、集装箱的几种统一规格及条码技术等，因此大大降低了系统运转难度。在物流信息交换技术方面，欧洲各国不仅实现企业内部标准化，而且也实现了企业之间及欧洲统一市场的标准化，这就使各国之间的系统交流更简单和具有效率。

3. 智能物流的安全隐患

信息一旦泄漏，不但牵涉到个人隐私、企业机密泄露，甚至还会波及国家安全。系统的开放性和安全性在未来的发展中会继续存在矛盾性，而这个矛盾在传统的情况下如何加以解决？这些变化与发展制约着整个系统开放性的发展。而现阶段要解决安全问题，一是要靠技术，安全防卫技术是决定性因素，二是要依赖于软件开发的严谨管理和设计流程，三是要依靠法律的约束力，最后还得借助于内部管理的牵引力。安全的问题也在时刻变化着，包括对安全问题的认识、安全防卫技术的更新等。由于信息系统存在开放性和安全性这两个矛盾体，因此如何在开放性系统和安全性之间保持平衡，成为当今网络信息安全管理的重要问题。如何平衡这个矛盾体系将是我们面临的一大挑战。因此，一方面需要出台配套保障信息安全、保护个人隐私的法令、法规，加强信息应用监管体系的约束力度；另一方面也需继续加强信息安全技术的进步。

4. 政府政策要有所侧重并付诸实践

政府部门，特别是开展物联网发展的地方政府的相关扶持政策真正落实到实践上的很少更多地还仅仅停留在纸面上，我国很多物流企业都是自主经营的，这就是我国物流业得不到提升的一大障碍之一，如果能够不断实现一些小型物流企业与大型物流的整合，并且政府能在资金技术上对一些小型物流企业进行支持，可使物流也不断得到统一化和标准化，在一定程度上也有利于我国物流行业的发展。从而更有利于物流业与物联网的整合，加快了我国实现智能物流的步伐。

（三）智能物流常见应用领域

1. 港口智能物流

（1）我国的港口智能化建设

港口智能化是指将互联网技术与移动通信技术、全球定位系统、地理信息系统以及无线射频识别技术相结合，并通过智能物流系统应用于整个港口的作业、物流运输、仓储管理等港口管理服务的各个方面，并把港口作业流程高效、准确、实时的整合成一个完整系统。

提高港口智能化程度，使港口口岸发挥更高效的功能，一是在设施及装备硬件上达到智能化建设需求；二是要在整合港口作业及相关管理流程上做到统一规划、系统实施；三是在智能化建设认识上，突破传统的信息化建设，将信息化、智能化技术系统应用到智能港口建设当中，而智能物流系统正是为这样的系统应用提供了有效平台。

（2）智能物流系统

在港口智能化建设过程中，需要应用计算机、互联网、物联网、无线通信以及GPS、GIS、自动化装卸操作设备、智能化操作机器人等各项先进的信息化技术和自动化技术，而这些技术的载体就是智能物流系统。智能物流系统提供从前所不能提供的增值性物流服务，这些增值性的物流服务将增强物流服务的便利性，加快反应速度和降低服务成本，延伸企业在供应链的中上下游的业务。

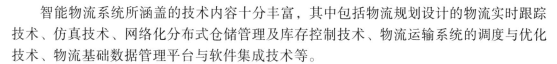

智能物流系统所涵盖的技术内容十分丰富，其中包括物流规划设计的物流实时跟踪技术、仿真技术、网络化分布式仓储管理及库存控制技术、物流运输系统的调度与优化技术、物流基础数据管理平台与软件集成技术等。

2. 航空智能物流

相比于公路物流、水运物流、铁路物流、管道物流等而言，我国空港物流的发展特点主要有以下几点：

（1）园区化发展

空港物流是在航空货运的基础上升级发展而来的，从单一的航空货仓，逐渐向具有综合服务功能，具有现代物流特点和现代供应链优势的空港物流园区方向发展。空港物流园区是以现代空港物流为基础，依托航空港，以航空及机场地面配套物流设施为核心，以运输服务作为手段，为多家航空公司、航空货运代理、综合物流企业提供公共物流设施、物流信息服务及综合物流服务的场所。从服务内容上看，空港物流园区一般提供生产加工、货物运输、综合商务、配套服务等等多种功能。

（2）集群化发展

作为比较成熟的应用系统，空港物流在这一产业链中由于其稀缺性和重要性而居于领导地位，起着凝聚、黏合作用，空港物流的发展及空港物流园区的形成使空港区域形成了强大的辐射力，吸引相关产业在空港附近集中，从而形成了服务于空港物流的产业集群和相对完整的产业链条。空港物流产业链的形成是空港物流园区的层级发展，不仅大力发展物流核心业务达到商品流通的快速实现，而且也努力满足消费者和园区流通主体的各种需求，帮助服务对象在通关、包装、加工、信息支持、商务谈判及政策引导等多方面的要求，实现空港物流的增值服务和支持功能。

空港物流产业链的形成和集聚，还包括围绕空港发展起来的相关产业。空港物流具有明显的区域优势，非常适合具有高新技术、现代服务业及高端商贸流通业的发展，因而诸如汽车、航空、高端电子、精密仪器、生物工程、生态农业、商务等行业能够依托空港而在周边发展起来，再加上政府对空港周边的产业政策和税收优惠，空港周边往往会形成相关产业园区，共同构成了空港物流产业链。

（3）区域化发展

我国面积广大，人流、商流、物流的区域差异性大，而空港物流则依托着各地的空港，因而具有明显的区域化发展趋势。区域经济发展水平较高一方面产生了更高的物流需求水平，从而扩大了空港物流业的规模，形成空港核心竞争力。例如，经济外向度高的东南沿海地区往往是空港物流快速发展的区域。

在这些区域内的物流业，如快递业、货运代理业、第三方物流、交通运输业、配送与包装服务业等都较为完善，这些支撑产业为空港物流发展打下坚实基础，有助于其良性发展。

3. 在粮食物流中的应用

粮食物流是指粮食从生产布局到收购、储存、运输、加工到销售整个过程中的商品实体活动，以及在流通环节的一切增值活动。其包含了粮食运输、仓储、装卸、包装、加工、配送和信息应用的一条完整的环节链。现代粮食物流体系是由完善配套的粮食流通基础设施、高效合理的运作方式、科学规范的管理方法和及时准确的信息服务所组成。将现代科学技术和先进管理手段应用到粮食流通各环节，优化粮食物流、商流、资金流、信息流，共同构成一个协调高效

低耗的粮食流通完整体系。现代粮食物流要求企业从原材料采购到成品销售全环节相关的运输、仓储、库存、包装、装卸、配送实施一体化高效规范管理，利用现代技术装备的流通基础设施和流通各环节的信息服务，追求"零库存管理""准时制生产""及时供货""完美订货""协同配送"等，实现粮食物流全环节安全、经济、高效。粮食物流的发展趋势是信息化、网络化、标准化和现代化。

现代粮食物流，主要包括大流通和小配送两个过程。伴随着经济的发展，城镇化的进程，人们对粮食的购买模式也发生着变化，突出表现在粮食购买的小批量与多品种，这就要求有粮食配送体系作支撑。粮食配送主要包括企业对零售领域的配送与对居民的直接配送。对于粮食配送来说，最重要的就是快速、准确，通过在粮食配送车辆、包装之间实施物联网技术，可以实现对整个配送过程的动态掌握，配送车辆中小包装粮食的品种信息也可以一目了然，大大提高了粮食配送的效率与准确率。另外，通过物联网技术的应用，粮食配送中心还可以实现对零售商粮食的货架、库存情况动态监控，对粮食存放条件、销售状况都可以远距离地感知，从而做出合理的配送决策。

解决制约我国粮食物流发展的对策主要有以下几点。

（1）加快培育粮食产业链

粮食产业链是指从粮食选种、育种、栽种、田间管理、收获、储藏、加工、销售、消费的相互联系、相互依存的各个环节，粮食物流在粮食产业链中起着承前启后的关键连接作用。加快培育粮食产业链：一是在粮食产前要协助农业部门加强对农民选种、育种、栽培等技术指导和农资服务工作；二是在粮食产中要协助农技部门为农民提供防治病虫害等农技服务和指导工作，并广开粮食信息渠道，为农民提供粮食行情、信息服务；三是在粮食产后，粮食部门要为农民提供粮食干燥、储藏、运输、加工等粮食流通服务工作。从而通过高效优质的服务进一步密切粮农关系，促进粮食产业化经营及粮食种植结构的调整，进而促进粮食物流的发展。

（2）加快培育现代粮食物流市场体系

基于市场需求，选择在大中型城市尤其是商业氛围浓厚的城市，重点培育、扶持大中型骨干粮食企业，按照现代物流的思路重组现有资源，催生新的物流资源，提高其参与国际内粮食流通的竞争力，增加辐射面，扩大影响力。在小城市、小城镇，重点培育面向零售网点的粮食配送中心。积极引导有条件中小型粮食批发中心，向配送粮食及其制成品的方向发展。

（3）加快粮食物流信息服务体系建设

有条件地区、单位应抓紧建立粮食物流信息平台，为粮食企业提供更多、更及时、更准确的市场信息。积极引导粮食企业充分利用现代信息网络技术，参与电子商务活动，开展网上交易，使粮食在网上实现无物化流动，进而实现"节时、节费、高效"的目的。

（4）加快实施粮食品牌战略

一是粮食企业要树立品牌即资源的意识，鼓励支持粮食企业积极创立属于自己的品牌，提高其核心竞争力；二是粮食主产区不仅要打响成品粮品牌，而且要打响原粮品牌。

在实施过程中，要充分认识到粮食物流的管理水平与企业的能力，使之与技术的发展水平相适应，做到相互促进。此外，要充分发挥粮食大企业的作用，以其在粮食供应链中的主体地位，促进物联网在粮食物流中的实施。

总之，物联网作为一项新的应用技术，将给众多的传统行业带来变革，粮食物流也应及早谋划这一新技术的应用，以提升我国的粮食物流运作水平，为粮食物流主体带来效益，为国家进行粮食调控提供条件。但也应清楚地认识到，在其应用的过程中还存在很多技术上、管理上与运作上的问题，需要进一步研究和探讨。

第二节　智能交通与医疗应用

一、智能交通应用

智能交通系统（ITS）最早出现在欧美国家，但广泛应用且发展成熟于日本。ITS将先进的信息技术、传感技术、电子控制技术、数据通信传输技术以及计算机处理技术等有效地集成运用于整个交通运输管理体系，从而建立起一种大范围、全方位、实时、准确、高效的综合运输和管理系统。ITS作为交通领域物联网的典型应用，是未来全球道路交通的发展趋势和现代化城市的先进标志。未来的基于物联网技术的城市交通网络与现有的智能交通系统相比，对信息资源的开发利用率，对于信息采集的精度、覆盖度，对商业模式的重视程度都将进一步深化。基于其更透彻地感知城市交通参与要素，使得城市交通相关信息进一步互联互通。其借助于对城市交通网络更深入的智能化协同控制，推进了城市交通领域的信息化、智能化水平以及物联网核心技术的发展和产业化。

相对于以前依次进行的被动式交通控制及环形线圈和视频为主要手段的车流量检测，物联网时代的智能交通，全面涵盖了信息采集、动态诱导、智能管控等环节。通过对机动车信息的实时感知和反馈，在GPS、RFID、GIS等技术的集成应用和有机整合的平台下，实现了车辆从物理空间到信息空间的唯一性双向交互映射，通过对信息空间的虚拟化车辆的智能管控，实现对真实物理空间的车辆和路网的"可视化"管控。

得益于物联网感知层的传感器技术的发展，实现了车辆信息与路网状态的实时采集，从而使得路网状态仿真与推断成为可能，更使得交通事件从"事后处置"转化为"事前预判"这一主动警务模式，可以说是智能交通领域管理体制深刻变革。

（一）智能交通系统的模型框架

智能交通跟人们的日常出行息息相关，针对目前交通信息采集手段单一，数据收集方式落后，缺乏全天候实时提供现场信息的能力的实际情况，以及道路拥堵疏通和车辆动态诱导手段不足，突发交通事件的实时处置能力有待提升的工作现状，基于物联网架构的智能交通体系综合采用线圈、微波、地磁检测、视频等固定式的多种交通信息采集手段，结合公交、出租车及其他业务车辆的日常运营，采用了搭载车载定位装置和无线通信系统的浮动车检测技术，实现路网断面和纵剖面的交通流量、占有率、旅行时间、平均速度等交通信息要素的全面全天候实时获取。通过路网交通信息的全面实时获取，利用无线传输、数学建模、数据融合、人工智能等技术，结合警用 GIS 系统，实现公交优先、公众车辆和特殊车辆的最优路径规划、动态诱导、交通堵塞预警、绿波控制和突发事件交通管制等功能。通过路网流量分析预测和交通状况研判，为路网建设和交通控制策略调整、相关交通规划提供辅助决策和反馈。

这种架构下的智能交通体系结合车载无线定位装置和多种通信方式，通过路网断面和纵剖面交通信息的实时全天候信息采集和智能分析，实现了路径规划、车辆动态诱导、信号控制系统的智能绿波控制和区域路网交通管控，为新建路网交通信息采集功能设置和设施配置提供规范和标准，便于整个交通信息系统的集成整合，为大情报平台提供有效服务。通过路网流量分析预测和交通状况研判，为路网建设和交通控制策略调整、相关交通规划提供反馈信息和辅助决策。

一般物联网下的智能交通系统模型如下。

①中心型子系统。该子系统针对交通管理、商用车辆、收费管理、维护与工程管理、信息服务提供、尾气排放管理、突发事件管理、公共交通管理、车队及货运管理及存档数据管理等问题分别设置了子系统。该类子系统的共同特点是空间上保持独立性，即在空间位置的选择上不受交通基础设施的制约。这类子系统和其他子系统的联络通畅依赖于有线通信。

②区域型子系统。该子系统包括道路子系统、公路收费子系统、停车管理子系统、商用车辆核查子系统和安全监控子系统等。这类子系统通常需要进入路边的某些具体位置来安装或维护诸如检测器、信号灯、程控信息板等设施。区域型子系统通常要与一个或多个中心型子系统通过有线方式连接，同时还需要和经由其所部署路段的车辆交互信息。

③车辆型子系统。该类子系统的特点是安装在车辆上。根据载体车辆的种类，车辆型子系统又可细分为普通车辆子系统、商用车辆子系统、公交车辆子系统、紧急车辆系统和维护与工程车辆子系统。这些子系统可根据需要与中心型子系统、区域型子系统进行无线通信，也可与其他载体车辆进行车辆间通信。

④旅行者子系统。该类子系统以旅行者或旅行服务业经营者为服务对象，运用智能

交通系统的有关功能实现对多方式联运旅行的有效支持。远程旅行支持子系统和个人信息访问子系统属于旅行者子系统。旅行者子系统可通过有线或者无线方式与其他类型的子系统间进行直接的信息传递。

每种类型的子系统通常能共享通信单元。具体通信单元的选定具有一定的自由度，有线通信单元可选择同轴电缆、双绞线网络或光缆等。作为子系统间信息渠道的一个组成部分，通信单元所起的作用仅仅是传递信息，并不参与智能交通系统的信息加工和处理。而广域无线通信技术领域近些年来发展很快，可供选择的技术种类繁多且不断推陈出新。

目前我国的智能交通系统主要有三部分。

1. 城市智能交通

为了缓解不断增加的城市交通压力，智能交通系统在我国城市交通管理中得到了越来越多的重视和应用，对缓解交通压力起到了重要作用。城市智能交通系统是通过先进的交通信息采集技术电子控制技术、数据通信传输技术和计算机处理技术等，把采集到的各种道路交通信息和各种道路交通相关的服务信息传输到城市交通指挥中心，交通指挥中心对来自交通信息采集系统的实时交通信息进行分析处理，借助交通控制与交通组织优化模型进行交通控制方案的设计与优化，经过分析处理后的综合交通管理方案和交通服务信息等内容，通过数据通信传输设备分别传输到各种交通控制设备和交通系统的各类用户，也可以通过发布设备为道路使用者提供服务，从而实现对城市交通的全面优化管理与控制，为各类用户提供丰富的交通信息服务。城市交通信号控制系统的网络架构由交通管理中心、数据传输终端、现场设备组成，现场设备包括车辆检测器、信号控制机、电子警察等。

2. 城际智能交通

在城际交通方面，高速公路管理所需交通工程设施，特别是高速公路的通信、监控和收费系统的需求量也在急剧增加。高速公路智能交通系统是以信息技术、电子传感技术、数据通信传输技术、控制技术及计算机技术、交通工程等技术为基础的综合性、集成化大系统，主要由通信系统、监控系统和收费系统三大部分组成。随着中国高速公路投资规模的不断扩大，建设里程的不断增加，如何提高高速公路使用效率、安全和舒适程度和管理水平，降低能源消耗，减少环境污染，成为亟待解决的问题。解决这一难题的有效手段之一就是建设和利用高速公路智能交通系统。

3. 城轨智能交通

城市轨道交通已经成为城市公共交通系统的一个重要组成部分。国外城市轨道交通起步较早，世界主要大城市大多有成熟的轨道交通系统。根据国外的经验，加大轨道线网密度既能提高土地集约利用程度，又能促进城市公共交通的发展，城市用地布局与空间结构规划更加合理和高效。

智能交通系统不仅是当前国际交通运输研究领域的前沿与热点，更是我国提高产业竞争力、发展低碳经济、合理规划城市发展，以及解决民生交通问题的一个主要途径。

作为物联网产业链中的重要组成部分，智能交通具有行业市场成熟度较高、政府扶持力度大的特点，在建设"数字城市"和"智慧城市"的行动中，智能交通系统在已经许多城市开始规模化应用，市场前景广阔，投资机会巨大，将成为未来一段时期内物联网产业发展的重点领域。物联网在智能交通领域已经有一定基础，例如"车 – 路"信息系统一直是智能交通发展的重点领域。在国际上，美国的 IVHS、日本的 VICS 等系统通过车辆和道路之间建立有效的信息通信，实现智能交通的管理和信息服务。当然，要在交通领域做到全方位的感知网络，依然还需要一段时间的发展与建设。

（二）智能交通系统体系结构

从实际系统组成分析，基于物联网技术的智能交通系统具有典型的物联网三层架构，即由感知互动层、网络传输层、应用服务层三个层次构成。其中，感知互动层主要实现交通信息流的采集、车辆识别和定位等；网络传输层主要实现交通信息的传输，一般包括核心层和接入层，这是智能交通物联网中较为特殊的地方；应用服务层中的数据处理层主要实现网络传输层与各类交通应用服务间的接口和服务调用，包括对交通数据进行分析和融合、与 GIS 系统的协同操作等。

1. 智能交通感知互动层

实时、准确地获取交通信息是实现智能交通的依据和基础。交通信息分为静态信息和动态信息两大类，静态信息主要是基础地理信息、道路交通地理信息、交通管理设施信息、停车场信息、交通管制信息以及车辆和出行者的出行统计信息等。静态信息的采集可以通过调研或测量来取得。数据获取后，一般存放在数据库中，一段时间内保持相对稳定；而动态交通信息包括时间和空间两个维度上不断变化的交通流信息，主要有车辆位置和标志、停车位状态、交通网络状态（如行驶速度、行车时间、交通流量）等。

智能交通感知互动层通过多种传感器、RFID、二维码、GPS、GIS 等数据采集技术，实现车辆、道路和出行者等交通信息的全方位感知。其中不仅包括传统智能交通系统的交通流量感知，也包括车辆位置感知、车辆标志感知等一系列对交通系统的全面感知功能。

2. 智能交通网络传输层

网络传输层通过泛在的互联功能，实现感知信息高可靠性、高安全性的传输。智能交通信息传输技术主要包括智能交通系统的接入技术、车路通信技术、车车通信技术等。专用短程通信（DSRC）技术是智能交通领域为车辆和道路基础设施间通信而设计的一种专用无线通信技术，也是一种针对装载于移动车辆上的车载单元（电子标签）与固定于路侧单元或车道之间通信接口的规范。

DSRC 技术通过信息的双向传输，将车辆和道路基础设施连接成一个网络，支持点对点通信。点对多点通信具有双向、高速、实时性强等特点，广泛应用于道路收费、车载出行信息服务、车辆事故预警停车场管理等领域。

除车路通信技术外，车车通信技术也是智能交通物联网一项重要内容。其主要是依

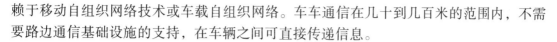

赖于移动自组织网络技术或车载自组织网络。车车通信在几十到几百米的范围内，不需要路边通信基础设施的支持，在车辆之间可直接传递信息。

3. 智能交通应用服务层

智能交通感知互动层所采集到的未加工过的交通数据可能是视频也可能是蜂窝网的基站信号或者 GPS 的轨迹数据，这些原始数据被送给应用服务层，从中提取出有效的交通信息，进而为交管部门、大众或其他用户提供决策依据。

智能交通应用服务层主要包括各类应用，既包括独立区域的独立应用，如交通信号控制服务和车辆智能控制服务等，也包括大范围的应用，若不停车收费服务、出行者信息服务和交通诱导服务等。

（三）物联网在智能交通方面的应用

1. 交通信号实时采集系统

目前，车辆信息采集方式主要有两种。

一种是固定式采集技术，通过安装环形线圈、微波检测器、地磁检测器、超声波检测器、视频检测器、电子标签阅读器等检测设备，从正面或侧面对道路断面的机动车信息进行检测，这也是较为常用和成熟的方式。目前在路口及卡口等交通节点，大量采用环形线圈检测设备和视频监控设备。但采用这两种设备也存在一定的不足：线圈检测只能感知车辆通过情况，对具体车辆信息等无法感知；视频检测在天气状态不好的情况下效果不能满足要求。因此，为了实现交通信息的全天候实时采集，必须集成使用多种信息采集技术进行多传感器信息采集，在后台对多源数据进行数据融合、结构化描述等数据预处理，为进一步的情报分析提供标准数据格式。

另外一种是浮动车信息采集技术。浮动车通常是指具有定位和无线通信装置的车辆。浮动车系统一般包括 3 个组成部分：车载设备、无线通信网络和数据处理中心。浮动车将采集所得的时间和位置数据上传给数据数据处理中心，由数据处理中心对数据进行存储、预处理，然后利用相关模型算法将数据匹配到电子地图上，计算或者预测车辆行驶时间、行驶速度等参数对路网和车辆实现"可视化"管控。浮动车采集技术是固定点采集技术的重要补充手段，它实现了路网全流程的信息采集。结合固定点式采集（断面信息采集），可以为路网数学模型的建立提供更加全面丰富的数据，为路网状态仿真提供更为精准的依据。

目前，浮动车主要由安装了具有交互功能的车载导航设备的出租车、公交车以及其他公务或警务车辆来担当。

2. 交通诱导系统

交通诱导系统指在城市或者高速公路网的主要交通路口，布设交通诱导屏，为出行者指示相关道路的交通状况，让出行者根据路况选择合适的行驶道路，这样既为出行者提供了出行诱导服务，同时调节了交通流量的分配，改善了交通状况。交通诱导系统包括四个子系统：交通流采集子系统、车辆定位子系统、交通信息服务子系统和行车路线优化子系统。

（1）交通流采集子系统

实现交通诱导的前提条件是城市安装自适应交通信号控制系统。这个子系统包括两个重要内容：一个是交通信号控制应是实时自适应交通信号控制系统，另一个是接口技术的研究，即把获得的网络中的交通流传送到交通流诱导主机，利用实时动态交通分配模型和相应的软件进行实时交通分配，滚动预测网络中各路段和交叉口的交通流量，为诱导提供依据。

（2）车辆定位子系统

车辆定位子系统的功能是确定车辆在路网中的准确位置。车辆定位技术主要有如下几种方法：地图匹配定位、全球定位系统、惯性导航系统、推算定位、路上无线电频率定位。

（3）交通信息服务子系统

交通信息服务子系统是交通诱导系统的重要组成部分，它把主机运算出来的交通信息（也包括预测的交通信息），通过各种公众传播媒体发布给用户。这些媒体包括互联网计算机、有线电视、收音机、路边的可变信息标志和车载信息系统等等。

（4）行车路线优化子系统

行车路线优化子系统按照车辆定位子系统所确定的车辆在网络中的位置和出行者输入的目的地，结合交通数据采集子系统传输的路网交通信息，为出行者提供避免交通拥挤、减少延误、省时高效到达目的地的行车路线。该系统可在车载信息系统的显示屏上给出实时车辆行驶道路状况图，并且用箭头线标示推荐的最佳行驶路线。

二、智慧医疗应用

（一）智慧医疗的概念

医疗资源的特殊性决定了其在全世界范围内都仍属于稀缺资源，这种供求关系在一定程度上带来了病患看病难的问题。而我国医疗环境还不健全，长期存在的"重医疗，轻预防；重城市，轻农村；重大型医院，轻社区卫生"的倾向短时间内无法扭转，居民过多依赖大型医院，进一步激化了就医矛盾，一号难求现象频发。

医疗卫生体系的发展水平关系到社会和谐和人民群众的身心健康，也是社会关注的热点。伴随着物联网技术的发展，发达国家和地区纷纷大力推进基于物联网技术的智慧医疗应用。物联网技术可以使得智慧医疗系统实时地感知各种医疗信息，方便医生快速、准确地掌握病人的病情，提高诊断的准确性；同时，医生可以对病人的病情进行有效跟踪，进一步提升医疗服务的质量；另外，可以通过传感器终端的延伸，加强医院服务的质量，从而达到有效整合资源的目的。

智慧医疗英文简称 WIT120，其通过打造健康档案区域医疗信息平台，利用最先进的物联网技术，实现患者与医务人员、医疗设备、医疗机构之间的互动，逐步达到信息化。智慧医疗是在智慧医疗概念下对医疗机构的信息化建设。简单来说，智慧医疗可以是基于移动设备的掌上医院，在数字化医院建设的基础上，创新性地将现代移动终端作为切入点，将手机的移动便携特性充分应用到就医流程当中。

基于物联网技术的智慧医疗系统可以便捷地实现医疗系统互联互通，方便医疗数据在整个医疗网络中的资源共享；可以降低信息共享的成本，显著提高医护工作者查找、组织信息并做出回应的能力；可以使对医院决策具有重大意义的综合数据分析系统、辅助决策系统和对临床有重大意义的医学影像存储和传输系统、医学检验系统、临床信息系统、电子病历等得到了普遍应用。

同时，基于物联网技术的智慧医疗系统可以优化就诊流程，缩短患者排队挂号的等候时间，实行挂号、检验、缴费、取药等一站式、无胶片、无纸化服务，简化看病流程，有效解决群众看病难问题；可以提高医疗相关机构的运营效率，缓解医疗资源紧张的矛盾；可以针对某些病历或某些病症进行专题研究，为其提供数据支持和技术分析，推进医疗技术和临床研究，激发更多医疗领域内的创新发展。

物联网生物传感器技术通过使用生命体征检设备、数字化医疗设备等传感器，采集用户的体征数据，通过有线或无线网络将这些数据传递到远端的服务平台，由平台上的服务医师根据数据指标，为远端用户提供保健、预防、监测、呼救于一体的远程医疗与健康管理服务体系，提高了医疗资源有效利用率。

智慧医疗具有以下六大特征：

①智慧的医疗系统具有互联互通的特性。不论病人身在何处，当地被授权的医生都可以透过一体化的系统了解病人的就医历史、过去的诊疗记录以及保险细节等情况，使病人在任何地方都可以得到连续一致的护理服务。

②智慧医疗具有普及性的特征。为了解决"看病难"的症结，智慧医疗可以确保农村和地方社区医院能与中心医院衔接，从而实时听取专家建议、转诊和培训，突破乡镇与城市、社区与大医院之间的观念限制，全面地为所有人提供高质便民的医疗服务。

③智慧医疗具有预防性的特征。随着系统对于新信息的感知、处理和分析，它将可以实时发现重大疾病的征兆，并实时实施快速和有效响应。从病人角度来说，通过个人病况的不断更新，对慢性疾病或其他病症都可以采取相对应的措施，有效预防病情的恶化或者病变的发生。

⑤智慧医疗具有协作的特性。智慧医疗体系的实现可以铲除信息孤岛，从而记录、整合和共享医疗信息和资源，实现互操作和整合医疗服务，可以在医疗服务、社区卫生、医疗支付等机构之间交换信息和协同工作。

⑤智慧医疗具有可以激发创新的特性。它可推进医疗技术和临床研究，激发更多医疗领域内的创新发展。

⑥智慧医疗具有可靠的特性。它在允许医疗从业者研究分析和参考大量科技信息去支撑诊断的同时，也保证了这些患者的个人资料得到妥善安全的存储和保护。通过设定资料访问调取权限，确保只有被授权的专业医疗人员能够使用。

智慧医疗还可以让整个医疗生态圈的每一个群体受益。数字化对象，实现互联互通和智能的医疗信息化系统，使整个医疗体系联系在一起，病人、医生、研究人员、医院管理系统、药物供应商、保险公司等都可以从中受益。智慧医疗将可以解决城乡医疗资源不平衡的问题，缓解大医院的拥挤情况，政府也可以更少的成本提高对于医疗行业的监督。

（二）智慧医疗系统体系结构

智慧医疗技术是先进的信息网络技术在医学及医学相关领域（如医疗保健、健康监控、医院管理、医学教育与培训）中的一种有效应用，是物联网发展的一大成果。智慧医疗技术不仅是一项技术的发展与应用，也是医学与信息学、公共卫生与商业运作模式相结合的产物。智慧医疗技术的发展对推动医学信息学与医疗卫生产业的发展具有十分重要的意义，而物联网技术可以使医疗保健、健康监控、医院管理、医疗教育与培训成为一个有机的整体。医疗卫生信息化包括医院管理、社区卫生管理、卫生监督、疾病管理、妇幼保健管理、远程医疗与远程医学教育等领域的信息化。

智慧医疗由三部分组成，分别为智慧医院系统、区域卫生系统、家庭健康系统。

1. 智慧医院系统

智慧医院系统由数字医院和提升应用两部分组成。

数字医院部分通过医院信息系统（Hospital Information System，HIS）、实验室信息管理系统（Laboratory InformationManagement System，LIMS）、医学影像信息存储和通信系统（Picture Archiving and Communication Systems，PACS）以及医生工作站四个部分，实现病人诊疗信息和行政管理信息的收集、存储、处理、提取以及数据交换。

（1）医院信息系统

随着信息技术的快速发展，国内越来越多的医院正加速实施基于信息化平台的医院信息系统（HIS）的整体建设，以提高医院的服务水平与核心竞争力，从而为患者提供更舒适、更快捷的医疗服务。对医院进行信息化改造不仅可以提升医生的工作效率，还能提高患者满意度和信任度。因此，医疗业务应用与基础网络平台的逐步融合正成为国内医院，尤其是大中型医院信息化发展的新方向。

医院信息系统是由医院计算机网络与运行在计算机网络上的 HIS 软件组成的，包括门诊管理子系统、住院管理子系统、药品管理子系统、手术管理子系统、检查管理子系统等 10 多个子系统。

HIS 是现代化医院运营所必需的技术支撑环境和基础设施，是以病人的基本信息、医疗经费与物资管理为主线，通过涵盖全院所有医疗、护理与医疗技术科室的管理信息系统，并接入互联网以实现远程医疗、在线医疗咨询和预约等服务。

（2）实验室信息管理系统

LIMS 系统作为一种信息化管理工具，负责将以数据库为核心的信息化技术与实验室管理需求相结合。实验室管理的对象包括与实验室有关的人、事、物、信息、经费等内容。

（3）医学影像信息存储和通信系统

PACS 系统是应用于医院影像科室的系统，主要负责把日常产生的各种医学影像（包

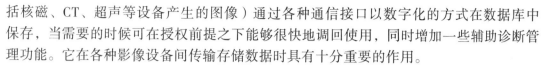

括核磁、CT、超声等设备产生的图像）通过各种通信接口以数字化的方式在数据库中保存，当需要的时候可在授权前提之下能够很快地调回使用，同时增加一些辅助诊断管理功能。它在各种影像设备间传输存储数据时具有十分重要的作用。

（4）医生工作站

医生工作站包括门诊和住院诊疗的接诊、检查、诊断、治疗、处方和医疗医嘱、病程记录、会诊、转科、手术、出院、病案生成等全部医疗过程的工作平台。医生工作站的核心工作是采集、存储、传输、处理和利用病人健康状况和医疗信息。

提升应用部分主要是指远程图像传输、海量数据计算处理等技术在数字医院建设过程的应用，实现医疗服务水平的提升。例如：

①远程探视，避免病患与探访者直接接触，防止疾病蔓延，缩短恢复进程，保护探访者和患者；

②远程会诊，支持优势医疗资源共享和跨地域优化配置；

③自动报警，对病患的生命体征数据进行监控，降低重症护理成本；

④临床决策系统，协助医生分析具体病历，为制定准确有效的治疗方案提供参考信息；

⑤智慧处方，分析患者过敏和用药史，反映药品产地批次等信息，有效记录和分析处方变更等信息，为慢性病治疗和保健提供参考。

2. 区域卫生系统

区域卫生系统由区域卫生平台和公共卫生系统两部分组成。

区域卫生平台是指能够收集、处理、传输包括社区、医院、医疗科研机构、卫生监管部门在内的所有记录信息的区域卫生信息平台；包括旨在运用先进的科学和计算机技术，帮助医疗单位以及其他有关组织开展疾病危险度的评价，制订以个人为基础的危险因素干预计划，减少医疗费用支出，以及制定预防和控制疾病的发生和发展的电子健康档案（Electronic Health Re-cord，HER）。比如，

①社区医疗服务系统，提供一般疾病的基本治疗、慢性病的社区护理、大病向上转诊、接收恢复转诊的服务。

②科研机构管理系统，对医学院、药品研究所等医疗卫生科院机构的病理研究、药品与设备开发、临床试验等信息进行综合管理。

公共卫生系统包括卫生监督管理系统与疫情发布控制系统。

3. 家庭健康系统

家庭健康系统与市民息息相关，包括针对行动不便无法送往医院进行救治的病患的视讯医疗，对慢性病以及老幼病患的远程照护，对残疾、智障、传染病等特殊人群的健康监测，还包括自动提示用药时间、剩余药量、服用禁忌等的智能服药系统。

从技术角度分析，智慧医疗的概念框架包括基础环境、基础数据库群、软件基础平台及数据交换平台、综合运用及其服务体系、保障体系五个方面。

①基础环境：通过建设公共卫生专网，实现与政府信息网的互联互通；建设卫生数

据中心，为卫生基础数据和各种应用系统提供安全保障。

②基础数据库：包括居民健康档案数据库、药品目录数据库、PACS 影像数据库、LIS 检验数据库、医疗设备、医疗人员数据库等卫生领域六大基础数据库，完善居民信息的存储与管理。

③软件基础平台及数据交换平台提供三个层面的服务：

A. 基础架构服务，提供虚拟优化服务器、存储服务器及网路资源；

B. 平台服务，提供优化的中间件，包括应用服务器、数据库服务器、门户服务器等；

C. 软件服务，包括应用、流程和信息服务。

④综合应用及其服务体系：包括智慧医院系统、区域卫生平台和家庭健康系统三大类综合应用。

⑤保障体系：包括安全保障体系、标准规范体系与管理保障体系三个方面。从技术安全、运行安全和管理安全三方面构建安全防范体系，切实保护基础平台及各个应用系统的可用性、机密性、完整性、可控性、抗抵赖性和可审计性。

（三）智慧医疗实施案例及分析

1. 视频探视

一般来说，医院对 ICU/CCU 病房的探视有明确的时间和次数限制，而病人家属希望能随时对病人进行探视，以便及时了解病人的病情变化，或者安慰病人进行治疗。因此，如何能便捷安全地探视在医院 ICU/CCU 病房接受治疗的病人，一直是医院和病人家属之间亟须解决的矛盾。视频探视系统就可以解决这一问题，让病人家属可以随时随地探视在病房中接受治疗的病人。病患者家属可通过远程探视电话、互联网预约等方式与病人进行远程视频通话。视频探视系统减轻了 ICU/CCU 病房的探视压力，较好地满足了病人家属随时随地能对病人进行探视的愿望。

（1）视频探视系统架构

视频探视系统充分利用了网络的特性，针对核心网的分组交换业务域（PS 域）和电路交换业务域（CS 域）均提供了相应的解决方案，从而为用户提供多种选择方式。

（2）视频探视系统设计功能

视频探视系统能通过设在医院的探视亭、具有互联网连接的计算机和手机进行视频探视。对于通过手机进行探视的方式，提供基于 CS 域和 PS 域两种解决方案。

视频探视系统与以下设备之间存在接口：

①医疗行业综合应用网关：病人家属进行预约以及探视密码的发送，因此系统需要与医疗行业的综合信息应用网关进行通信。

②MSC：如果采用 CS 域的探视方案，移动视频探视系统将与 MSC 采用 E1 进行连接。一条 E1 线路最多可以支持 30 路并发视频通话，因此需要综合考虑系统的容量来决定 E1 接口的数量。移动视频探视系统设为一个独立的局域网，局域网通过防火墙和因特网相连，防火墙上可以设置必要的安全控制策略，由防火墙负责过滤所有进出移动视频探视系统平台局域网的访问请求。

局域网包含 WiFi 接入点，在病房等不便于布网线的区域通过无线方式接入探视系统。WiFi 需要支持 IEEE802.11n/g/b，支持 100M 带宽，局域网提供 100M 带宽以支持远程（手机、家用 PC）和本地接入。与因特网的连接带宽应不小于 36M，以支持手机用户和家庭 PC 用户远程接入探视系统。

基于移动网络的移动视频探视系统在病人及其家属之间架设了无缝的视频沟通平台，为病人家属提供了对 ICU/CCU 病房的远程探视功能。病人家属在病房之外的任何地点，都可以通过手机、互联网等多种途径对病人实现远程视频探视，无须再前往医院病房，极大地方便了病人家属，也保证了医院更好地管理和为病人提供更好的服务，实现多方共赢。

2. 远程健康监护

目前国内各大医院都在加速实施信息化平台、医院信息系统（HIS）建设，以提高医院的服务水平与核心竞争力。智慧医疗不仅能够有效提升医生的工作效率，减少疾病患者的候诊时间，而且能够提高病人的满意度和信任度，树立医院科技创新服务的形象。

心脏病是突发性死亡率最高的疾病，临床医学实践证明，98% 的心源性猝死患者在发病前多则几个月、少则几天都会出现心律失常等疾病发作的前期征兆，如采取适当措施，早期就诊，将极大地减少突发性心源性猝死的悲剧的发生。在中国和发达国家，患有高血压疾病的人群数量庞大，但世界卫生组织专家指出：尽管心血管疾病是头号杀手，但如果积极预防，每年可挽救数百万人的生命。所以，对心血管患者等高危人群进行早期诊断、预防，并加强日常管理是降低心血管疾病的发病率和死亡率的唯一有效方法。

（1）远程健康监护系统架构

远程健康监护系统包括远程健康监护终端、移动无线网络、监控服务中心及后台专家处理系统。远程健康监护终端包含用户心脉等参数的采集处理模块和通信模块，其中通信模块由模组和专号段的 SIM 卡组成。远程健康监护终端采集的数据通过移动无线网络传输到监控服务中心，中心将用户的身体参数发往专家处理系统，由医学专家进行实时诊断，并给出诊断结果及建议。诊断结果存储在监控服务中心，同时通过移动通信网络及时反馈给用户，使用户能够及时了解自己的病情，根据具体情况决定是否采取进一步治疗措施。

远程健康监护系统与以下设备之间存在接口：

①医疗行业综合应用网关：检测情况数据的发送以及监控服务中心处理报告的反馈，因此系统需要与医疗行业的综合信息应用网关进行通信；

②远程健康监护终端：远程健康监护终端与监控服务中心之间需要通过移动无线网络通道进行通信；

③移动计费接口：诊断与会诊费用，由移动计费系统按照远程健康监护系统终端的信上传记录进行计费，并生成账单。

远程健康监护系统流程如下：

①当用户在日常感到不适时，使用远程健康监护终端进行血压、心电测量，并将测量数据立即发送到监控服务中心服务器；

②会诊医院医生登录监控服务中心，对测量数据分析结果和治疗建议以短信方式发送到用户的远程健康监护终端，同时按症状的严重程度短信分别通知用户及其绑定的亲友、医生等人员；在用户出现需紧急处置的症状之后，经用户授权，将协调医疗机构参与救助；

③监控服务中心将用户一定时期内的测量数据自动生成变化曲线，用户长期绑定的医生可查看用户血压等数据的变化曲线，帮助医生充分了解和分析用户每次测量时其服用的药物对病情控制的效果。

用户只需在家或附近社区医院现场检测血压、心电等状况，远程健康监护系统会将检测的状态数据发送到后台监护服务中心的数据库，并可以进行存储和管理。专家对用户数据进行分析诊断，并得出诊断结果和建议，社区医院通过授权账号登录后台系统查看分析报告。对于病情紧急和严重患者，系统会提供 24 小时监护、专家会诊，直至要求使用者到医院就医等各项措施。

（2）远程健康监护系统设计功能

远程健康监护是指运用物联网、医疗、通信等技术，通过各种医学传感器采集使用者身体状态信息，将所得数据、文字、语音和图像等信息进行远距离传送，实现远程诊断、远程会诊及护理、远程探视、远程医疗信息服务等。

为降低心血管疾病的发病率和死亡率，对心血管患者早期诊断、预防和完善日常管理，远程健康监护可以着重于远程血压监护和远程心电监护，在此基础上可扩展到其他疾病甚至传统医疗服务（如专家咨询、健康评估、健康干预等）或信息化增值服务（如健康讲座、远程挂号、导医等）。

传统健康监护产品模式存在以下一些弊端：

①不能提供上传数据的健康测量仪，只提供心电、血压测量以及存储，而且无法发送测量数据，达不到实时监控的目的；

②便携式连续监测健康仪作为一种临床医疗设备，价格昂贵，而且对日常健康管理意义不大，医生无法观察连续不断的心电及血压数据；

③片段监测健康仪可进行实时片段心电及血压的测量并发送数据到诊断中心，监测和诊断方式与远程健康监护相同，但产品全部以医院为主要销售渠道，作为医院的辅助诊断手段，有很大的局限性。

远程健康监护优势及特点如下：

①就医方便：通过家庭自检或社区医院进行远程健康监护，节省使用者去医院的时间，缓解了大型医院排队看病、人员拥堵的现象；

②服务专业：将远程健康监护系统检测后的数据远程发送给大型医院的专业医生进行分析，使用者可在家里或社区医院里享受专业治疗；

③治疗及时：远程健康监护系统可充分采集数据，并可长期绑定获取有经验的医生的医疗服务，大大提高了对高血压、心血管疾病诊断的准确性与治疗的有效性，确保使

用者得到及时的治疗。

第三节 智能农业应用

我国是农业大国，而非农业强国。多年来果蔬高产量主要依靠农药化肥的大量投入，大部分化肥和水资源没有被有效利用而是随地弃置，导致大量养分损失并且造成环境污染。

一、精细农业概述

精细农业（Precision Agriculture）指的是利用全球定位系统（GPS）、地理信息系统（GIS）、遥感（RS）、连续数据采集传感器（CDS）、变率处理设备（VRT）和决策支持系统（DSS）等现代高新技术，获取农田小区作物产量和影响作物生长的环境因素（如土壤结构、含水量、病虫草害地形、植物营养等）实际存在的空间及时间差异性信息，分析影响土地产量差异的原因，并采取技术上可行、经济上有效的调控措施，区别对待，按需实施、定位调控的"处方农业"。

精细农业集生产、加工、销售、科研于一体，实现全天候、反季节、周期性的企业化规模生产；它集成现代生物技术、农业工程、农用新材料等学科，以现代化农业设施为依托，科技含量高，产品附加值高，土地产出率高与劳动生产率高，是我国农业新技术的革命。

基于物联网技术的发展，精细农业可以通过各种无线传感器实时采集农业生产现场的光照、温度、湿度等参数及农产品生长状况等信息，并可对生产环境进行远程监控。将采集参数信息数字化后，经由实时传输网络进行汇总整合，利用农业专家精细系统进行定时、定量、定位等云计算处理，及时精确的遥控指定农业设备自动开启、自动调节或自动关闭。农业结合物联网技术，瓜果蔬菜什么时候应该浇水、施肥、打药，什么时候应该调节温度、湿度、光照、二氧化碳的浓度等参数，这些以前曾被"模糊"处理的问题，都有信息化精细监控系统实时定量"精确"把关，农民只需按个开关，做个选择，或是完全凭"指令"，就能种好菜、养好花。

（一）农业种植与物联网

从农产品生产不同的阶段来看，无论是从种植的培育阶段还是收获阶段，都可以用物联网技术来提高其工作效率和进行精细化管理。物联网技术在农业领域中有着广泛的应用。

1.种植准备的阶段

可以通过在大棚里布置各类传感器，实时采集当前状态下的土壤信息，据此来选择合适的农作物并提供科学的种植信息以及种植数据经验。

2. 种植和培育阶段

可以用物联网的技术手段进行实时的温度、湿度、二氧化碳浓度的信息采集，且可以根据信息采集情况进行自动的现场控制，实现高效管理和实时监控，从而针对环境的变化做出及时调整，保证植物育苗在最佳环境中生长。例如：通过远程温度采集，可了解实时温度情况，然后手动或自动在办公室对其进行温度调整，而不需要人工去实施现场操作，从而节省了一定人力资源。

3. 农作物生长阶段

可以利用物联网实时监测作物生长的环境信息、养分信息和作物病虫害情况，提前预防或在早期采取对策，防止减产等损失。利用相关传感器准确、实时地获取土壤水分、环境温湿度、光照等情况，通过实时的数据监测和专家经验相结合，配合控制系统调整作物生长环境，改善作物营养状态，及时发现作物的病虫害爆发征兆，维持作物最佳生长条件，对作物的生长管理和为农业提供科学的数据信息等方面都能起到非常重要的作用。

4. 农产品收获阶段

可以利用物联网技术把农作物的各种状态变量进行采集，反馈到前端，从而在种植收获阶段进行更精准的测算。物联网农业智能测控系统能大大提高生产管理效率、节省人工，效果非常明显。例如，对于大型农场来说，几千亩的土地如果用人力来完成浇水施肥、手工加温、手工卷帘等工作时，其工作量相当庞大且难以管理。如果采用物联网技术，只需通过监控设备下发指令，前后不过几秒，完全替代了人工操作的繁琐，而且能非常便捷地为农业各个领域的研究提供强大的科学数据理论支持，其作用在当今高度自动化、智能化的社会中效果是特别明显的。

（二）智能精确农业的特点

在应用领域，智能精确农业在大范围应用过程当中具有以下特点：

①其克服了传统控制系统的多线路铺设、工程量大、线路复杂、成本高等缺点，分布式管理采用多区化调控管理，各区独立智能化总线寻址控制，系统铺设简单，精确度高，可控区域广；

②远程自动控制，参数实时在线显示，精确度高，真正实现了"在家也能种田"；

③集成加热系统、通风系统、遮荫/保温内帘幕系统、外遮荫系统、空气循环系统、植物保护系统、高压喷雾降温系统、湿帘－风机系统、屋顶喷淋系统、补充光照系统、灌溉施肥系统、废液回收－消毒系统、电气与计算机控制系统等于一体，真正实现多功能，可运用于多种场合；

④智能化、傻瓜化的人机操作界面。

（三）精细农业相关技术

精细农业的发展进步主要是借助航空与航天遥感技术，利用高空间和高光谱分辨率的特点，及时提供农作物长势、水肥状况和病虫害情况的"征兆图（SymptomMaps）"供相关人员诊断、决策和估产。通过与航空遥感或小卫星群建立全球数据采集网，可获取实时数据。利用已存储的土壤背景数据库，农田灌溉、施肥、种子等数据库以及新获取的"征兆图"，进行分析、判断，形成"诊断图"，将这些结果与GIS相结合进行综合分析，并做出投入产出估算，提出实施计划或方案；把GPS与GIS集成系统装载在农业机械上，实现农田作业的自动指挥和控制，可完成自动播种、施肥、除草、灌溉、培土以及收割等工作。为了保证作业的精确性，需要建立相应的专题电子地图和广域或局域GPS差分服务网。

全球定位系统的优势是精确定位，地理信息系统的优势是管理与分析，遥感的优势是快速提供各种作物生长与农业生态环境在地表的分布信息，它们可以做到优势互补，促进精细农业的发展。

1. 遥感技术（RS）技术

遥感技术可以客观、准确、及时地提供作物生长和作物生态环境的各种数据信息，它是精细农业获取田间数据的重要来源。遥感技术在精细农业中的应用主要包括以下几方面。

（1）农作物播种面积检测和估算

遥感可实时记录农作物覆盖面积数据，通过这些数据可对农作物分类，并在此基础上估算出每种作物的播种面积。

（2）监测作物长势和估算作物产量

农作物遥感估产包括农作物长势、农业环境污染、水土流失、土地荒漠化和盐渍化等监测，这种监测可长期开展，在监测过程中不断提供农业资源的数字变化和不同时间序列的图像依据，农田管理者可以通过遥感提供的信息，及时发现作物生长中出现的问题，采取针对性措施进行田间管理。还可根据不同时间序列的遥感图像，了解不同生长阶段中作物的长势，提前预测作物产量。

（3）灾害遥感监测和损失评估

气候异常对作物生长具有一定的影响。利用遥感技术可以监测与定量评估作物受灾程度，对作物损失进行评估，包括小麦、水稻、棉花等农作物的产量预测和牧草等草场产量估测。然后针对具体受灾情况，进行补种、浇水、施肥或排水等抗灾措施。在自然灾害监测方面，通过开展北方地区土地沙漠化监测、黄淮海平原盐碱地调查及监测、北方冬小麦旱情监测等项目在维护国家的生态环境方面发挥了重要作用。

（4）作物生态环境监测

利用遥感技术可以对土壤侵蚀面积、土壤盐碱化面积、主要分布区域以及土地盐碱化变化趋势进行监测，也可以对土壤、水分和其他作物生态环境进行监测，这些信息有助于田间管理者采取相应的措施。

（5）农业资源调查及动态监测

农业资源调查包括土地利用现状、土壤类型、草场、农田等农业资源的调查及评价，提供农业资源的准确数值和分布图像，可以有效地保证基本农田管理和农业发展监测。

2. 全球定位系统（GPS）技术

GPS 配合 GIS，可以引导飞机飞播、施肥、除草等。GPS 设备装在农具机械上，可以监测作物产量、计算虫害区域面积等。GPS 接收机在精细农业中的作用包括精确定位、田间作业自动导航和测量地形起伏状况。GPS 接收机需要结合农田机械使用，随着农田机械在田间作业，同时进行精确定位、田间作业自动导航。利用 GPS 定位系统，农田机械可以根据土地差异，自动调节种子、肥料和化学药剂的投放量。例如，播种机会根据地块内部土壤结构、有机质含量、不同土壤含水量来确定具体地点播种的疏密，这反映出"精细农业"田间作业具有定位化的特点。因为 GPS 具有精确定位功能，农业机械可以将肥料送到作物生长的准确位置，也可以将农药喷洒到准确位置。这不仅有助于提高作物产量，也可以降低肥料和农药的消耗，节约成本、保护生态。

3. 地理信息系统（GIS）技术

地理信息系统可以被用于农田土地数据管理，土壤查询，自然条件、作物苗情、作物产量等数据调查，并能够方便地绘制各种农业专题地图，也能采集、编辑、统计、分析不同类型的空间数据。目前，地理信息系统在精细农业中主要应用于以下三个方面。

（1）管理数据

GIS 技术以地理空间数据为核心，通过 GIS 可管理农业空间数据和实现远程查询各种地理空间数据，包括图形和图像等内容，同时提供分析工具，参与分析过程，显示与输出分析的结果等。

（2）绘制作物产量分布图

安装 GIS 的新型联合收割机，在田间收割农作物时，每隔一定时间记录下联合收割机的位置，同时产量计量系统随时自动称出农作物的重量，置于粮仓中的计量仪器能测出农作物流入储存仓的速度及已经流出的总量，这些结果随时在驾驶室的显示屏上进行显示，并被记录在地理数据库中。利用这些数据，在地理信息系统支持之下，可以制作农作物产量分布图，指导种植生产以及粮食运输等问题的筹划和解决。

（3）农业专题图分析

通过 GIS 提供的复合叠加功能，将不同农业专题数据组合在一起，形成新的数据集。通过对其分析，可以看出土地上各种限制因子对作物的相互作用与相互影响，从中发现它们之间的关系。

4. 农田信息采集与处理技术

农田信息包括过去积累的信息和作物生产过程中实时收集的信息，必须首先从获得信息的方法入手，尽量以低成本的方法获得多方面的生产信息，为农业生产提供更多的决策依据。这些信息包括：产量数据采集，土壤数据采集（包括土壤含水量、土壤肥力、pH 等指标），苗情、病虫草害数据，以及农田近年来的轮作情况、平均产量、耕作和施肥情况，作物品种、化肥、农药、气候条件等信息。

5. 变量作业控制技术

精细农业是基于时空变异的现代农业经营、管理技术，所以变量作业控制技术（Variable RateTreatment，VRT）是精细农业的核心，变量作业机械是实现这一核心必不可少的关键性手段。

变量作业控制技术包括基于传感器（Sensor-based）的 VRT 和基于作业处方图（Map-based）的 VRT。依据作业处方图的变量作业技术，为得到作业处方图，首先必须全面获取作物产量、土壤参数等的时空变异信息，接着还要根据植物生长模型以及气象等环境条件，预测作业的发芽率、长势以及养分需求，然后综合上两步的分析结果，再利用地理信息系统（GIS）和决策支持系统（DDS），就可以最终得到所期望的作业处方图。由于这张处方图是建立在试验分析基础之上的，它与实际的农田需要（例如施肥需求量）可能存在一定的差异性。因此，人们期望如果在条件允许情况下，应用现代传感技术适时监测作物（或土壤）的需肥量，然后适时控制机器进行变量作业，从而实现更精细的因时、因地、按需施肥，但这后一种变量作业技术需要具备能实时监测作物需要或土壤成分或病虫草害分布的技术与设备，针对这种要求要达到实用程度还有一定的困难。在现代精细农业中，变量技术应用于农作物的播种、施肥、灌溉等环节。

①精细播种：将精细种子工程与精细播种技术有机结合，要求精细播种机播种均匀、精量播种、播深一致。精细播种技术既可节约大量优质种子，又可使作物在田间获得最佳分布，为作物的生长和发育创造最佳环境，充分提高作物对太阳能和营养的利用率。

②精细施肥：要求能根据不同地区、不同土壤类型以及土壤中各种养分的盈亏情况，作物类别和产量水平，将氮、磷、钾及多种微量元素与有机肥料加以科学配方，从而做到有目的地的施肥，既可减少因过量施肥造成的环境污染和农产品质量下降，又可节约成本。需要采取科学合理的施肥方式和采用自动控制的精细施肥机械设备。

③农药精细喷洒：农药精细喷洒是根据田间杂草的分布情况，在杂草分布的地方喷洒农药，避免对种植作物的误喷洒。农药喷洒时根据田间杂草分布处方图，通过计算机程序或者人工半自动方法按照喷洒处方图实现农药的喷洒。通过上述方法尽量减少农药的使用数量及农药对环境造成的污染。

④精细灌溉：在自动监测控制条件下的精细灌溉工程技术，采用滴灌、微灌、渗灌和喷灌等手段，根据不同作物不同生长阶段的土壤墒情和作物需水量，实施实时精确量灌溉，可提高水资源有效利用率，减少不必要的浪费，同时保证了经济效益和生产效益。

二、物联网在农业中的应用

环境在温室大棚中起着重要的作用。由于瓜果蔬菜对生长环境有着严格的要求，所以现代农业搭建了温室大棚来控制植物的生长环境，以实现跨地区与跨季节的瓜果蔬菜培育。

传统的大棚环境控制依赖全人工的方式来完成。在每个大棚中放置温度计，湿度计，二氧化碳浓度计等测量工具，由技术员巡查每一大棚的环境参数后，若发现环境参数不对，就要采取一定的措施来进行补偿。例如，温度过高的话，就要打开卷帘通风或者打开通风机等，对于只有少量大棚的农户，这样的操作方式还可以应付自如，但如果大棚数量众多，就需要花费大量的人工去查看各大棚的环境参数，然后对环境异常的大棚进行操作，工作效率低下。

温室大棚环境智能监控系统利用物联网技术，可实时远程获取温室大棚内部的空气温湿度、土壤水分温度、二氧化碳浓度、光照强度及视频图像。通过模型分析，远程或自动控制湿帘风机、喷淋滴灌、内外遮阳、顶窗侧窗、加温补光等农业设备，保证温室大棚内环境最适宜作物生长，为作物生长实现高产、优质、高效、生态、安全目标创造条件。

温室大棚环境智能监控系统还可以通过手机、平板电脑、计算机等多种通信终端向农户推送实时监测信息、预警信息、农技知识等，实现温室大棚集约化、网络化远程管理，充分发挥物联网技术在设施农业生产中的作用。可用于管理各种类型的日光温室、连栋温室、智能温室。

通过在温室中配置无线传感器，实时监测温室内空气温湿度、光照、地温、土壤湿度等参数。监测数据通过网络上传到中央监管服务平台，然后由各功能子系统做进一步处理，支持 WEB 发布、短信告警、趋势分析、报表打印、历史数据存储等功能。

在温室环境里，利用无线传感器网络可以监控每一个温室作为测量控制区，采用不同的传感器节点和具有简单执行机构的节点（风机、低压电机、阀门等工作电流偏低的执行机构）构成无线网络来测量土壤湿度、土壤成分、降水量、温度、空气湿度、pH 值和光照强度、CO2 浓度、大气压等来获得作物生长的最佳条件，同时将生物信息获取方法应用于无线传感器节点，为温室精准调控提供科学依据。

智能大棚环境数据传输基于无线传输网络，无须安装、部署和维护有线数据电缆。将原有传感器无线化，利用无线 Zigbee 模块，与传统的传感器模块整合为一体，通信距离可达 100m 以上，安装、维护和移动简单，也可以实现回收和更换使用位置，更方便农民自己安装和维护。无线网关把无线传感器采集到的数据进行汇总并传输到农业服务管理平台，由管理人员统一进行维护。通过这种方式可以大大降低成本，且管理方便灵活。

参考文献

[1] 张勇，张丽伟 . 物联网技术及应用研究 [M]. 延吉：延边大学出版社，2020.04.

[2] 张东霞 . 电力物联网技术及应用 [M]. 北京：中国水利水电出版社，2020.09.

[3] 钟良骥，徐斌，胡文杰 . 物联网技术与应用 [M]. 武汉：华中科技大学出版社，2020.01.

[4] 周丽婕，朱姗，徐振 . 物联网技术与应用实践教程 [M]. 武汉：华中科技大学出版社，2020.08.

[5] 安一宁 . 物联网技术在智能家居领域的应用 [M]. 天津：天津人民出版社，2020.08.

[6] 李灏，李颖，王虹人 . 物联网技术在水产养殖中的应用 [M]. 北京：海洋出版社，2020.01.

[7] 张传武 . 物联网技术 [M]. 成都：电子科学技术大学出版社，2021.09.

[8] 卢向群，潘淑文，常晓鹏 . 物联网技术与应用实践 [M]. 北京：北京邮电大学出版社，2021.08.

[9] 刘驰，韩锐，赵健鑫 . 物联网技术概论第 3 版 [M]. 北京：机械工业出版社，2021.11.

[10] 鞠全勇，牟福元，刘莎 . 物联网技术与应用 [M]. 长春：吉林科学技术出版社，2021.06.

[11] 王浩 . 基于 Android 物联网技术应用 [M]. 北京：北京理工大学出版社，2021.05.

[12] 裴晓芳 . 物联网技术仿真实训教程 [M]. 镇江：江苏大学出版社，2021.03.

[13] 褚云霞，李志祥，张岳魁 . 低功耗广域物联网技术开发 [M]. 石家庄：河北科学技术出版社，2021.03.

[14] 苏鹏飞 . 大数据时代物联网技术发展与应用 [M]. 北京：北京工业大学出版社，2021.02.

[15] 宋巍，李妍 . 物联网技术发展及创新应用研究 [M]. 长春：吉林科学技术出版社，2021.06.

[16] 王玲维 . 物联网技术应用的理论与实践探究 [M]. 长春：吉林人民出版社，2021.06.

[17] 杜彦芳，王建春 . 乡村物联网实用技术 [M]. 天津：天津科学技术翻译出版有限公司，2021.01.

[18] 顾振飞，张文静，张正球 . 物联网嵌入式技术 [M]. 北京：机械工业出版社，2021.04.

[19] 刘杰 . 计算机技术与物联网研究 [M]. 长春：吉林科学技术出版社，2021.06.

[20] 邓庆绪，张金 . 物联网中间件技术与应用 [M]. 北京：机械工业出版社，2021.02.

[21] 郭玥 . 物联网控制系统中信息传输关键技术第 1 版 [M]. 长春：吉林科学技术出版社，2021.06.

[22] 杨建栋，司农，刘经纬 . 城市生命线管理的物联网关键技术与应用实例 [M]. 北京：北京首都经济贸易大学出版社，2021.07.

[23] 桂小林 . 物联网信息安全第 2 版 [M]. 北京：机械工业出版社，2021.05.

[24] 企想学院 . 物联网应用基础 [M]. 北京：中国铁道出版社，2021.09.

[25] 张恒，梁骏，陈彦彬 . 物联网技术及应用 [M]. 哈尔滨：哈尔滨工程大学出版社，2022.04.

[26] 李鑫 . 工业物联网技术与应用研究 [M]. 天津：天津科学技术出版社，2022.07.

[27] 浦灵敏，宋林桂 . 物联网与嵌入式技术应用开发 [M]. 武汉：华中科技大学出版社，2022.01.

[28] 李志祥，诸云霞，张岳魁 . 区块链物联网融合技术与应用 [M]. 石家庄：河北科学技术出版社，2022.06.

[29] 司徒凌云 . 物联网软件漏洞检测技术 [M]. 北京：光明日报出版社，2022.05.

[30] 胡典钢 . 工业物联网：平台架构、关键技术与应用实践 [M]. 北京：机械工业出版社，2022.03.

[31] 刘杨，彭木根 . 物联网安全 [M]. 北京：北京邮电大学出版社，2022.04.

[32] 吴功宜，吴英 . 智能物联网导论 [M]. 北京：机械工业出版社，2022.07.

[33] 张国锋，陈晓，冯斌 . 农业物联网 RFID 技术 [M]. 北京：机械工业出版社，2023.01.

[34] 陈君华，梁颖，罗玉梅 . 物联网通信技术应用与开发 [M]. 昆明：云南大学出版社，2023.01.

[35] 吴功宜，吴英 . 物联网工程专业系列教材物联网接入技术与应用 [M]. 北京：机械工业出版社，2023.06.

[36] 向朝参，宫良一，杨振东 . 物联网新型智能感知技术及其应用 [M]. 重庆：重庆大学出版社，2023.05.

[37] 牛超越 .CCF 优博丛书物联网数据安全可信的共享技术研究 [M]. 北京：机械工业出版社，2023.01.